中等职业学校“十二五”计算机规划教材

Photoshop CS4 图像处理应用教程

周兰珍　薛　军　编

U0196027

西北工業大學出版社

【内容简介】 本书为中等职业学校“十二五”计算机规划教材。主要内容包括 Photoshop CS4 基础知识、Photoshop CS4 的基本操作、创建与编辑选区、绘图与修图工具的使用、图像色彩与色调的调整、创建与编辑图层、使用路径与形状、使用通道与蒙版、使用文本工具、使用滤镜特效、综合应用实例以及上机实训。第 1 章至第 10 章后附有本章小结及操作练习，读者在学习时更加得心应手，做到学以致用。

本书可作为中等职业学校图像处理课程的教材，同时也可作为培训班教材及平面设计爱好者的自学参考书。

图书在版编目（CIP）数据

Photoshop CS4 图像处理应用教程/周兰珍，薛军编. —西安：西北工业大学出版社，2012.6
中等职业学校“十二五”计算机规划教材
ISBN 978-7-5612-3351-1

Ⅰ. ①P… Ⅱ. ①周…②薛… Ⅲ. ①图像处理软件—中等专业学校—教材
Ⅳ. ①TP391.41

中国版本图书馆 CIP 数据核字（2012）第 109678 号

出版发行： 西北工业大学出版社
通信地址： 西安市友谊西路 127 号　　邮编：710072
电　　话：（029）88493844　88491757
网　　址： www.nwpup.com
电子邮箱： computer@nwpup.com
印 刷 者： 陕西兴平报社印刷厂
开　　本： 787 mm×1 092 mm　1/16
印　　张： 15
字　　数： 396 千字
版　　次： 2012 年 6 月第 1 版　　2012 年 6 月第 1 次印刷
定　　价： 30.00 元

序　言

中等职业教育是我国职业教育的重要组成部分。大力发展中等职业教育是加快普及高中阶段教育，提高全民族文化知识、实践技能和创新能力等综合素养，为国家输送产业建设大军新生力量的基础工程；是促进就业、改善民生、解决“三农”问题的重要途径；是缓解劳动力结构矛盾的关键环节。

在我国国民经济和社会发展的第十二个五年规划纲要中提出，教育改革的指导方针是，按照优先发展、育人为本、改革创新、促进公平、提高质量的要求，深化教育教学改革，推动教育事业科学发展，大力发展职业教育。

目前，我国的职业教育正处于由规模扩张向全面提高质量的转折期。为了贯彻落实《中共中央关于制定国民经济和社会发展第十二个五年规划的建议》精神，配合当前中职教育的现状，切合国民经济发展的要求，在通过调研、了解和掌握众多中等职业学校计算机及相关专业的教学计划、课程设置和教学实际需求的基础上，根据中等职业学校学生的学习能力和就业需求，我们组织编写了“中等职业学校‘十二五’计算机规划教材”。

主要特色

中文版本、易教易学

本系列教材选取在工作中最普遍、最容易掌握的中文版本的应用软件，突出了“易教学、易操作”的特点。在编写体例上注重理论知识与上机实训并重，力求与用人单位的需求紧密结合。

任务驱动、案例教学

本系列教材列举了大量的实例，以提高学生的学习兴趣，培养学生学习的自主能力，在掌握理论的基础上更多地动手进行实际操作。

内容全面、图文并茂

本系列教材合理安排基础知识和实践知识的比例，基础知识以“必需、够用”为度，实践知识以“全面、实用”为准，系统完整，图文并茂。

体现教与学的互动性

本系列教材从“教”与“学”的角度出发，重点体现教师和学生的互动交流。将精练的理论和实用的范例相结合，便于学生在课堂上掌握行业技术的应用，做到理论和实践并重。

☆ 突出职业应用，快速培养人才

本系列教材以培养计算机技能型人才为出发点，采用“基础知识+上机实战+综合应用实例+上机实训”的编写模式，内容生动，由浅入深，将知识点与实例紧密结合，便于读者学习掌握。

读者对象

本系列教材的读者对象为中等职业学校师生和需要进行计算机相关知识培训的专业人士，同时也可供从事其他行业的计算机爱好者自学参考。

结束语

希望广大读者在使用教材的过程中提出宝贵意见，以便我们在今后的工作中不断改进和完善，使本系列教材成为中等职业学校教育的精品教材。

前　言

Photoshop CS4 是 Adobe 公司推出的专业化图像编辑处理软件，被广泛应用于平面设计、网页设计及产品包装等诸多领域。为了适应更高的设计、绘图要求，Photoshop CS4 应用程序在原有版本的基础上对图像的编辑、绘制等诸多功能进行了完善，使设计师、摄影师等专业人员可以更加轻松快捷地完成创意。

本书以“基础知识+上机实战+综合实例+上机实训”为主线，以 Photoshop CS4 作为操作平台，对 Photoshop CS4 软件进行循序渐进的讲解，使读者能快速直观地了解和掌握 Photoshop CS4 的基本使用方法、操作技巧和行业实际应用，为步入职业生涯打下良好的基础。

本书内容

全书共分 12 章。其中第 1 章主要介绍 Photoshop CS4 基础知识，包括 Photoshop 的专业术语、Photoshop 的主要功能、Photoshop CS4 的工作界面以及新增功能等；第 2 章主要介绍 Photoshop CS4 的基本操作，包括 Photoshop CS4 文件的操作与管理，以及辅助工具的使用技巧；第 3 章主要介绍创建与编辑选区的技巧；第 4 章主要介绍绘图与修图工具的使用方法；第 5 章主要介绍图像色彩与色调的调整技巧；第 6 章主要介绍图层的创建与编辑技巧；第 7 章主要介绍路径与形状的绘制与编辑技巧；第 8 章主要介绍通道与蒙版的创建与编辑技巧；第 9 章主要介绍文本的创建与编辑技巧；第 10 章主要介绍滤镜的使用规则与使用方法；第 11 章列举了几个有代表性的综合实例；第 12 章是上机实训，通过理论联系实际，帮助读者举一反三，学以致用，进一步巩固所学的知识。

读者定位

本书结构合理，内容系统全面，讲解由浅入深，实例丰富实用，可作为中等职业学校图像处理及平面设计课程的教材，同时也可作为培训班教材及计算机爱好者的自学参考书。

本书力求严谨细致，但由于水平有限，书中难免出现疏漏与不妥之处，敬请广大读者批评指正。

编　者

目　录

第 1 章 Photoshop CS4 基础知识

Photoshop 是当前最流行的专业图像处理软件之一，也是在全世界拥有用户最多的图形图像处理软件。Photoshop CS4 以其功能强大、直观易学、使用方便等诸多优点，为众多的设计人员和业余爱好者所喜爱。在平面设计、装饰装潢、彩色出版与多媒体制作等诸多方面，Photoshop CS4 都得到了广泛的应用。

知识要点

- Photoshop 简介
- Photoshop 的专业术语
- Photoshop 的主要功能
- Photoshop CS4 的工作界面
- Bridge CS4 的使用
- Photoshop CS4 的新增功能

1.1 Photoshop 简介

Photoshop 是美国 Adobe 公司开发的图形图像处理软件，是当前使用最为广泛、效果最为出众的专业级图像编辑及设计软件，可以创作出既适于印刷又可用于 Web 或其他介质的精美图像。使用 Photoshop 可以大幅度提高绘图及编辑的效率。

对于设计师来说，Photoshop 提供了几乎是无限的创作空间，用户可以从一个空白的屏幕开始，或者直接将一幅图像扫描到电脑中，建立分开的图层，然后通过图层来组合图像元件，并进行绘图和编辑，而不会改变原来的背景。用户可以在图像上任意添加、修改或删除颜色，还可以在众多滤镜中进行选择，为作品添加动人的魅力。

对于摄影师来说，Photoshop 为图像处理开辟了一个极富弹性且易于控制的世界。由于 Photoshop 具有颜色校正、修饰、加减色浓度、蒙版、通道、图层、路径以及灯光效果等全套工具，所以用户可以快速合成各种景物，从而制作出高品质的图像。

对于普通的用户来说，Photoshop 提供了一个前所未有的自我表现的舞台。用户可以尽情地发挥想象力，充分展示自己的艺术才能，创造出令人赞叹的图像作品。

由于 Photoshop 功能强大，且对数码视频技术强力支持及对许多同类应用程序具有良好的兼容性，已经广泛应用于出版、印刷、图像制作和编辑等方面，主要包括以下几个方面：

（1）平面效果设计。

（2）海报、招贴以及广告设计。

（3）标志设计。

（4）建筑效果图的后期处理。

（5）网页及动画制作。

（6）图像编辑及修复。

（7）摄影处理。

（8）影视及卡通制作。

1.2 Photoshop 的专业术语

在进行图像处理之前，首先要了解图像处理的一些专业术语，这些术语可以帮助用户由浅入深地学习和利用 Photoshop 进行图像处理。

1.2.1 位图

位图也称为点阵图，它使用无数的彩色网格拼成一幅图像，每个网格称为一个像素，每个像素都具有特定的位置和颜色值。

由于一般位图图像的像素非常多而且小，因此色彩和色调变化非常丰富，看起来十分细腻，但如果将位图图像放大到一定的比例，无论图像的具体内容是什么，所看到的效果将会像马赛克一样。

如图 1.2.1（a）所示为以正常比例显示的一幅位图，将图像的上半部分放大 4 倍后，效果如图 1.2.1（b）所示，此时可以看到图片很粗糙；如果再将图像放大几倍后，效果如图 1.2.1（c）所示。用户可以看到，图像是由一个个各种颜色的小方块拼出来的，这些小方块就是像素。

（a）（b）（c）

图 1.2.1　位图图像的不同显示比例

提示：位图图像的缺点在于放大显示时图像比较粗糙，并且图像文件容量比较大，它的特点在于能够表现颜色的细微层次。

1.2.2 矢量图

矢量图也叫向量图，是由一系列的数学公式表达的线条构成的。矢量图中的元素称为对象。每个对象都是自成一体的实体，它还有颜色、形状、轮廓、大小和屏幕位置等属性。矢量图放大后，图像的线条仍然非常光滑，图像整体上保持不变形。所以多次移动和改变它的属性，不会影响图像中的其他对象。矢量图像与分辨率无关，它可以被任意放大或缩小而不会出现失真现象。如图 1.2.2 所示为矢量图放大前后的对比效果。

图 1.2.2　矢量图形局部放大前后效果对比

1.2.3　像素

像素是一个带有数据信息的正方形小方块。图像由许多的像素组成，每个像素都具有特定的位置和颜色值，因此可以很精确地记录下图像的色调，逼真地表现出自然的图像。像素是以行和列的方式排列的，如图 1.2.3 所示，将某区域放大后就会看到一个个的小方格，每个小方格里都存放着不同的颜色，也就是像素。

图 1.2.3　像素

一幅位图图像的每一个像素都含有一个明确的位置和色彩数值，从而也就决定了整体图像所显示出来的效果。一幅图像中包含的像素越多，所包含的信息也就越多，因此文件越大，图像的品质也会越好。

1.2.4　分辨率

分辨率是图像中一个非常重要的概念，一般分辨率有 3 种，分别为显示器分辨率、图像分辨率和专业印刷的分辨率。

1．显示器分辨率

显示器屏幕是由一个个极小的荧光粉发光单元排列而成的，每个单元可以独立地发出不同颜色、不同亮度的光，其作用类似于位图中的像素。一般在屏幕上所看到的各种文本和图像正是由这些像素组成的。由于显示器的尺寸不一，因此习惯于用显示器横向和纵向上的像素数量来表示所显示的分辨率。常用的显示器分辨率有 800×600 和 1 024×768，前者表示显示器在横向上分布 800 个像素，在纵向上分布 600 个像素；后者表示显示器在横向上分布 1 024 个像素，在纵向上分布 768 个像素。

2．图像分辨率

图像分辨率是指位图图像在每英寸上所包含的像素数量。图像的分辨率与图像的精细度和图像文件的大小有关。如图 1.2.4 所示为不同分辨率的两幅相同的图，其中图 1.2.4（a）的分辨率为 100 p/i（点/英寸），图 1.2.4（b）的分辨率为 10 p/i，可以非常清楚地看到两种不同分辨率图像的区别。

（a）

（b）

图 1.2.4　不同分辨率的图像

虽然提高图像的分辨率可以显著地提高图像的清晰度，但也会使图像文件的大小以几何级数增长，因为文件中要记录更多的像素信息。在实际应用中，我们应合理地确定图像的分辨率，例如可以将需要打印的图像的分辨率设置高一些（因为打印机有较高的打印分辨率）；用于网络上传输的图像，可以将其分辨率设置低一些（以确保传输速度）；用于在屏幕上显示的图像，可以将其分辨率设置低一些（因为显示器本身的分辨率不高）。

只有位图才可以设置其分辨率，而矢量图与分辨率无关，因为它并不是由像素组成的。

3．专业印刷的分辨率

专业印刷的分辨率是以每英寸线数来确定的，决定分辨率的主要因素是每英寸内网点的数量，即挂网线数。挂网线数的单位是 Line/Inch（线/英寸），简称 L/I。例如，150 L/I 是指每英寸加有 150 条网线。给图像添加网线，挂网数目越大，网数越多，网点就越密集，层次表现力就越丰富。

1.2.5　图像格式

根据记录图像信息的方式（位图或矢量图）和压缩图像数据的方式的不同，图像文件可以分为多种格式，每种格式的文件都有相应的扩展名。Photoshop 可以处理大多数格式的图像文件，但是不同格式的文件可以实现不同的功能。常见的图像文件格式有以下几种：

1．PSD 格式

Photoshop 软件默认的图像文件格式是 PSD 格式，它可以保存图像数据的每一个细小部分，如层、蒙版、通道等。尽管 Photoshop 在计算过程中应用了压缩技术，但是使用 PSD 格式存储的图像文件仍然很大。不过，因为 PSD 格式不会造成任何的数据损失，所以在编辑过程中，最好还是选择将图像存储为该文件格式，以便于修改。

2．JPEG 格式

JPEG 格式是一种图像文件压缩率很高的有损压缩文件格式。它的文件比较小，但用这种格式存储时会以失真最小的方式丢掉一些数据，而存储后的图像效果也没有原图像的效果好，因此印刷品很少用这种格式。

3．GIF 格式

GIF 格式是各种图形图像软件都能够处理的一种经过压缩的图像文件格式。正因为它是一种压缩的文件格式，所以在网络上传输时，比其他格式的图像文件快很多。但此格式最多只能支持256种色彩，因此不能存储真彩色的图像文件。

4. TIFF格式

TIFF格式是由Aldus为Macintosh开发的一种文件格式。目前，它是Macintosh和PC上使用最广泛的位图文件格式。在Photoshop中，TIFF格式能够支持24位通道，它是除Photoshop自身格式（即PSD与PDD）外唯一能够存储多于4个通道的图像格式。

5. BMP格式

BMP格式是Windows中的标准图像文件格式，将图像进行压缩后不会丢失数据。但是，用该种压缩方式压缩文件，将需要很多的时间，而且一些兼容性不好的应用程序可能会打不开BMP格式的文件。此格式支持RGB、索引、灰度与位图颜色模式，而不支持CMYK模式的图像。

6. PDF格式

PDF全称Portable Document Format，是一种电子文件格式。这种文件格式与操作系统平台无关，也就是说，PDF文件不管是在Windows，Unix还是在苹果公司的Mac OS操作系统中都是通用的。这一特点使它成为在Internet上进行电子文档发行和数字化信息传播的理想文档格式。越来越多的电子图书、产品说明、公司文告、网络资料、电子邮件开始使用PDF格式文件，PDF格式文件目前已成为数字化信息事实上的一个工业标准。

7. PSB格式

大型文件格式(PSB)在任一维度上最多能支持高达300 000像素的文件，也能支持所有Photoshop的功能，例如图层、效果与滤镜。目前以PSB格式储存的文件，大多只能在Photoshop CS以上版本中开启，因为其他应用程序以及较旧版本的Photoshop，都无法开启以PSB格式储存的文档。

8. PNG格式

PNG格式是Netscape公司开发出来的格式，可以用于网络图像，它能够保存24位的真彩色，这不同于GIF格式的图像只能保存256色。另外，它还支持透明背景并具有消除锯齿边缘的功能，可以在不失真的情况下压缩保存图像。PNG格式在RGB和灰度模式下支持Alpha通道，但在Indexed Color和位图模式下则不支持Alpha通道。

9. RAW格式

RAW中文解释是“原材料”或“未经处理的东西”。RAW格式的文件包含了原图片文件在传感器产生后，进入照相机图像处理器之前的一切照片信息。用户可以利用PC上的某些特定软件对RAW格式的图片进行处理。

10. PICT（*.PIC，*.PCT）格式

PICT格式的文件扩展名是*.PIC或*.PCT，该格式的特点是能够对大块相同颜色的图像进行非常有效的压缩。当要保存为PICT格式的图像时，会弹出一个对话框，从中可以选择16位或者32位的分辨率来保存图像。如果选择32位，则保存的图像文件中可以包含通道。PICT格式支持RGB，Indexed Color，位图模式，灰度模式，并且在RGB模式中还支持Alpha通道。

11. SCT格式

Scitex是一种High-End的图像处理及印刷系统，它所采用的SCT格式可用来记录RGB及灰度

模式下的连续色调。Photoshop 中的 SCT（Scitex Continuous Tone）格式支持 CMYK，RGB 和灰度模式的文件，但是不支持 Alpha 通道。一个 CMYK 模式的图像保存为 SCT 格式时，其文件通常比较大。这些文件通常是由 Scitex 扫描仪输入图像，在 Photoshop 中处理图像后，再由 Scitex 专用的输出设备进行分色网板输出，得到高质量的输出图像。Photoshop 处理的对象是各种位图格式的图像文件，在 Photoshop 中保存的图像都是位图图像，但是，它能够与其他向量格式的软件交流图像文件，可以打开矢量图像。

12．TGA 格式

TGA 格式（Tagged Graphics）是由美国 Truevision 公司为其显示卡开发的一种图像文件格式，文件后缀为“.tga”，已被国际上的图形图像工业所接受。TGA 格式的结构比较简单，属于一种图形图像数据的通用格式，在多媒体领域有很大影响，是计算机生成图像向电视转换的一种首选格式。TGA 图像格式最大的特点是可以做出不规则形状的图形图像文件。一般图形图像文件都为四边形，若需要有圆形、菱形甚至是缕空的图像文件时，TGA 格式可就发挥其作用了。TGA 格式支持压缩，使用不失真的压缩算法。在工业设计领域，使用三维软件制作出来的图像可以利用 TGA 格式的优势，在图像内部生成一个 Alpha（通道），这个功能方便了在平面软件中的工作。

1.2.6 色彩模式

Photoshop 中色彩模式决定显示和打印图像的颜色模型。要选择正确的颜色，首先要了解色彩模式，因为色彩模式将会影响默认的颜色通道的颜色数量和图像文件的大小。

1．RGB 模式

RGB 模式是 Photoshop 中最常用也是最常见的色彩模式，又叫加色模式。RGB 模式是由 R（红色）、G（绿色）、B（蓝色）3 种颜色混合成需要的颜色。彩色图像中每个像素的 RGB 分量的强度取值范围为 0～255。要将位图模式或双色调模式的图像转换成为 RGB 模式，必须先将其转换成灰度模式，然后再转换为 RGB 模式。

2．CMYK 模式

CMYK 模式是一种色彩通道模式，相对于 RGB 模式，被称为减色模式。它由 C（青色）、M（洋红）、Y（黄色）、K（黑色）4 种颜色通道组成。CMYK 模式是由纸张上油墨的吸收特性来定义的，白色的光碰到半透明的油墨，一部分光被吸收，没有被吸收的光被反射回来进入人眼，从而形成色彩的感觉。因此，CMYK 模式经常在打印图像时被采用。

3．Lab 色彩模式

Lab 色彩模式包含的颜色最多，它是一种与设备无关的色彩模式。它有 3 个颜色通道：一个代表亮度，用 L 表示，亮度的范围为 0～100；其余两个代表颜色范围，用 a 和 b 表示，a 通道颜色范围是由绿色渐变至红色，b 通道颜色范围是由蓝色渐变至黄色，a 通道和 b 通道的颜色范围都为－120～120。

4．位图模式

位图模式的图像只有黑色和白色的像素，所以也被称为黑白图像。位图图像由 1 位像素组成，所以其文件最小，所占的磁盘空间也最少。只有双色调模式和灰度模式可以转换为位图模式，如果要将位图模式转换为其他模式，需要先将其转换为灰度模式。

5．灰度模式

灰度色彩模式的图像中只存在灰度，最多可以有256级灰度色彩信息。色彩信息在0时灰度最少，图像为黑色；色彩信息在255时灰度最大，图像为白色。

用户可直接将RGB模式和其他一些色彩模式直接转换为灰度色彩模式，但RGB色彩模式下的图像在转换为灰度色彩模式时，其原有的色彩信息会完全丢失，即使再转换为RGB色彩模式也不可能找回来。用户在制作黑白照片时可以采用这种色彩模式。

6．双色调模式

双色调模式中的颜色是用来表示色调的。它与灰度模式的图像相似，虽然不是全彩色的图像，但是适当地应用会创造出特殊的效果。要将其他模式的图像转换为双色调模式，首先需将其转换为灰度模式，只有灰度模式的图像才可以与双色调模式的图像相互转换。

7．索引色彩模式

索引颜色被称为映射色彩，该模式的图像最多包含256种颜色，所以索引颜色的图像只能当做特殊效果或专用，而不能用于印刷。

8．多通道模式

多通道模式图像在每个通道中包含 256 个灰阶，对于特殊打印很有用。多通道模式可以存储为Photoshop、大文档格式（PSB）、Photoshop 2.0、Photoshop Raw或Photoshop DCS 2.0格式。

1.3　Photoshop的主要功能

Photoshop的功能十分强大。它可以支持多种图像格式，也可以对图像进行修复、调整以及绘制。综合使用Photoshop的各种图像处理技术，如各种工具、图层、通道、蒙版与滤镜等，可以制作出各种特殊的图像效果。

1．修饰图像功能

利用Photoshop提供的加深工具、减淡工具与海绵工具可以有选择地调整图像的颜色饱和度或曝光度；利用锐化工具、模糊工具与涂抹工具可以使图像产生特殊的效果；利用图章工具可以将图像中某区域的内容复制到其他位置；利用修复画笔工具可以轻松地消除图像中的划痕或蒙尘区域，并保留其纹理、阴影等效果。

2．选取功能

Photoshop可以在图像内对某区域进行选择，并对所选区域进行移动、复制、删除、改变大小等操作。选择区域时，利用矩形选框工具或椭圆选框工具可以实现规则区域的选取；利用套索工具可以实现不规则区域的选取；利用魔棒工具或色彩范围命令则可以对相似或相同颜色的区域进行选取，并结合“Shift”键或“Alt”键，增加或减少选取的区域。

3．色调与色彩功能

在Photoshop中，利用色调与色彩功能可以很容易地调整图像的明亮度、饱和度、对比度和色相。

4．旋转与变形

利用Photoshop中的旋转与变形功能可以对选区中的图像、图层中的图像或路径对象进行旋转与翻转，也可对其进行缩放、倾斜、自由变形与拉伸等操作。

5．图案生成器

图案生成器滤镜可以通过选取简单的图像区域来创建现实或抽象的图案。由于采用了随机模拟和复杂分析技术，因此可以得到无重复并且无缝拼接的图案，也可以调整图案的尺寸、拼接平滑度、偏移位置等。

6．丰富的图像格式

作为强大的图形图像处理软件，Photoshop 支持大量的图像文件格式。这些图像格式包括 PSD/PDD，EPS，TIFF，JPEG，BMP，RLE，DIB，FXG，IFF，TDI，RAW，PICT，PXR，PNG，SCT，PSB，PCX 和 PDF 等 35 种，利用 Photoshop 可以将某种图像格式另存为其他图像格式。

7．多种色彩模式

Photoshop 支持多种图像的色彩模式，包括位图模式、灰度模式、双色调模式、RGB 模式、CMYK 模式、索引模式、Lab 模式、多通道模式等，同时还可以灵活地进行各种模式之间的转换。

8．图层、通道与蒙版功能

利用 Photoshop 提供的图层、通道与蒙版功能可以使图像的处理更为方便。通过对图层进行编辑，如合并、复制、移动、合成和翻转，可以产生许多特殊效果。利用通道可以更加方便地调整图像的颜色，而使用蒙版则可以精确地创建选区，并进行存储或载入选区等操作。

9．路径功能

在 Photoshop 中使用钢笔工具可以绘制精确的矢量图形，还可以通过创建路径对图像进行选取，将路径转换为选区即可对选区进行相应的编辑或创建蒙版，通过路径面板可以对创建的路径进行进一步的编辑。

10．滤镜功能

利用 Photoshop 提供的多种不同类型的内置滤镜，可以对图像制作各种特殊的效果。例如，打开一幅图像，为其应用模糊滤镜中的动感模糊滤镜效果。

11．自动化功能

利用 Photoshop 中的自动化命令可以快速将多个文件进行统一规划管理，可以将其转换为相同大小统一格式的文件，以及创建图片包、联系表等。

1.4　Photoshop CS4 的工作界面

双击桌面上的 Photoshop CS4 快捷方式图标，即可进入 Photoshop CS4 工作界面，如图 1.4.1 所示，在该工作界面中包括标题栏、菜单栏、工具箱、属性栏、各类浮动面板以及图像窗口等，下面对其进行详细介绍。

1.4.1　标题栏

标题栏中显示当前应用程序的名称。当图像窗口最大化显示时，则会显示应用程序的图标、快速启动 Bridge、查看额外内容、切换视图显示、选择工作区以及最大化和关闭窗口等。标题栏最右侧为最小化、最大化和关闭操作的快捷按钮，这与 Windows 的窗口一致，分别用于最小化、最大化/还原和关闭应用程序窗口。

图 1.4.1　Photoshop CS4 工作界面

1.4.2　菜单栏

菜单栏位于标题栏的下方，包括 11 个菜单选项，单击每个菜单选项都会弹出下拉菜单，在其中陈列着 Photoshop CS4 的大部分命令选项，通过这些菜单几乎可以实现 Photoshop 的全部功能。

在弹出的下拉菜单中，有些命令后面带有▶符号，表示选择该命令后会弹出相应的子菜单命令，供用户作更详细的选择；还有些命令后面带有…符号，表示选择该命令后会弹出一个与此命令相关的对话框，在此对话框中可设置各种所需的选项参数；另外，还有一些命令显示为灰色，表示该命令正处于不可选的状态，只有在满足一些条件之后才能使用。

1.4.3　属性栏

在工具箱中选择了某个工具后，使用前可以对该工具的属性进行设置。例如选择了画笔工具后，其属性栏显示如图 1.4.2 所示，用户可以在其中设置画笔的样式。每一个工具属性栏中的选项都是不定的，它会随用户所选工具的不同而变化。

图 1.4.2　“画笔工具”属性栏

注意： 虽然属性栏中的选项是不定的，但其中的某些选项（如模式与不透明度等）对于许多工具都是通用的。

1.4.4 工具箱

在默认情况下，工具箱位于 Photoshop CS4 窗口的左侧，其中包括常用的各种工具按钮，使用这些工具按钮可以进行选择、绘画、编辑、移动等各种操作。

如果要对工具箱进行显示、隐藏、移动等操作，其具体的操作方法如下：

（1）选择菜单栏中的窗口(W)→工具命令，可显示或隐藏工具箱，显示状态下，此命令前有一个“√”符号。

（2）将鼠标移至工具箱的标题栏上（即顶端的蓝色部分），按住鼠标左键拖动可在窗口中移动工具箱。

如果要使用一般的工具按钮，可按以下任意一种方法来操作。

（1）单击所需的按钮，例如单击工具箱中的“移动工具”按钮，即可移动当前图层中的图像。

（2）在键盘上按工具按钮对应的快捷键，可以对图像进行相应的操作，例如按“V”键即可切换为移动工具来选择图像。

在工具箱中有许多工具按钮的右下角都有一个小三角形，这个小三角形表示这是一个按钮组，其中包含多个相似的工具按钮。如果用户要使用按钮组中的其他按钮，则可按以下几种操作方法来完成：

（1）将鼠标光标移至按钮上，按住鼠标左键不放即可出现工具列表，并在列表中选择需要的工具。

（2）用鼠标右键单击按钮，系统会弹出工具列表，可在列表中选择需要的工具。

（3）按住“Shift”键不放，然后按按钮对应的快捷键，可在工具列表中的各个工具间切换。

例如，用鼠标右键单击工具箱中的“矩形工具”按钮，可显示该工具列表；在列表中单击椭圆工具即可使用该工具；在工具箱中原来显示的按钮会自动切换为按钮，如图 1.4.3 所示。

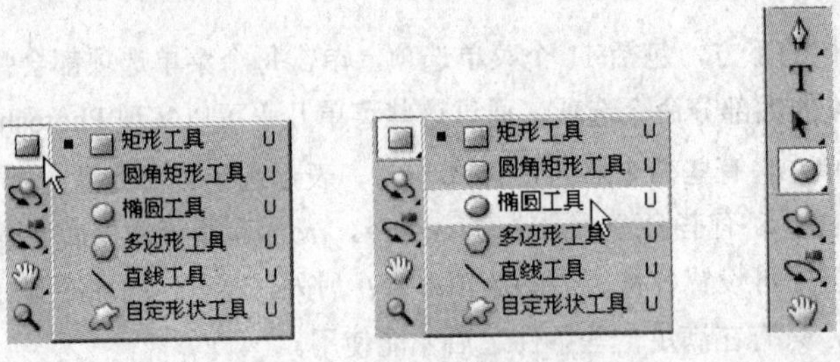

图 1.4.3 选择工具箱中的工具

1.4.5 图像窗口

图像窗口是显示图像的区域，也是编辑或处理图像的区域。在图像窗口中可以实现 Photoshop CS4 中的所有功能，也可以对图像窗口进行多种操作，如改变窗口的位置和大小。

1.4.6 各类浮动面板

浮动面板位于窗口的最右边，在默认的状态下，它都是以“面板组”的形式放置在界面上的。若要选择同一组中的其他面板，则用鼠标单击相应的面板标签即可。如图 1.4.4 所示为各类浮动面板。

在编辑或进行平面设计的过程中，若觉得窗口中的面板位置不合适，可对其进行拖动。方法很简单，只要按住鼠标左键并拖动面板标题栏即可。另外，在工作窗口中，可通过按键盘上的“Tab”键来隐藏或显示工具箱和浮动面板。这样既可以节省空间，也便于用户在需要的时候进行随意的操作。

图 1.4.4　各类浮动面板

1.4.7　状态栏

Photoshop CS4 中的状态栏和以前版本有所不同，它位于打开图像文件窗口的最底部，用来显示当前操作的状态信息，例如图像的当前放大倍数和文件大小，以及使用当前工具的简要说明等。

1.5　Bridge CS4 的使用

Bridge CS4 更进一步实现了对整个套件的项目文件、应用程序和设置的集中化访问，使用它可以快速整理、浏览、定位和查看每天都需要的资源——Photoshop 图像、Illustrator 图形、InDesign 版面、GoLive Web 页面和各种标准图形文件，甚至可以在 Adobe Bridge 的预览面板中翻阅整个 Adobe PDF 文件。

1.5.1　Bridge CS4 的主要功能

Bridge CS4 提供了丰富的图像管理功能，其主要功能如下：

（1）文件浏览：使用 Bridge，可以查看、搜索、排序、管理和处理图像文件。比如，可以使用 Bridge 来创建新文件夹、对文件进行重命名、编辑图元数据、旋转图像以及运行批处理命令，还可以查看从数码相机导入的文件和数据信息。

（2）图库照片：使用 Bridge 的收藏夹面板，可以管理和搜索各种图像。

（3）打开和编辑相机原始数据：在 Photoshop CS4 中可以通过 Bridge 打开和编辑数码相机的原始数据文件，并将它们保存为与 Photoshop 兼容的格式。也可以在不启动 Photoshop 的情况下直接在“相机原始数据”对话框中进行图像设置。

（4）色彩管理：可以使用 Bridge 在不同应用程序之间同步设置颜色。这种同步可以确保无论使用哪一种 Creative Suite 应用程序来查看图像，颜色效果都相同。

1.5.2 Bridge CS4 的界面

在 Photoshop CS4 中选择菜单栏中的 文件(E) → 在 Bridge 中浏览(B)... 命令，或按“Alt+Ctrl+O”键，都可以打开 Bridge CS4 界面，如图 1.5.1 所示。

图 1.5.1　Bridge CS4 的工作界面

1．菜单栏

菜单栏位于 Bridge 窗口的顶部，其中包含有 Bridge 专用的各种命令。

2．快捷按钮

快捷按钮用于有效地使用和管理文件，如图 1.5.2 所示。

图 1.5.2　快捷按钮

3．收藏夹面板

收藏夹面板用于快速访问 Bridge Home、我的电脑、桌面以及图片收藏等，如图 1.5.3 所示。

4．文件夹面板

文件夹面板用于显示文件夹的层次结构，利用该面板可以浏览文件夹，如图 1.5.4 所示。

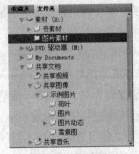

图 1.5.3　收藏夹面板

图 1.5.4　文件夹面板

5．预览面板

预览面板显示了当前所选图像文件的预览效果。预览面板与内容区域中显示的缩略图分离，并且通常要比缩略图大，可以缩小或放大预览，如图 1.5.5 所示。

6．输出面板

利用输出面板可以将文件转换为 PDF 或 Web 所用格式，如图 1.5.6 所示。

图 1.5.5　预览面板

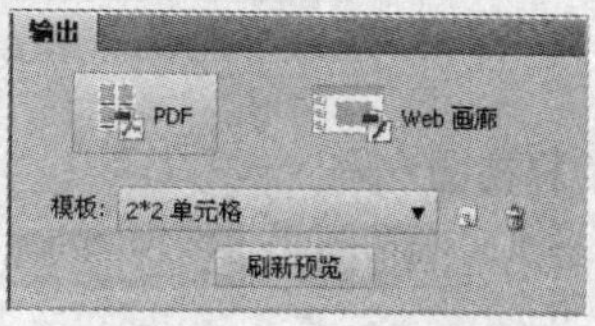

图 1.5.6　输出面板

7．内容区域

内容区域中显示了当前文件夹中项目的缩略图预览，以及关于这些项目的相关信息。

8．状态栏

状态栏位于 Bridge 界面的底部，在其中显示出了各种状态信息，包含内容区域中的项目数、用于切换面板显示的按钮以及设置缩略图大小等。

1.5.3　Bridge 查看图像的视图方式

Bridge 提供了多种查看图像的视图方式，下面进行详细介绍。

1．审阅模式视图

选择菜单栏中的 视图(V) → 审阅模式 命令，将显示如图 1.5.7 所示的效果，用于循环审阅每一幅图像文件。

图 1.5.7　审阅模式视图

2．紧凑模式视图

选择菜单栏中的 视图(V) → 紧凑模式 命令，此时可显示出如图 1.5.8 所示的紧凑模式界面。

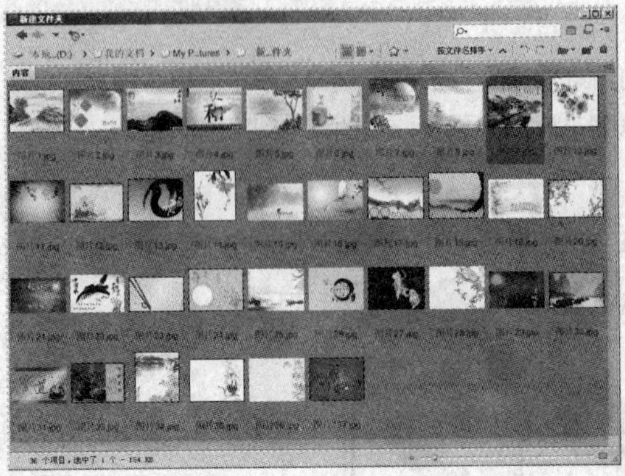

图 1.5.8　紧凑模式视图

3．详细信息视图

选择菜单栏中的 视图(V) → 详细信息 命令，可显示出如图 1.5.9 所示的详细信息视图界面。在此视图中，可以看到每个图像的详细信息。

图 1.5.8　详细信息视图界面

1.5.4　在 Bridge 中删除文件

在内容面板中选择相应的文件后，单击“删除”按钮，即可将选取的文件删除；也可以直接将选取的文件拖曳到“删除”按钮上将其删除；还可以通过按“Delete”键将其删除。

1.6　Photoshop CS4 的新增功能

Photoshop CS4 在上一版本的基础上又新增了许多新的功能，使 Photoshop 软件更加完善。

1.6.1　界面

在 Photoshop CS4 中将一些常用调整功能放在了标题栏中，使用户处理图像更加方便，如图 1.6.1

所示。

图 1.6.1　调整显示模式

1.6.2　颜色校正

体验大幅增强的颜色校正功能以及经过重新设计的减淡、加深和海绵工具，现在可以智能保留颜色和色调详细信息，如图 1.6.2 所示。

图 1.6.2　减淡图像效果

1.6.3　3D 描绘

借助全新的光线描摹渲染引擎，可直接在 3D 模型上绘图，用 2D 图像绕排 3D 形状，将渐变图转换为 3D 对象，为层和文本添加深度，实现打印质量的输出并导出为支持的常见 3D 格式，如图 1.6.3 所示。

1.6.4　调整面板

在 Photoshop CS4 中为创建新的填充或调整图层新增加了一个调整面板，通过图标的形式轻松使用所需的各个工具对图像进行调整，实现无损调整并增强图像的颜色和色调；新的实时和动态调整面板中还包括图像控件和各种预设，如图 1.6.4 所示。

图 1.6.3　3D 描绘效果

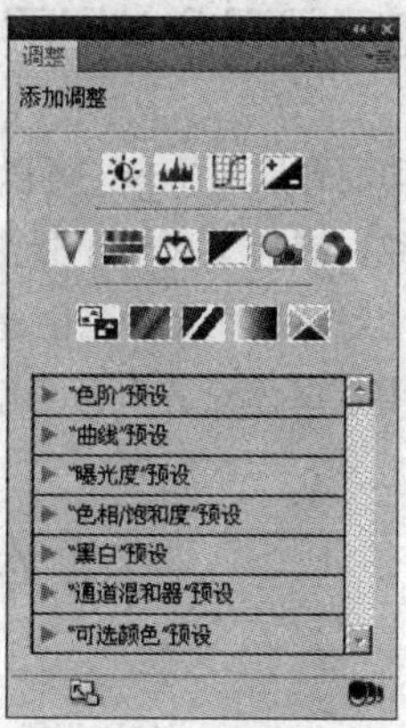

图 1.6.4　调整面板

1.6.5 蒙版面板

在 Photoshop CS4 中为蒙版新增加了一个蒙版面板，通过它可快速创建和编辑蒙版。该面板提供给用户需要的工具，利用这些工具可创建基于像素和矢量的可编辑蒙版、调整蒙版密度和羽化、选择非相邻对象等，如图 1.6.5 所示。

1.6.6 画布任意角度旋转

在 Photoshop CS4 中只须单击即可随意旋转画布，按任意角度实现无扭曲地查看绘图，在绘制过程中无须再转动头部，如图 1.6.6 所示。

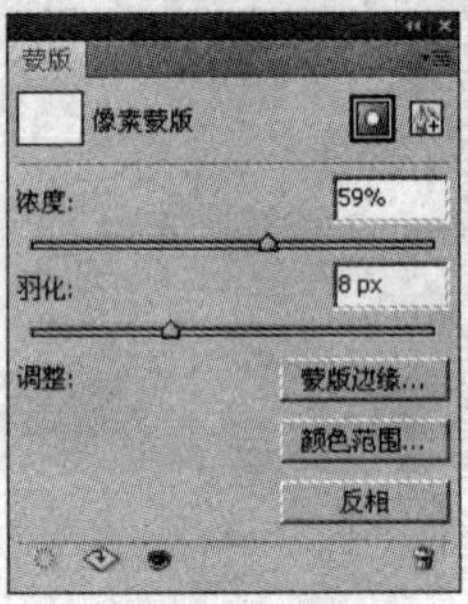

图 1.6.5 蒙版面板

图 1.6.6 任意角度旋转画布

1.6.7 内容识别缩放

创新的全新内容感知型缩放功能可以在用户调整图像大小时自动重排图像，在图像调整为新的尺寸时智能保留重要区域。一步到位制作出完美图像，无须高强度裁剪与润饰。

1.6.8 更好地处理原始图像

使用行业领先的 Adobe Photoshop Camera Raw 5 插件，在处理原始图像时实现出色的转换质量。该插件现在提供本地化的校正、裁剪后晕影、TIFF 和 JPEG 处理，以及对 190 多种相机型号的支持。

1.6.9 增强的图层混合与图层对齐功能

使用增强的“自动混合层”命令，可以根据焦点不同的一系列照片轻松创建一个图像。该命令可以顺畅混合颜色和底纹，现在又延伸了景深，可自动校正晕影和镜头扭曲。

使用增强的“自动对齐层”命令可创建出精确的合成内容。移动、旋转或变形层，从而更精确地对齐图层，也可以使用“球体对齐”命令创建出令人惊叹的 360° 全景。

本 章 小 结

本章主要介绍了 Photoshop 的专业术语和功能、Photoshop CS4 的工作界面和新增功能，以及

Bridge CS4 的主要功能和视图方式等。通过本章的学习，用户可以了解 Photoshop CS4 的基本功能和处理图像的一些重要概念，只有掌握了这些知识，才能为以后的学习奠定良好的基础。

操 作 练 习

一、填空题

1．Photoshop 默认的图像存储格式是________。

2．在 Photoshop CS4 中，________决定显示和打印图像的颜色模型。

3．________是组成图像的最小单位，它是小方形的颜色块。

4．位图也叫________，是由________组成的。

5．矢量图也叫________，是由________组成的。

6．Photoshop CS4 的工作界面是由________、________、________、________、________、________和________组成的。

二、选择题

1．（ ）格式是一种图像文件压缩率很高的有损压缩文件格式。

（A）PSD （B）JPEG

（C）GIF （D）TIFF

2．Photoshop CS4 中使用到的各种工具存放在（ ）中。

（A）菜单 （B）工具箱

（C）属性栏 （D）面板

3．若要隐藏或显示所有打开的面板和工具箱，可以通过按键盘上的（ ）键来实现。

（A）End （B）Esc

（C）Tab （D）Caps Lock

三、简答题

1．简述 Photoshop 软件的功能。

2．在 Photoshop CS4 中位图和矢量图有哪些优缺点？

四、上机操作题

1．分别打开一幅位图和矢量图，调整图像的分辨率，并对其进行比较。

2．练习使用 Adobe Bridge CS4 中的各种视图模式浏览打开的图像文件。

第 2 章　Photoshop CS4 的基本操作

本章学习 Photoshop CS4 的基本操作，如新建、打开和保存图像以及如何从外部导入图像，扫描输入图像窗口的显示，辅助工具的使用和系统参数的设置等。只有先掌握图像处理的基础操作，才能更快、更好地绘制和处理图像。

知识要点

- 文件的操作
- 图像的操作
- 图像颜色的设置
- 辅助工具的使用
- 软件的优化设置

2.1　文件的操作

文件是一个常用的计算机术语，简单地说，文件是软件在计算机中的存储形式。在 Photoshop CS4 的 文件(F) 菜单中提供了新建、打开以及保存等操作命令，通过这些命令可以对图像文件进行基本的编辑和操作。

2.1.1　新建文件

新建图像文件就是创建一个新的空白的工作区域，具体的操作方法如下：

（1）选择菜单栏中的 文件(F) → 新建(N)... 命令，或按“Ctrl+N”键，弹出“新建”对话框，如图 2.1.1 所示。

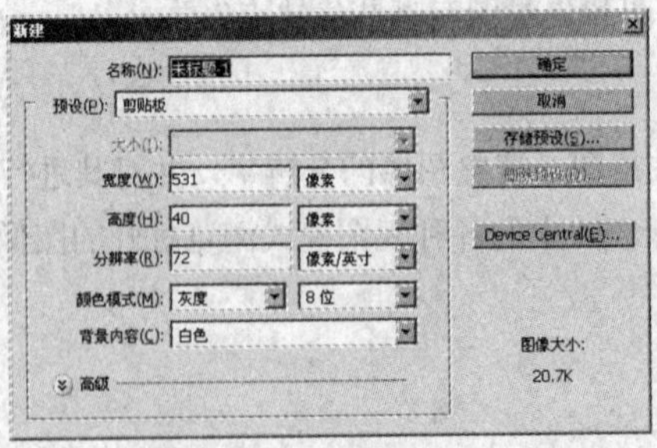

图 2.1.1　“新建”对话框

（2）在“新建”对话框中可对以下各项参数进行设置。

1）名称(N)：用于输入新文件的名称。Photoshop 默认的新建文件名为“未标题-1”，如连续新建多个，则文件按顺序默认为“未标题-2”“未标题-3”，依此类推。

2）宽度(W) 与 高度(H)：用于设置图像的宽度与高度，在其输入框中输入具体数值。但在设置前需要确定文件尺寸的单位，在其后面的下拉列表中选择需要的单位，有像素、英寸、厘米、毫米、点、派卡与列。

3）分辨率(R):：用于设置图像的分辨率，并可在其后面的下拉列表中选择分辨率的单位，分别是像素/英寸与像素/厘米，通常使用的单位为像素/英寸。

4）颜色模式(M):：用于设置图像的色彩模式，并可在其右侧的下拉列表中选择色彩模式的位数，有 1 位、8 位与 16 位。

5）背景内容(C):：该下拉列表框用于设置新图像的背景层颜色，其中有 3 种方式可供选择，即白色、背景色与透明。如果选择背景色选项，则背景层的颜色与工具箱中的背景色颜色框中的颜色相同。

6）预设(P):：在此下拉列表中可以对选择的图像尺寸、分辨率等进行设置。

（3）设置好参数后，单击确定按钮，就可以新建一个空白图像文件，如图 2.1.2 所示。

2.1.2 打开文件

当需要对已有的图像进行编辑与修改时，必须先打开它。在 Photoshop CS4 中打开图像文件的具体操作方法如下：

（1）选择菜单栏中的文件(F)→打开(O)...命令，或按“Ctrl+O”键，可弹出打开对话框，如图 2.1.3 所示。

图 2.1.2 新建图像文件

图 2.1.3 “打开”对话框

（2）在查找范围(I):下拉列表中选择图像文件存放的位置，即所在的文件夹。

（3）在文件类型(T):下拉列表中选择要打开的图像文件格式，如果选择所有格式选项，则全部文件的格式都会显示在对话框中。

（4）在文件夹列表中选择要打开的图像文件后，在打开对话框的底部可以预览图像缩略图和文件的字节数，然后单击打开(O)按钮，即可打开图像。

在 Photoshop CS4 中也可以一次打开多个同一目录下的文件，其选择的方法主要有两种：

（1）单击需要打开的第一个文件，然后按住“Shift”键单击最后一个文件，可以同时选中这两个文件之间多个连续的文件。

（2）按住“Ctrl”键，依次单击要选择的文件，可选择多个不连续的文件。

在 Photoshop CS4 中还有其他较特殊的打开文件的方法。

（1）选择文件(F)菜单中的最近打开文件(T)命令，可在弹出的子菜单中选择最近打开过的图像文件。Photoshop CS4 会自动将最近打开过的若干文件名保存在最近打开文件(T)子菜单中，默认最多包含 10

个最近打开过的文件名。

（2）选择菜单栏中的文件(F)→打开为...命令，或按“Alt+Shift+Ctrl+O”键，可打开特定类型的文件。例如，要打开 PSD 格式的图像，则必须选择此格式的图像，如果选择其他格式的文件，则会弹出如图 2.1.4 所示的错误提示框。

图 2.1.4　提示框

（3）选择菜单栏中的文件(F)→在 Bridge 中浏览(B)...命令，或按“Ctrl+Shift+O”键，打开文件浏览器窗口，直接在图像的缩略图上双击鼠标左键，即可打开图像文件，也可用鼠标直接将图像的缩略图拖曳到 Photoshop CS4 的工作界面中打开图像文件。

2.1.3　保存文件

当图像文件操作完成后，都要将其保存起来，以免发生各种意外情况导致操作被迫中断。保存文件的方法有多种，包括存储、存储为以及存储为 Web 所用格式等，这几种存储文件的方法各不相同。

要保存新的图像文件，可选择菜单栏中的文件(F)→存储(S)命令，或按“Ctrl+S”键，将弹出存储为对话框，如图 2.1.5 所示。

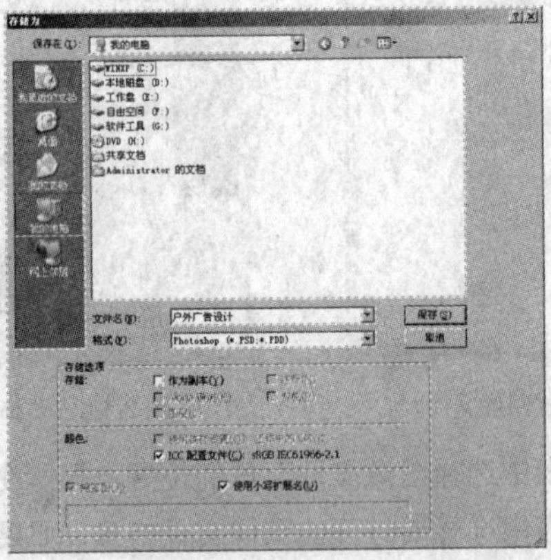

图 2.1.5　“存储为”对话框

在保存在(I):下拉列表中可选择保存图像文件的路径，可以将文件保存在硬盘或网络驱动器上。

在文件名(N):下拉列表框中可输入需要保存的文件名称。

在格式(F):下拉列表中可以选择图像文件保存的格式。Photoshop CS4 默认的保存格式为 PSD 或 PDD，这两种格式可以保留图层，若以其他格式保存，则在保存时 Photoshop CS4 会自动合并图层。

设置好各项参数后，单击保存(S)按钮，即可按照所设置的路径及格式保存新的图像文件。

图像保存后又继续对图像文件进行各种编辑，选择菜单栏中的文件(F)→存储(S)命令，或按“Ctrl+S”键，将直接保留最终确认的结果，并覆盖原始图像文件。

图像保存后再继续对图像文件进行各种修改与编辑，若想重新存储为一个新的文件并想保留原图像，可选择菜单栏中的文件(F)→存储为(A)...命令，或按“Shift+Ctrl+S”键，弹出存储为对话框，在其中设置各项参数，然后单击 保存(S) 按钮，即可完成图像文件的“另存为”操作。

2.1.4　置入文件

Photoshop 是一种位图图像处理软件，但它也具备处理矢量图的功能，因此，也可以将矢量图（如后缀为 EPS，AI 或 PDF 的文件）插入到 Photoshop 中使用。

新建或打开一个需要向其中插入图形的图像文件，然后选择菜单栏中的 文件(F) → 置入(L)... 命令，弹出 置入 对话框，如图 2.1.6 所示。

从该对话框中选择要插入的文件（如文件格式为 AI 的图形文件），单击 置入(P) 按钮，可将所选的图形文件置入到新建的图像中，如图 2.1.7 所示。

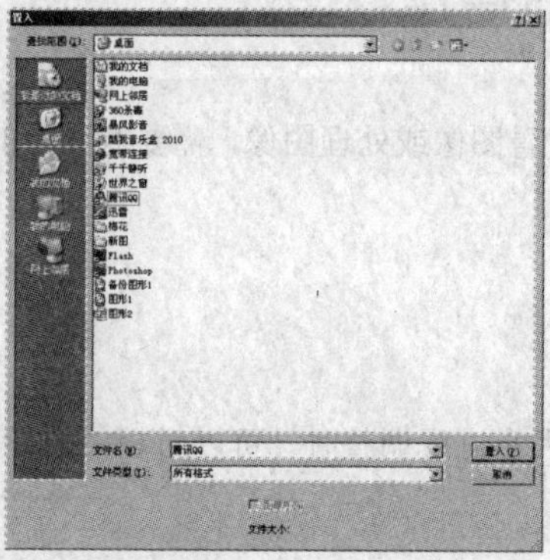

图 2.1.6　“置入”对话框

图 2.1.7　置入 AI 文件

此时的 AI 图形被一个控制框包围，可以通过拖拉控制框调整图像的位置、大小和方向。设置完成后，按回车键确认插入 AI 图像，如图 2.1.8 所示，如果按“Esc”键则会放弃插入图像的操作。

图 2.1.8　置入图形后的效果

2.1.5　恢复文件

在对文件进行编辑时，如果对修改的结果不满意，可选择菜单栏中的 文件(F) → 恢复(V) 命令，将文件恢复至最近一次保存的状态。

2.1.6　关闭文件

图像文件编辑完成后，对于不再需要的图像文件可以将其关闭。关闭图像文件的方法有以下几种：

（1）选择菜单栏中的 文件(F) → 关闭(C) 命令。

（2）单击图像标签右方的“关闭”按钮✕。

（3）按“Ctrl+W”键或“Ctrl+F4”键。

如果要关闭 Photoshop CS4 中打开的多个文件，可选择菜单栏中的 文件(F) → 关闭全部 命令或按“Ctrl+Alt+W”键。

若被关闭的图像文件进行过编辑和处理又没有立刻保存，则会在关闭图像时弹出提示框，提示用户关闭前是否保存对图像文件的修改。单击 是(Y) 按钮，图像被修改的部分也将被存储在关闭后的文件中；单击 否(N) 按钮，图像的修改部分将不被保存；单击 取消 按钮，图像文件将不会被关闭，维持现状。

2.2 图像的操作

在 Photoshop CS4 中处理图像时，为了更清晰地观看图像或处理图像，需要对图像的尺寸和显示方式等进行设置。

2.2.1 设置图像尺寸

一般情况下，当需要对扫描的图像或当前图像的大小进行调整时，可以对相关的参数进行设置。

1. 调整图像大小

利用 图像大小(I)... 命令，可以调整图像的大小、打印尺寸以及图像的分辨率。其具体操作方法如下：

（1）打开一幅需要改变大小的图像。

（2）选择菜单栏中的 图像(I) → 图像大小(I)... 命令，弹出“图像大小”对话框，如图 2.2.1 所示。

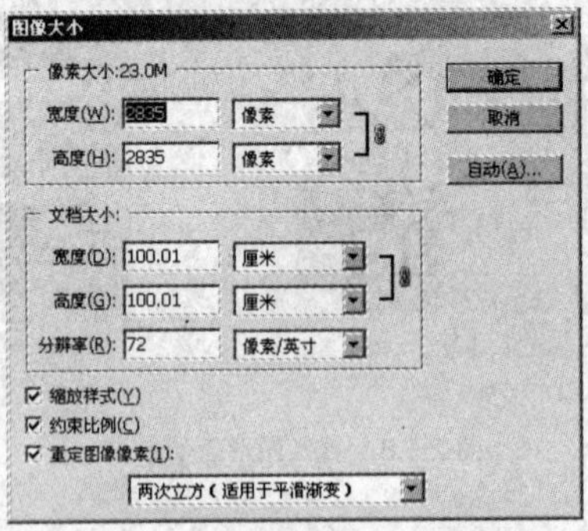

图 2.2.1 “图像大小”对话框

（3）在 像素大小: 选项区中的 宽度(W): 与 高度(H): 输入框中可设置图像的宽度与高度。改变像素大小后，会直接影响图像的品质、屏幕图像的大小以及打印结果。

（4）在 文档大小: 选项区中可设置图像的打印尺寸与分辨率。默认状态下，宽度(D): 与 高度(G): 被锁定，即改变 宽度(D): 与 高度(G): 中的任何一项，另一项都会按相应的比例改变。

（5）设置好参数后，单击 确定 按钮，即可改变图像的大小。

2. 调整画布大小

更改画布大小的具体操作方法如下：

（1）打开一幅需要改变画布大小的图像文件，如图 2.2.2 所示。

（2）选择菜单栏中的 图像(I) → 画布大小(S)... 命令，弹出“画布大小”对话框，如图 2.2.3 所示。

图 2.2.2　打开的图像

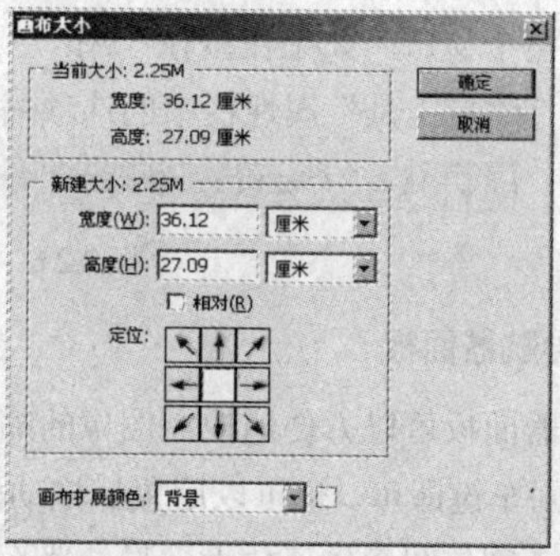

图 2.2.3　“画布大小”对话框

（3）在 新建大小: 选项区中的 宽度(W): 与 高度(H): 输入框中输入数值，可重新设置图像的画布大小；在 定位: 选项中可选择画布的扩展或收缩方向，单击框中的任何一个方向箭头，该箭头的位置可变为白色，图像就会以该位置为中心进行设置。

（4）单击 确定 按钮，可以按所设置的参数改变画布大小，如图 2.2.4 所示。

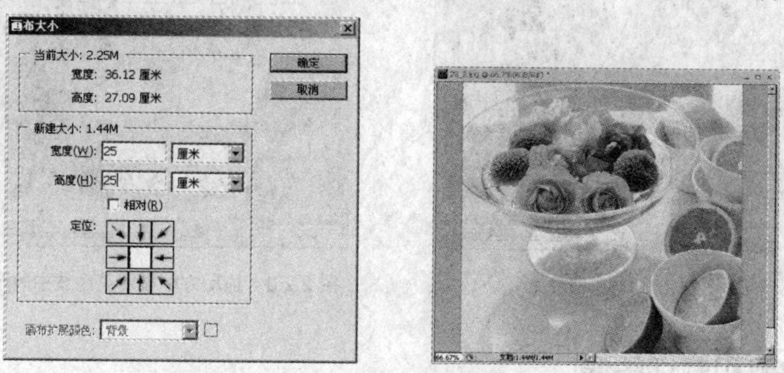

图 2.2.4　改变画布大小

提示： 默认状态下，图像位于画布中心，画布向四周扩展或向中心收缩，画布颜色为背景色。如果希望图像位于其他位置，只须单击 定位: 选项区中相应位置的小方块即可。

2.2.2　缩放图像

有时为处理图像的某一个细节，需要将这一区域放大显示，以使处理操作更加方便；而有时为查看图像的整体效果，则需要将图像缩小显示。

1．使用菜单命令

在 视图(V) 菜单中有 5 个用于控制图像显示比例的命令，如图 2.2.5 所示。

放大(I)：使用此命令可将图像放大。

缩小(O)：使用此命令可将图像缩小。

按屏幕大小缩放(F)：使用此命令可将图像显示于整个画布上。

实际像素(A)：使用此命令可按 100%比例显示。

打印尺寸(Z)：使用此命令，可按打印尺寸显示。

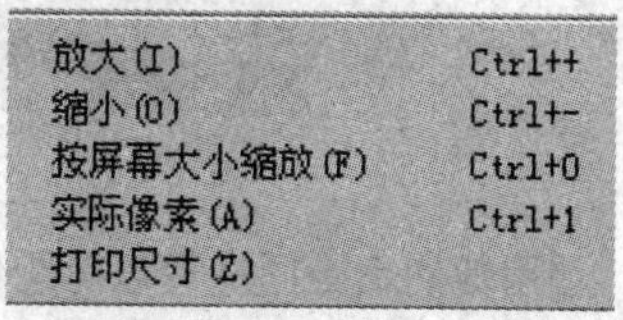

图 2.2.5　快捷菜单

2．使用缩放工具

单击工具箱中的“缩放工具”按钮，在图像窗口中拖动鼠标框选需要放大的区域，就可以将该区域放大至整个窗口。如果在按住“Alt”键的同时使用缩放工具在图像中单击，可将图像缩小，也可通过设置“缩放工具”属性栏中的选项缩放图像，如图 2.2.6 所示。

图 2.2.6　“缩放工具”属性栏

3．使用导航器面板

使用导航器面板可以方便地控制图像的缩放显示。在此面板左下角的输入框中输入放大与缩小的比例，然后按回车键即可。也可以用鼠标拖动面板下方调节杆上的三角滑块，向左拖动则使图像显示缩小，向右拖动则使图像显示放大。导航器面板显示如图 2.2.7 所示。

导航器面板窗口中的红色方框表示图像显示的区域，拖动方框，可以发现图像显示的窗口也会随之改变，如图 2.2.8 所示。

图 2.2.7　导航器面板

图 2.2.8　拖动方框显示某区域中的图像

2.2.3　裁剪和裁切图像

使用裁剪命令可以将图像按照存在的选区进行矩形裁剪。在打开的文件中先创建一个选区，然后选择菜单栏中的图像(I)→裁剪(P)命令，即可对图像进行裁剪。

注意：即使图像创建的是不规则选区，使用裁剪(P)命令后图像仍然被裁剪为矩形，如图 2.2.9 所示。

图 2.2.9　裁剪图像效果

使用裁切命令同样可以对图像进行裁剪。裁切时，先要确定要删除的像素区域，如透明色或边缘像素颜色，然后将图像中与该像素处于水平或垂直的像素的颜色与之比较，再将其进行裁切删除。选择菜单栏中的图像(I)→裁剪(P)命令，弹出如图 2.2.10 所示的“裁切”对话框，用户可根据需要设置对话框的参数来对图像进行裁剪。

2.2.4　排列图像窗口

在处理图像时，为了方便操作，需要将图像窗口最小化或最大化显示，这时只须要单击图像窗口右上角的“最小化”按钮与“最大化”按钮即可。

如果在 Photoshop CS4 中打开了多个图像窗口，屏幕显示会很乱，为了方便查看，可对多个窗口进行排列。选择菜单栏中的窗口(W)→排列(A)命令，打开“排列”子菜单，如图 2.2.11 所示。

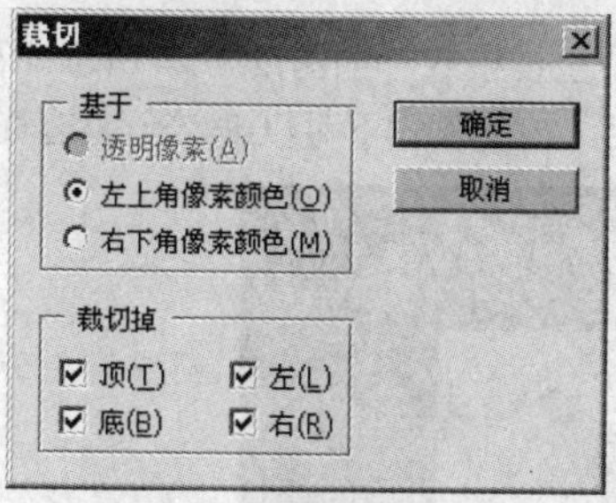

图 2.2.10　“裁切”对话框

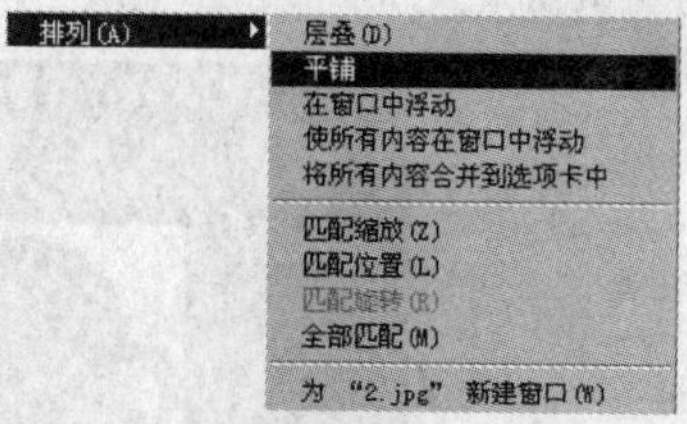

图 2.2.11　“排列”子菜单

利用“排列”子菜单中的命令可以对 Photoshop CS4 中打开的多个窗口进行排列，如图 2.2.12 所示为对打开的多个窗口应用层叠和平铺方式的效果。

图 2.2.12　应用层叠和平铺方式效果

2.2.5　设置图像显示模式

Photoshop CS4 提供了 3 种不同的图像显示模式，即标准屏幕模式、带有菜单栏的全屏模式和全屏模式。为了操作的需要，可以在这 3 种模式之间进行切换。

单击工具箱中的“标准屏幕模式”按钮，可切换至标准屏幕模式的窗口显示，如图 2.2.13 所示。在该模式下，窗口可显示 Photoshop 的所有组件，如菜单栏、工具箱、标题栏与属性栏等。

单击工具箱中的“带有菜单栏的全屏模式”按钮，如图 2.2.14 所示，可切换至带有菜单栏的全屏显示模式。在此模式下，将不显示标题栏，只显示菜单栏，以使图像充满整个屏幕。

图 2.2.13　标准屏幕模式

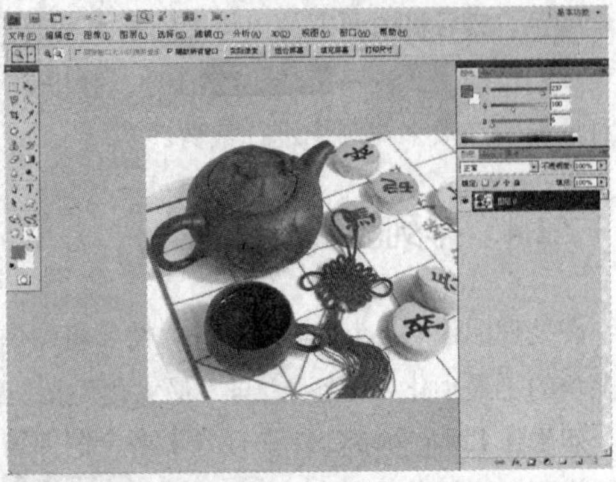

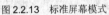

图 2.2.14　带有菜单栏的全屏模式

单击工具箱中的“全屏模式”按钮，可切换至全屏模式，如图 2.2.15 所示。在此模式下，图像之外的区域以黑色显示，并会隐藏菜单栏与标题栏。在此模式下可以非常全面地查看图像效果。

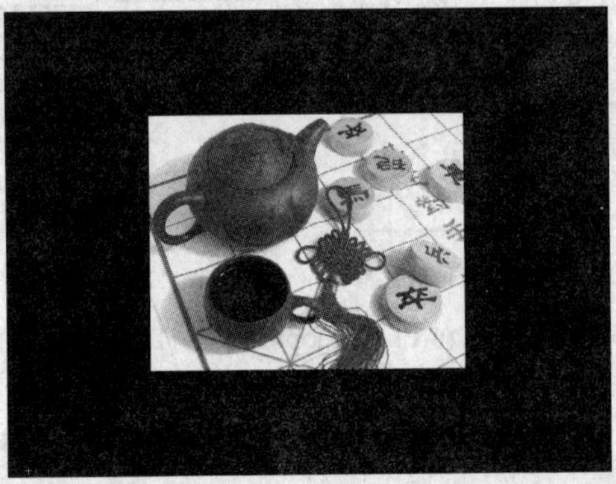

图 2.2.15　全屏模式

2.3　图像颜色的设置

Photoshop 中的大部分操作都和颜色有关，用户在学习本章其他内容之前应首先学习 Photoshop 中颜色的设置方法，下面进行具体介绍。

2.3.1　前景色与背景色

在工具箱中前景色按钮显示在上面，背景色按钮显示在下面，如图 2.3.1 所示。在默认的情况下，前景色为黑色，背景色为白色。若在使用过程中要切换前景色和背景色，则可在工具箱中单击“切换颜色”按钮，或按键盘上的“X”键。若要返回默认的前景色和背景色设置，则可在工具箱中单击“默认颜色”按钮，或按键盘上的“D”键。

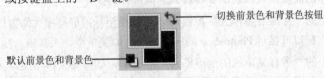

图 2.3.1　前景色和背景色按钮

若要更改前景色或背景色，可单击工具箱中的“设置前景色”或“设置背景色”按钮，弹出“拾色器”对话框，如图 2.3.2 所示。

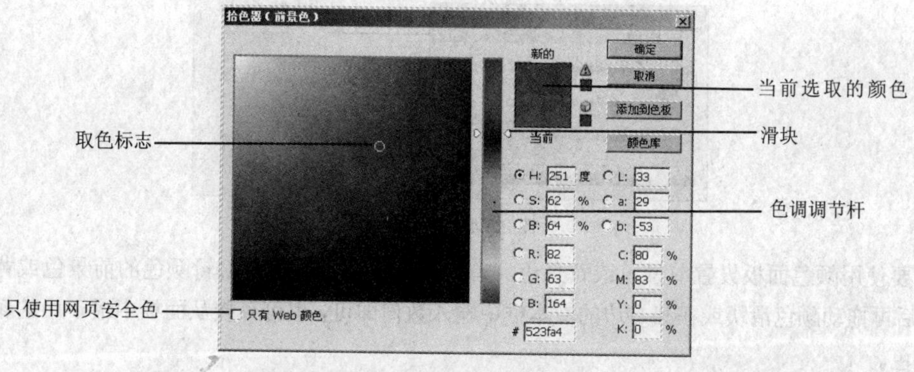

图 2.3.2　“拾色器”对话框

“拾色器”对话框左侧区域是色域图，在色域图上单击，则单击处的颜色即为用户选取的颜色。中间的彩色长条为色调调节杆，拖动色调调节杆上的滑块可以选择不同的颜色范围。在对话框的右下角显示了 4 种色彩模式（HSB，Lab，RGB 和 CMYK），在其对应的文本框中输入相应的数值可精确设置所需的颜色。设置完成后，单击 确定 按钮，即可用所选的颜色来填充前景色或背景色。

技巧： 在色域图中，左上角为纯白色（R，G，B 值分别为 255，255，255），右下角为纯黑色（R，G，B 值分别为 0，0，0）。

另外，单击其对话框中的 颜色库 按钮，可弹出“颜色库”对话框，如图 2.3.3 所示。

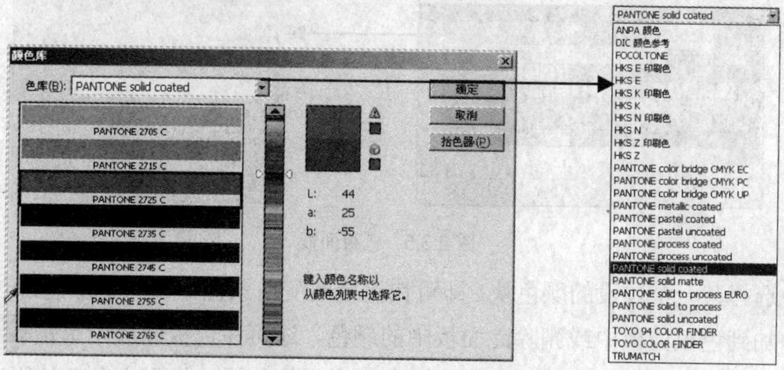

图 2.3.3　“颜色库”对话框

在“颜色库”对话框中，单击 色库(B): 右侧的 按钮，可弹出“色库”下拉列表，在其中共有 27 种颜色库，这些颜色库是全球范围内不同公司或组织制定的色样标准。由于不同印刷公司的颜色体系不同，可以在“色库”下拉列表中选择一个颜色系统，然后输入油墨数或沿色调调节杆拖动三角滑块，找出想要的颜色。每选择一种颜色序号，该序号相对应的 CMYK 的各分量的百分数也会相应地发生变化。如单击色调调节杆上端或下端的三角块，则每单击一次，三角滑块会向前或向后移动选择一种颜色。

2.3.2　颜色面板

在颜色面板中可通过几种不同的颜色模型来编辑前景色和背景色，在颜色栏显示的色谱中也可选取前景色和背景色。选择菜单栏中的 窗口(W) → 颜色 命令，即可打开颜色面板，如图 2.3.4 所示。

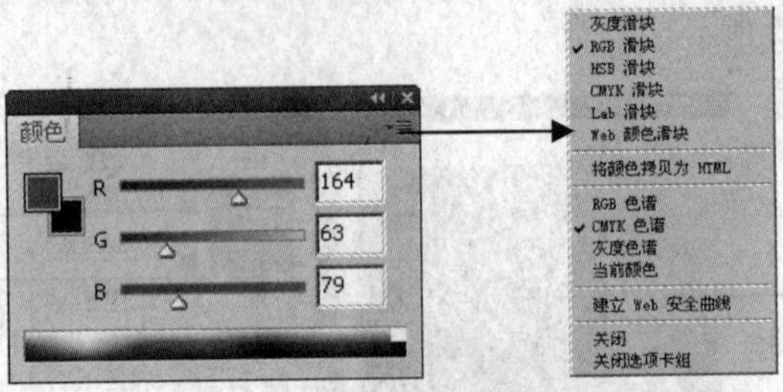

图 2.3.4　颜色面板

若要使用颜色面板设置前景色或背景色，首先在该面板中选择要编辑颜色的前景色或背景色色块，然后再拖动颜色滑块或在其右边的文本框中输入数值即可，也可直接从面板中最下面的颜色栏中选取颜色。

2.3.3　色板面板

在 Photoshop CS4 中还提供了可以快速设置颜色的色板面板。选择菜单栏中的 窗口(W) → 色板 命令，即可打开色板面板，如图 2.3.5 所示。

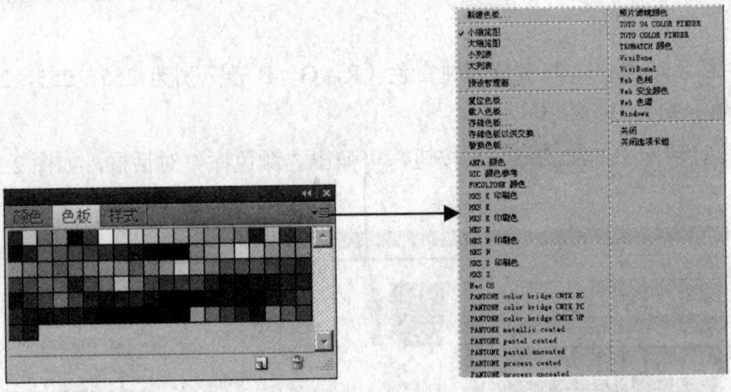

图 2.3.5　色板面板

在该面板中选择某一个预设的颜色块，即可快速地改变前景色与背景色颜色，也可以将设置的前景色与背景色添加到色板面板中或删除此面板中的颜色。还可在色板面板中单击按钮，在弹出的下拉列表中选择一种预设的颜色样式添加到色板中作为当前色板，供用户参考使用。

2.3.4　渐变工具

利用渐变填充工具可以给图像或选区填充渐变颜色。单击工具箱中的“渐变工具”按钮，其属性栏如图 2.3.6 所示。在其属性栏中设置好各选项参数后，在图像选区中需要填充渐变色的区域单击鼠标并向一定的方向拖动，可画出一条两端带 + 图标的直线，此时释放鼠标，即可显示渐变效果。

图 2.3.6　“渐变工具”属性栏

技巧： 若在拖动鼠标的过程中按住“Shift”键，则可按 45°、水平或垂直方向进行渐变填充。拖动鼠标的距离越大，渐变效果越明显。

其属性栏中各选项参数介绍如下：

单击 右侧的 按钮，可在打开的渐变样式面板中选择需要的渐变样式。

单击 按钮，可以弹出“渐变编辑器”对话框，如图 2.3.7 所示，在其中用户可以自己编辑、修改或创建新的渐变样式。

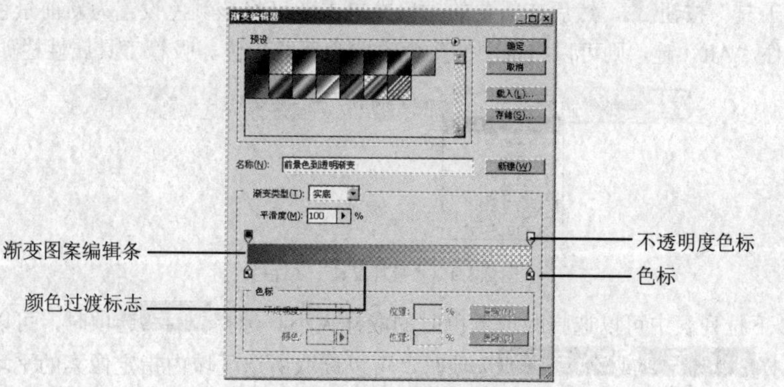

图 2.3.7 “渐变编辑器”对话框

在 按钮组中，可以选择渐变的方式，从左至右分别为线性渐变、径向渐变、角度渐变、对称渐变及菱形渐变，其效果如图 2.3.8 所示。

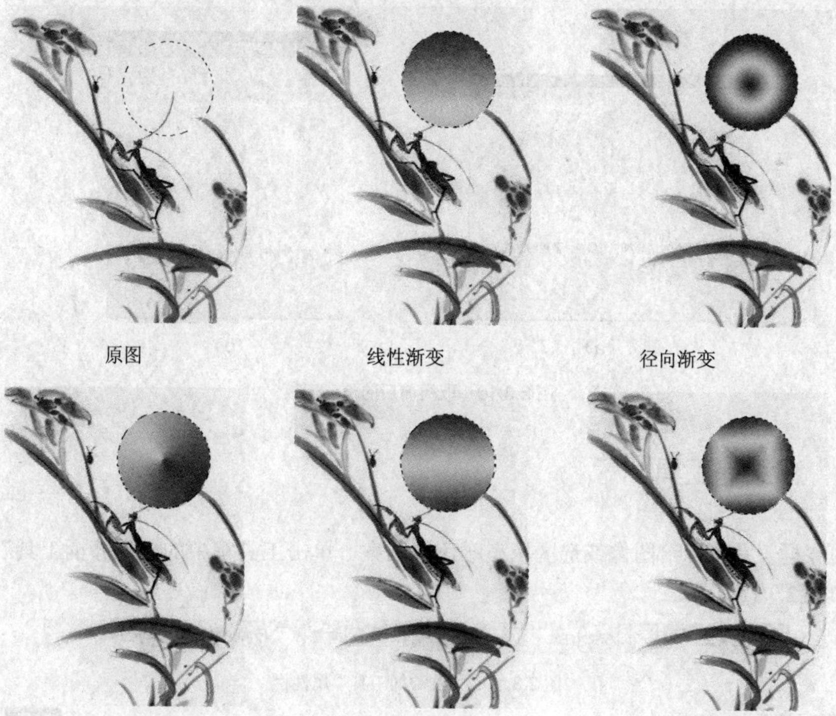

图 2.3.8 5 种渐变效果

选中 反向 复选框，可产生与原来渐变相反的渐变效果。

选中 仿色 复选框，可以在渐变过程中产生色彩抖动效果，把两种颜色之间的像素混合，使色彩过渡得平滑一些。

选中☑透明区域复选框，可以设置渐变效果的透明度。

2.3.5　吸管工具

使用吸管工具不仅能从打开的图像中进行颜色取样，也可以指定新的前景色或背景色。单击工具箱中的“吸管工具”按钮，然后在需要的颜色上单击即可将该颜色设置为新前景色。如果在单击颜色的同时按住“Alt”键，则可以将选中的颜色设置为新背景色。吸管工具属性栏如图 2.3.9 所示。

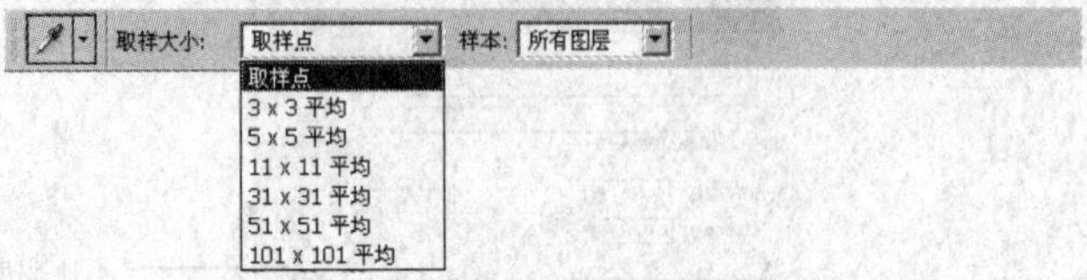

图 2.3.9　“吸管工具”属性栏

在取样大小:下拉列表中可以选择吸取颜色时的取样大小。选择取样点选项时，可以读取所选区域的像素值；选择3 x 3 平均或5 x 5 平均选项时，可以读取所选区域内指定像素的平均值。修改吸管的取样大小会影响信息面板中显示的颜色数值。

在吸管工具的下方是颜色取样器工具，利用该工具可以吸取到图像中任意一点的颜色，并以数字的形式在信息面板中表示出来。图 2.3.10（a）为未取样时的信息面板，图 2.3.10（b）为取样后的信息面板。

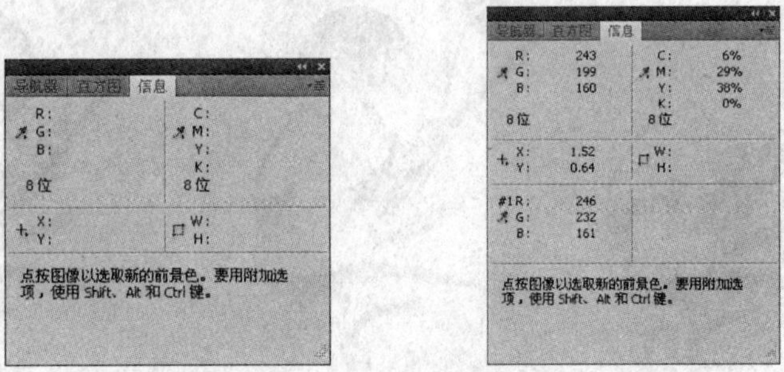

（a）　　　　（b）

图 2.3.10　取样前后的信息面板

2.3.6　油漆桶工具

利用油漆桶工具可以给图像或选区填充颜色或图案。单击工具箱中的“油漆桶工具”按钮，其属性栏如图 2.3.11 所示。

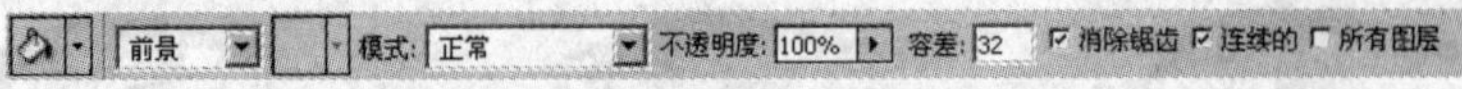

图 2.3.11　“油漆桶工具”属性栏

单击前景右侧的按钮，在弹出的下拉列表中可以选择填充的方式，选择前景选项，在图像中相应的范围内填充前景色，如图 2.3.12 所示；选择图案选项，在图像中相应的范围内填充图案，如图 2.3.13 所示。

在不透明度:文本框中输入数值，可以设置填充内容的不透明度。

在容差:文本框中输入数值，可以设置在图像中的填充范围。

图 2.3.12　前景色填充效果

图 2.3.13　图案填充效果

选中☑消除锯齿复选框，可以使填充内容的边缘不产生锯齿效果，该选项在当前图像中有选区时才能使用。

选中☑连续的复选框后，只在与鼠标落点处颜色相同或相近的图像区域中进行填充，否则，将在图像中所有与鼠标落点处颜色相同或相近的图像区域中进行填充。

选中☑所有图层复选框，在填充图像时，系统会根据所有图层的显示效果将结果填充在当前层中，否则，只根据当前层的显示效果将结果填充在当前层中。

2.4　辅助工具的使用

Photoshop 中常用的辅助工具有标尺、参考线、网格以及度量工具等，这些工具可以帮助用户准确定位图像中的位置或角度，使编辑图像更加精确、方便。

2.4.1　标尺

使用标尺可以准确地显示出当前光标所在的位置和图像的尺寸，还可以让用户更准确地对齐对象和选取范围。选择视图(V)→标尺(R)命令，可在图像文件中显示标尺，如图 2.4.1 所示。在图像中移动鼠标，可以在标尺上显示出鼠标所在位置的坐标值。按“Ctrl+R”键可以隐藏或显示标尺。

2.4.2　参考线

参考线可用于对齐物体，并且可以任意设置其位置。在使用参考线之前，必须先显示标尺，然后从标尺上按住鼠标左键拖至窗口中，松开鼠标可显示参考线，如图 2.4.2 所示。

图 2.4.1　显示标尺

图 2.4.2　显示参考线

可继续沿标尺的水平或垂直方向创建多条参考线，也可对其进行移动、删除、锁定、显示或隐藏。

移动参考线：将鼠标指针移至参考线上，按住鼠标左键拖动即可移动参考线。

隐藏或显示参考线：按“Ctrl+H”键或按“Ctrl+;”键可显示或隐藏参考线。

锁定参考线：选择菜单栏中的视图(V)→锁定参考线(G)命令，即可锁定参考线。

清除参考线：选择菜单栏中的视图(V)→清除参考线(D)命令，可清除图像中所有的参考线。如果需要删除某一条参考线，可将光标移至需要删除的参考线上，按住鼠标左键将其拖至窗口外即可。

2.4.3 网格

网格可用来对齐参考线，也可在制作图像的过程中对齐物体。要显示网格，可选择菜单栏中的视图(V)→显示(H)→网格(G)命令，此时会在图像文件中显示出网格，如图 2.4.3 所示。

图 2.4.3 显示网格

显示网格后，就可以沿网格线创建图像的选取范围、移动或对齐图像。在不需要显示网格时，也可隐藏网格。选择菜单栏中的视图(V)→显示额外内容(X)命令，或按“Ctrl+H”键来隐藏网格。

2.5 软件的优化设置

在使用 Photoshop CS4 之前，需要对其预设选项进行优化，这样可以更有效地提高软件的运行效率，加快工作速度，节约时间。

Photoshop CS4 的环境变量设置命令都集中在编辑(E)→首选项(N)命令子菜单中，如图 2.5.1 所示。利用这些命令可以对 Photoshop CS4 中的各项系统参数进行设置。

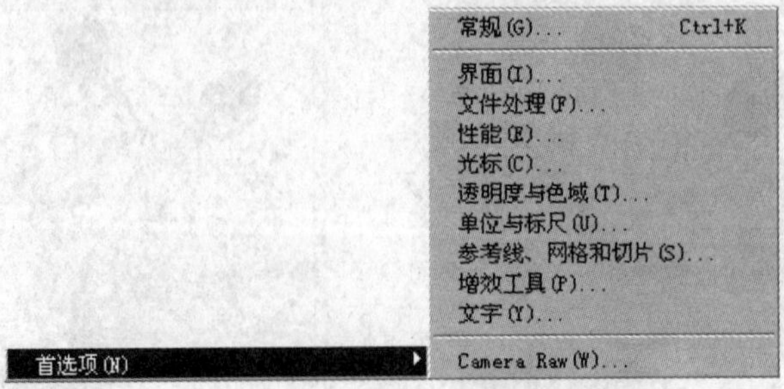

图 2.5.1 “首选项”子菜单

2.5.1　常规

选择菜单栏中的 编辑(E) → 首选项(N) → 常规(G)... 命令，或按下“Ctrl+K”键，将弹出“首选项”对话框，如图 2.5.2 所示。

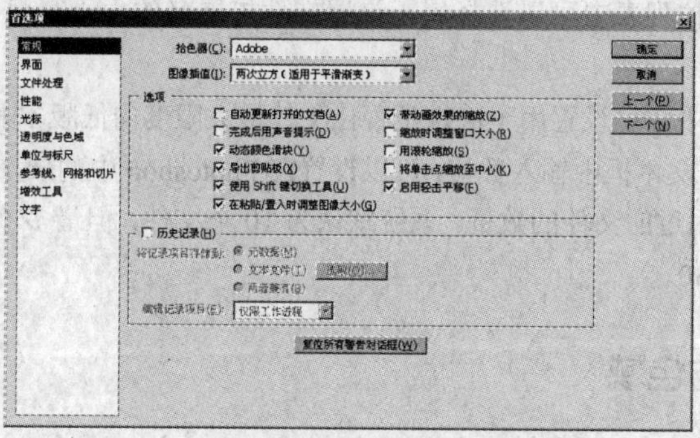

图 2.5.2　“首选项”对话框

在该对话框中用户可以对 Photoshop CS4 软件进行总体的设置。

在 拾色器(C): 下拉列表中可以选择与 Photoshop 匹配的颜色系统，默认设置为 Adobe 选项，因为它是与 Photoshop 匹配最好的颜色系统。除非用户有特殊的需要，否则不要轻易改变默认的设置。

在 图像插值(I): 下拉列表中可以选择软件在重新计算分辨率时增加或减少像素的方式。

选中 ☑ 导出剪贴板(X) 复选框，将使用系统剪贴板作为缓冲和暂存，实现 Photoshop 和其他程序之间的快速交换。

选中 ☑ 缩放时调整窗口大小(R) 复选框，允许用户在通过键盘操作缩放图像时调整文档窗口的大小。

选中 ☑ 自动更新打开的文档(A) 复选框，当退出 Photoshop 软件时会对打开的文档进行自动更新。

选中 ☑ 完成后用声音提示(D) 复选框，Photoshop 将在每条命令执行后发出提示声音。

选中 ☑ 动态颜色滑块(Y) 复选框，修改颜色时色彩滑块平滑移动。

选中 ☑ 使用 Shift 键切换工具(U) 复选框，要在同一组中以快捷方式切换不同的工具时，必须按“Shift”键。

2.5.2　文件处理

选择菜单栏中的 编辑(E) → 首选项(N) → 文件处理(F)... 命令，将打开“首选项”对话框中的“文件处理”参数设置选项，如图 2.5.3 所示。

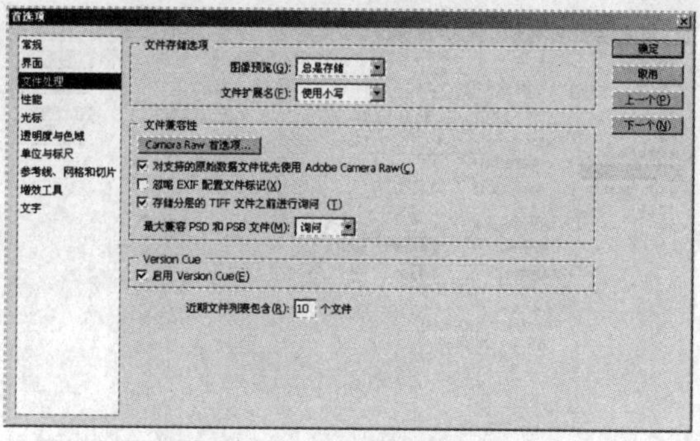

图 2.5.3　“文件处理”参数设置

在该对话框中用户可以设置是否存储图像的缩微预览图，以及是否用大写字母表示文件的扩展名等参数选项。

在 图像预览(G): 下拉列表中选择 存储时询问 选项，可以避免 Photoshop 在保存图像的时候再保存一个 ICON 格式的文件而浪费磁盘空间。

在 文件扩展名(E): 下拉列表中可以选择用于设置文件扩展名的大小写状态，包括 使用小写 和 使用大写 两个选项。

在 文件兼容性 选项区中，可设置用于决定是否让文件最大限度向低版本兼容。

在 近期文件列表包含(R): 文本框中输入数值，可以设置在 Photoshop 中的 文件(F)→最近打开文件(T) 命令子菜单中显示的最近使用过的文件的数量。系统默认为 10 个文件，但最多不能超过 30 个，即文本框中输入的数值最大值为 30。

2.5.3 透明度与色域

选择菜单栏中的 编辑(E)→首选项(N)→透明度与色域(T)... 命令，将打开“首选项”对话框中的“透明度与色域”参数设置选项，如图 2.5.4 所示。在该对话框中可设置以哪种方式显示图像透明的部分，即设置透明区域的网格属性，包括网格的颜色、大小等。

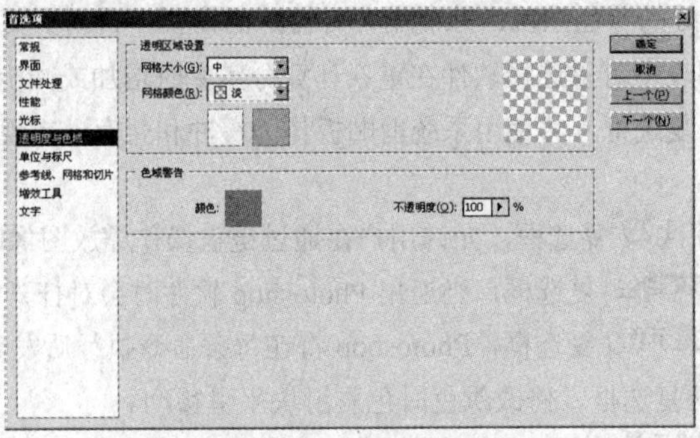

图 2.5.4 “透明度与色域”参数设置

2.5.4 单位和标尺

选择菜单栏中的 编辑(E)→首选项(N)→单位与标尺 命令，将打开“首选项”对话框中的“单位和标尺”参数设置选项，如图 2.5.5 所示。在该对话框中用户可以设置标尺和文字的单位、图像的尺寸以及打印分辨率和屏幕分辨率等。

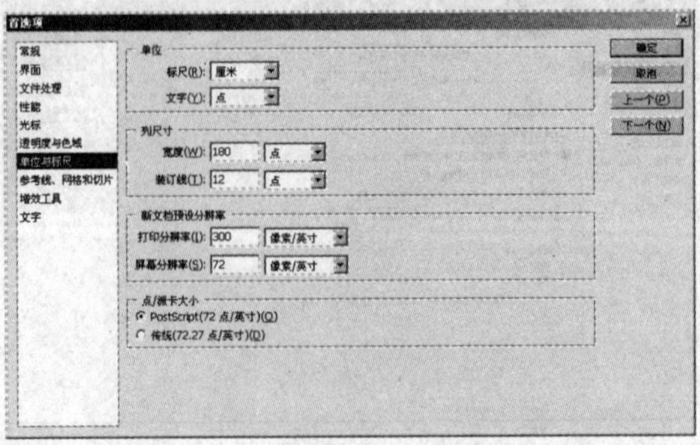

图 2.5.5 “单位和标尺”参数设置

2.5.5 参考线、网格和切片

选择菜单栏中的编辑(E)→首选项(N)→参考线、网格和切片命令，将打开“首选项”对话框中的“参考线、网格和切片”参数设置选项，如图 2.5.6 所示。在该对话框中用户可以对参考线、智能参考线、网格和切片进行相应的设置。

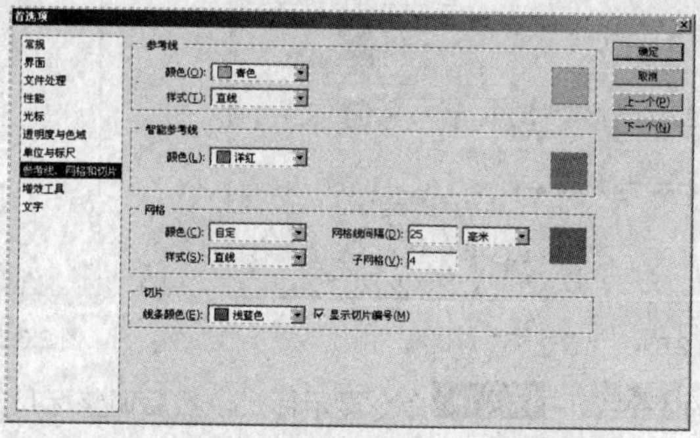

图 2.5.6 “参考线、网格和切片”参数设置

2.6 上机实战——绘制桌布效果

本节主要利用所学的知识绘制桌布，最终效果如图 2.6.1 所示。

图 2.6.1 最终效果图

操作步骤

（1）启动 Photoshop CS4 应用程序，按“Ctrl+N”键，弹出“新建”对话框，设置其对话框参数如图 2.6.2 所示，然后单击确定按钮，新建一个图像文件。

（2）选择菜单栏中的视图(V)→显示(H)→网格(G)命令，在图像中显示网格，如图 2.6.3 所示。

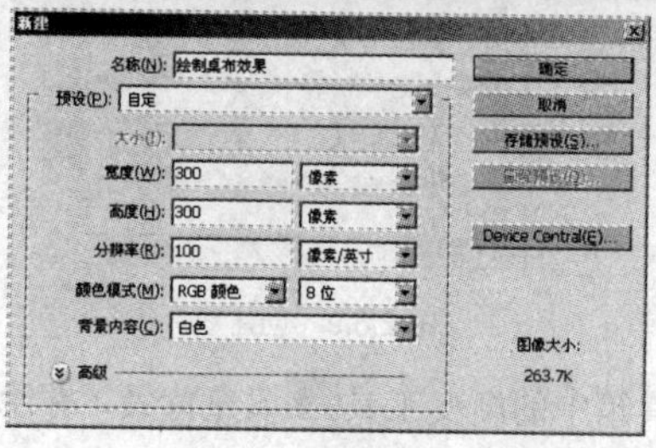

图 2.6.2 “新建”对话框

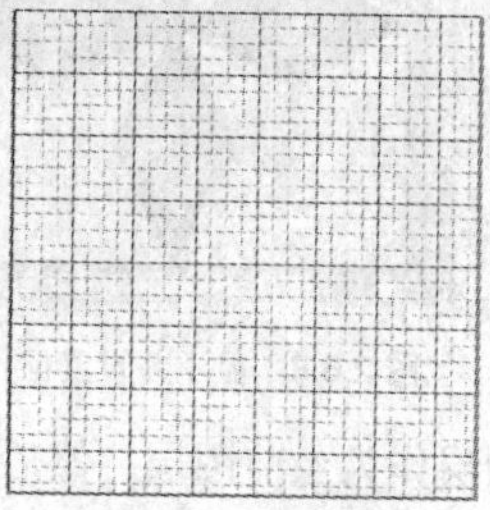

图 2.6.3 显示网格

（3）选择菜单栏中的 编辑(E) → 首选项(N) → 参考线、网格和切片(S)... 命令，弹出“首选项”对话框，设置参数如图 2.6.4 所示。

（4）设置完成后，单击 确定 按钮，设置网格后的效果如图 2.6.5 所示。

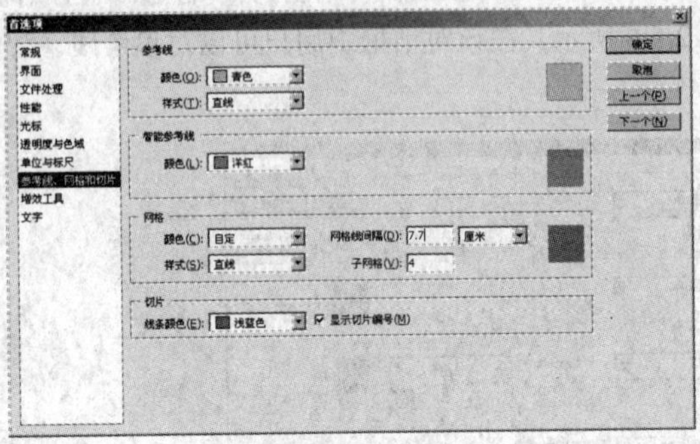

图 2.6.4 “首选项”对话框

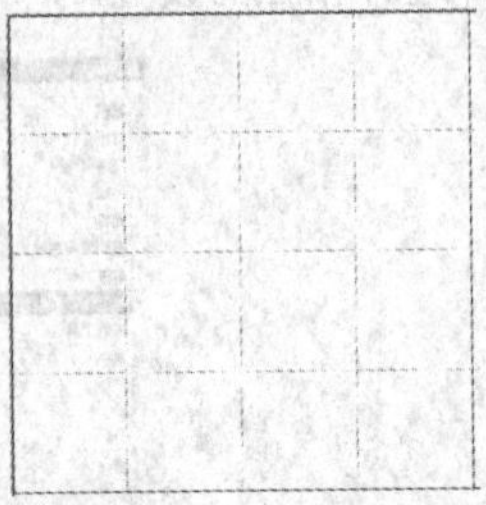

图 2.6.5 设置网格效果

（5）选择菜单栏中的 视图(V) → 标尺(R) 命令显示标尺，然后调整标尺的刻度值，效果如图 2.6.6 所示。

（6）使用工具箱中的移动工具分别从水平标尺和垂直标尺上拖曳出两条参考线，如图 2.6.7 所示。

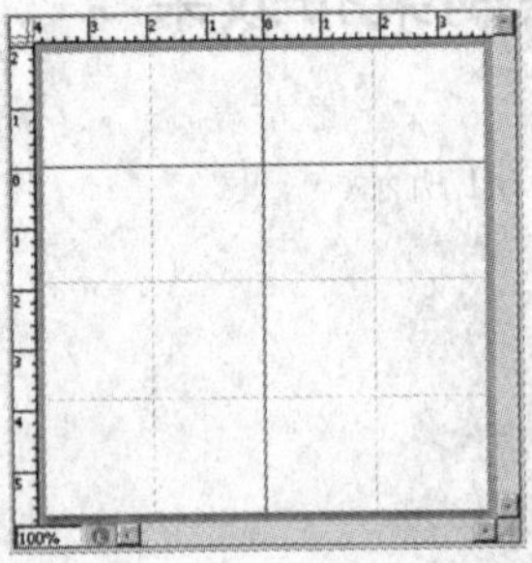

图 2.6.6 显示并设置标尺刻度

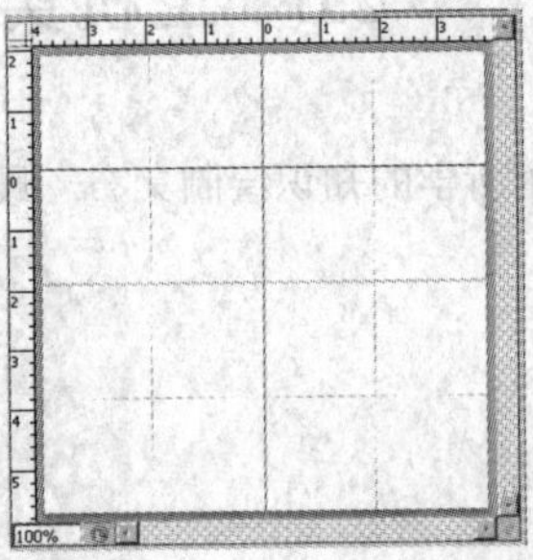

图 2.6.7 创建参考线

（7）使用工具箱中的钢笔工具在新建图像中绘制 4 个菱形，并将其转换为选区，然后使用渐变工具对其进行填充，效果如图 2.6.8 所示。

（8）按“Ctrl+E”键合并菱形图层，然后按住“Shift+Alt”键沿水平和垂直方向复制出多个副本，如图 2.6.9 所示。

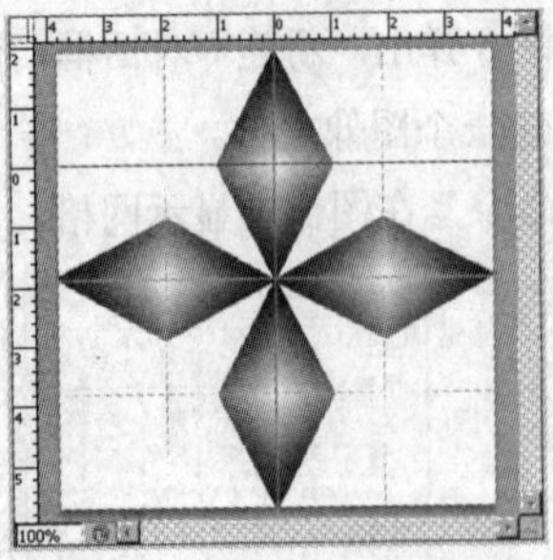

图 2.6.8 显示并设置标尺刻度

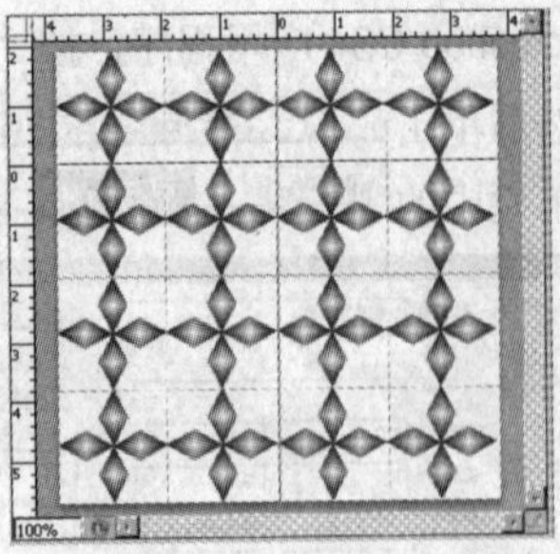

图 2.6.9 创建参考线

（9）将背景层作为当前图层，然后使用工具箱中的渐变工具填充背景，并隐藏辅助工具，最终效果如图 2.6.1 所示。

本 章 小 结

本章主要介绍了文件和图像的基本操作、图像颜色的设置、辅助工具的使用以及软件的优化设置等内容。通过本章的学习，读者能够运用计算机性能优化设置系统参数，熟练掌握图像处理的基本操作，并学会对绘制的图像颜色进行填充。

操 作 练 习

一、填空题

1．在 Photoshop 中要保存文件，其快捷键是_________。

2．如果要关闭 Photoshop CS4 中打开的多个文件，可按_________键。

3．如果在 Photoshop CS4 中打开了多个图像窗口，屏幕显示会很乱，为了方便查看，可对多个窗口进行_________。

4．使用_________工具在图像中单击即可改变图像的显示比例。

5．在 Photoshop CS4 中，用户可以利用_________精确定位图像的位置。

二、选择题

1．（ ）格式的图像不能用置入命令进行置入。

（A）TIFF （B）AI

（C）EPS （D）PDF

2．在缩放工具上双击鼠标，图像以（ ）比例显示。

（A）45% （B）100%

（C）60% （D）全错

3．在 Photoshop CS4 中，用（ ）可以缩放文件。

（A）缩放工具 （B）抓手工具

（C）度量工具 （D）标尺工具

4．下面不属于辅助功能的是（ ）。

（A）网格 （B）标尺

（C）抓手工具 （D）参考线

三、简答题

1．打开文件的方法有几种？

2．如何更改图像画布的大小？

3．如何缩放与移动图像文件？

4．简述如何对软件进行优化。

四、上机操作题

1．打开一幅图像，练习为其添加标尺、参考线、网格。

2．进入 Photoshop CS4 工作界面，对该软件的性能进行优化设置。

第3章　创建与编辑选区

在Photoshop CS4中进行图像处理时，离不开选区。对选区内的图像进行操作不影响选区外的图像。多种选取工具结合使用为精确创建选区提供了极大的方便。本章将具体介绍选区的各种创建与编辑技巧。

知识要点

- 创建选区
- 调整创建的选区
- 对创建选区的基本应用

3.1 创 建 选 区

选区是指图像中由用户指定的一个特定的图像区域。创建选区后，绝大多数操作都只能针对选区内的图像进行。Photoshop CS4中提供了多种创建选区的工具，如选框工具组、套索工具组、魔棒工具组等。用户应熟练掌握这些工具和命令的使用方法。

3.1.1　选框工具组

选框工具又称为规则选区工具，在该工具组中包括矩形选框工具、椭圆选框工具、单行选框工具和单列选框工具，如图3.1.1所示。

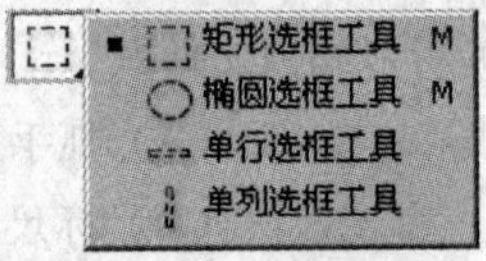

图3.1.1　选框工具组

1．矩形选框工具

选择工具箱中的矩形选框工具，在图像中拖动鼠标，可创建矩形选区。该工具属性栏如图3.1.2所示。

图3.1.2　“矩形选框工具”属性栏

矩形选框工具属性栏各选项含义介绍如下：

（1）“新选区”按钮：该按钮表示在图像中创建一个独立的选区，即如果图像中已创建了一个选区，再次使用矩形工具创建选区，新创建的选区将会替代原来的选区，如图3.1.3所示。

（2）“添加到选区”按钮：该按钮表示在图像原有选区的基础上增加选区，即新创建的选区将和原来的选区合并为一个新选区，如图3.1.4所示。

图 3.1.3　创建新矩形选区

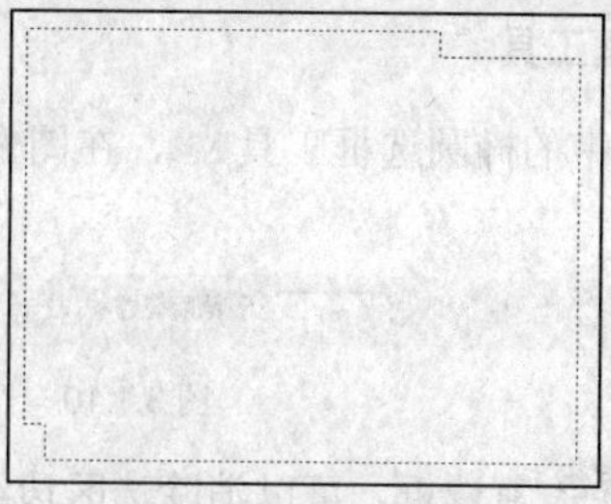

图 3.1.4　添加到选区

（3）“从选区减去”按钮：该按钮表示从图像原有选区中减去选区，即从图像原选区中减去新选区与原选区的重叠部分，剩下的部分成为新的选区，如图 3.1.5 所示。

（4）“与选区交叉”按钮：该按钮表示选取两个选区中的交叉重叠部分，即仅保留新创建选区与原选区的重叠部分，如图 3.1.6 所示。

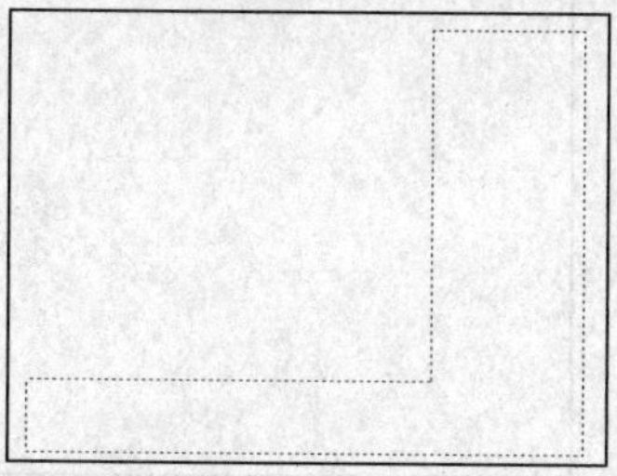

图 3.1.5　从选区减去

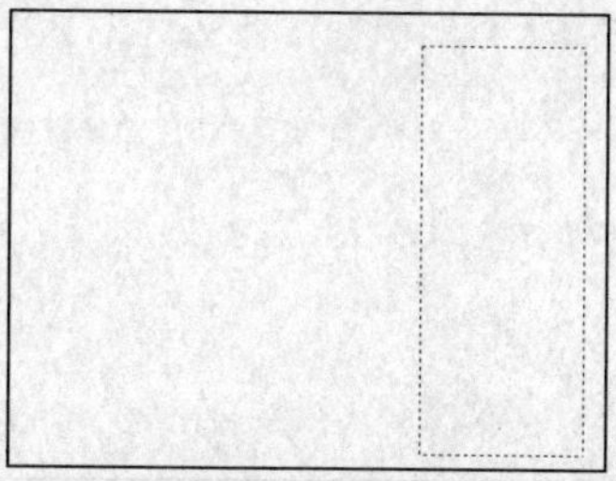

图 3.1.6　与选区交叉

（5）羽化: 0 px：该选项用来设置选区边界处的羽化宽度。羽化就是对选区的边缘进行柔和模糊处理。输入数值越大，羽化程度越高。

（6）样式:：单击其右侧的下拉按钮，弹出样式下拉列表，如图 3.1.7 所示。

1）正常：鼠标拖动出的矩形范围就是创建的选区。

2）固定比例：鼠标拖动出的矩形选区的宽度和高度总是按照一定的比例变化，可在宽度:和高度:文本框中输入数值来设定比例，在此设置宽度:为“6”，高度:为“8”，效果如图 3.1.8 所示。

3）固定大小：在宽度:和高度:文本框中输入数值，拖动鼠标时自动生成已设定大小的选区，在此设置宽度:为“64px”，高度:为“64px”，效果如图 3.1.9 所示。

图 3.1.7　样式下拉列表

图 3.1.8　创建固定比例的选区

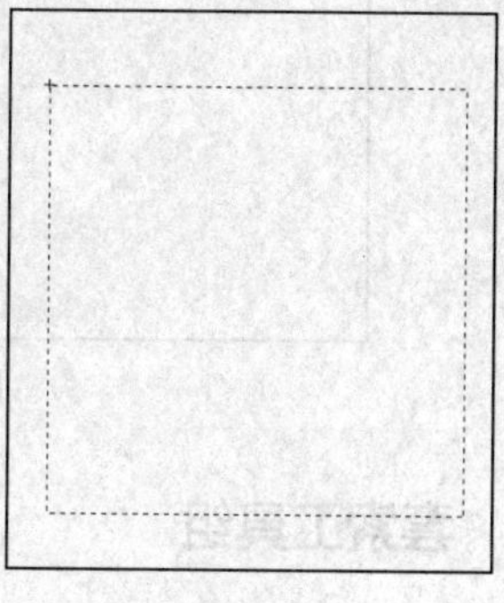

图 3.1.9　创建固定大小的选区

技巧：按快捷键“Ctrl+D”，可以取消已创建的选区。选择矩形选框工具，按住“Shift”键，可以创建正方形选区。

2．椭圆选框工具

选择工具箱中的椭圆选框工具，在图像中拖动鼠标，可以创建椭圆形选区。该工具属性栏如图 3.1.10 所示。

图 3.1.10　“椭圆选框工具”属性栏

选中 ☑消除锯齿 复选框，可以消除选区边缘的锯齿，产生比较平滑的边缘。椭圆选框工具的属性栏与矩形选框工具属性栏中的其他选项基本相同，这里就不再赘述。

技巧： 选择椭圆选框工具，按住“Shift”键，可以创建圆形选区。

使用椭圆选框工具可以创建椭圆形和圆形的选区，如图 3.1.11 所示。

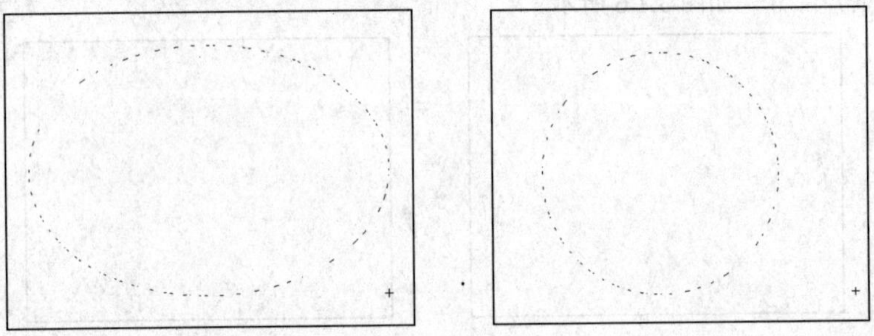

椭圆形选区　　圆形选区

图 3.1.11　椭圆选框工具创建的选区

3．单行选框工具和单列选框工具

（1）使用单行选框工具可以创建宽度等于图像宽度，高度为 1 像素的单行选区。

（2）使用单列选框工具可以创建高度等于图像高度，宽度为 1 像素的单列选区。

使用单行选框工具和单列选框工具创建的选区如图 3.1.12 所示。

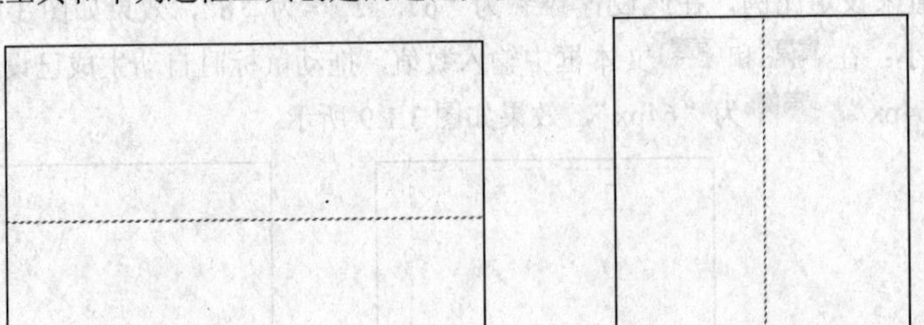

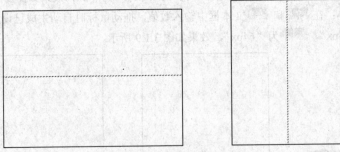

图 3.1.12　单行选区和单列选区

3.1.2　套索工具组

套索工具又称为不规则选区工具，该工具组包括套索工具、多边形套索工具和磁性套索工具，如图 3.1.13 所示。

1．套索工具

选择套索工具，在图像中沿着需要选择的区域拖动鼠标，并形成一个闭合区域，该闭合区域就是创建的选区。该工具属性栏如图 3.1.14 所示。

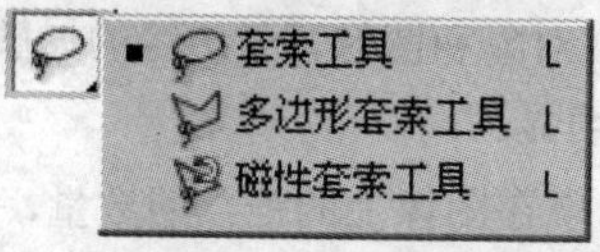

图 3.1.13 套索工具组

图 3.1.14 “套索工具”属性栏

套索工具属性栏中的各选项含义与选框工具相同，这里就不再赘述。利用套索工具创建的选区如图 3.1.15 所示。

图 3.1.15 使用套索工具创建的选区

2．多边形套索工具

选择多边形套索工具，在图像中某处单击，然后移动鼠标到另一处再次单击，则两次单击的节点之间会生成一条直线。围绕要选取的对象，不停地单击鼠标创建多个节点，最后将鼠标移至起始位置处，鼠标指针旁会出现一个小圆圈，此时再次单击鼠标，即可以形成一个闭合的选区，该闭合选区就是创建的选区。

多边形套索工具的属性栏与套索工具的属性栏相同，使用多边形套索工具创建的选区如图 3.1.16 所示。

图 3.1.16 使用多边形套索工具创建的选区

3．磁性套索工具

磁性套索工具多用于图像边界颜色和背景颜色对比较明显的图像范围的选取。磁性套索工具属性栏如图 3.1.17 所示。

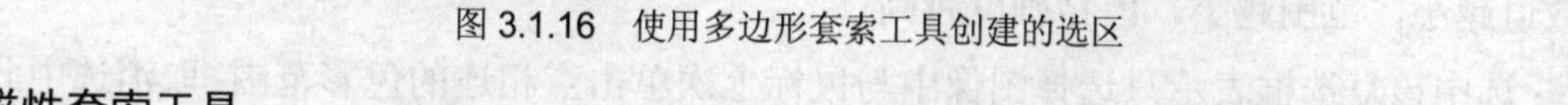

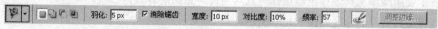

图 3.1.17 “磁性套索工具”属性栏

宽度:：在该文本框中输入数值可设置磁性套索工具的宽度，即使用该工具进行范围选取时所能检测到的边缘宽度。宽度值越大，所能检测的范围越宽，但是精确度就降低了。

对比度：在该文本框中输入数值可设置磁性套索工具对选取对象和图像背景边缘的灵敏度。数值越大，灵敏度越高，但要求图像边界颜色和背景颜色对比非常明显。

频率：该选项用于设置使用磁性套索工具选取范围时，出现在图像上的锚点的数量，该值设置越大，则锚点越多，选取的范围越精细。频率的取值范围在 1～100 之间。

：该按钮用来设置是否改变绘图板的压力，以改变画笔宽度。

使用磁性套索工具创建的选区如图 3.1.18 所示。

图 3.1.18　使用磁性套索工具创建的选区

提示：套索工具多用于对选区的选取精度要求不是很高的情况，多边形套索工具多用于选取边界比较规范的选区，磁性套索工具多用于图像与背景反差较大的情况。

3.1.3　魔棒工具组

魔棒工具组也是一组不规则选区工具，该工具组中包括魔棒工具和快速选择工具两种，现在分别进行介绍。

1．魔棒工具

魔棒工具是 Photoshop CS4 最常用的选取工具之一，对于背景颜色比较单一且与图像反差较大的图像，魔棒工具有着得天独厚的优势。魔棒工具属性栏如图 3.1.19 所示。

图 3.1.19　“魔棒工具”属性栏

魔棒工具属性栏各选项含义如下：

容差：在容差文本框中输入数值，可设置使用魔棒工具时选取的颜色范围大小，数值越大，范围越广；数值越小，范围越小，但精确度越高。

☑ 连续：选中该复选框表示只选择图像中与鼠标上次单击点相连的色彩范围；取消选中此复选框，表示选择图像中所有与鼠标上次单击点颜色相近的色彩范围。

☑ 对所有图层取样：选中此复选框表示使用魔棒工具进行色彩选择时对所有可见图层有效；不选中此复选框表示使用魔棒工具进行色彩选择时只对当前可见图层有效。

使用魔棒工具创建的选区如图 3.1.20 所示。

注意：使用魔棒工具进行范围选取时，一般将选取方式设置为“添加到选区”，因为只有设置为“添加到选区”，才能使用魔棒工具连续选取图像，以创建完整的选区。

容差设置为 10 创建的选区　　　　容差设置为 100 创建的选区

图 3.1.20　使用魔棒工具创建的选区

2．快速选择工具

在处理图像时对于背景色比较单一且与图像反差较大的图像，快速选择工具有着得天独厚的优势。快速选择工具属性栏如图 3.1.21 所示。

图 3.1.21　“快速选择工具”属性栏

快速选择工具属性栏各选项含义如下：

新选区：按下此按钮表示创建新选区。

增加到选区：在鼠标拖动过程中选区不断增加。

从选区减去：从大的选区中减去小的选区。

用鼠标单击 画笔: 右侧的下拉按钮，快速选择工具笔触的大小。

选中 ☑对所有图层取样 复选框，表示基于所有图层（而不是仅基于当前选定的图层）创建一个选区。

选中 ☑自动增强 复选框，表示减少选区边界的粗糙度和块效应。“自动增强”自动将选区向图像边缘进一步靠近并应用一些边缘调整，效果如图 3.1.22 所示。也可以通过在“调整边缘”对话框中使用“平滑”、“对比度”和“半径”选项手动应用这些边缘调整。

图 3.1.22　快速选择工具的应用

3.1.4　色彩范围命令

利用色彩范围命令可以从整幅图像中选取与某颜色相似的像素，而不只是选择与单击处颜色相近的区域。

下面通过一个例子介绍色彩范围命令的应用。具体的操作方法如下：

（1）按“Ctrl+O”键，打开一幅图像，选择菜单栏中的 选择(S) → 色彩范围(C)... 命令，弹出“色彩范围”对话框，如图 3.1.23 所示。

在 选择(C): 下拉列表中选择用来定义选取颜色范围的方式，如图 3.1.24 所示。其中红色、黄色、绿色等选项用于在图像中指定选取某一颜色范围，高光、中间调和暗调这些选项用于选取图像中不同亮度的区域，溢色选项可以用来选择在印刷中无法表现的颜色。

图 3.1.23 “色彩范围”对话框

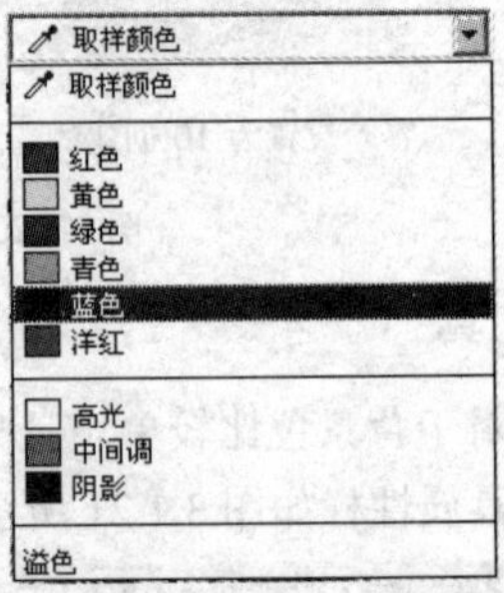

图 3.1.24 “选择”下拉列表

在 颜色容差(E): 文本框中输入数值，可以调整颜色的选取范围。数值越大，包含的相似颜色越多，选取范围也就越大。

单击按钮，可以吸取所要选择的颜色；单击按钮，可以增加颜色的选取范围；单击按钮，可以减少颜色的选取范围。

在 选区预览(T): 下拉列表中可以选择用于控制原图像在所创建的选区下的显示情况。

选中 ☑ 反相(I) 复选框可将选区与非选区互相调换。

（2）当用户在“色彩范围”对话框中设置好参数后，单击 确定 按钮，所有与用户设置相匹配的颜色区域都会被选取，效果如图 3.1.25 所示。

图 3.1.25 使用“色彩范围”命令创建的选区

（3）如果要修改选区，可使用或单击图像增加或减小选区。

3.1.5 全选命令

利用全选命令可以一次性将整幅图像全部选取。具体的操作方法如下：

打开一幅图像，选择菜单栏中的 选择(S) → 全部(A) 命令，或按“Ctrl+A”键，即可将图像全部选取，如图 3.1.26 所示。

图 3.1.26 使用“全选”命令创建的选区

3.2 调整创建的选区

调整选区的命令包括边界、平滑、扩展、收缩和羽化 5 个，它们都集中在 选择(S) → 修改(M) 命令子菜单中，如图 3.2.1 所示。

3.2.1 边界

利用“边界”命令可以用一个扩大的选区减去原选区，得到一个环形选区。具体的操作方法如下：

（1）打开一幅图像，并在其中创建选区，效果如图 3.2.2 所示。

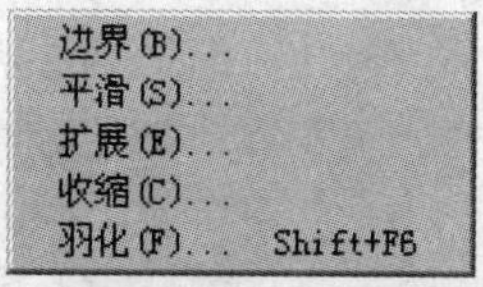

图 3.2.1 修改子菜单

图 3.2.2 打开图像并创建选区

（2）选择菜单栏中的 选择(S) → 修改(M) → 边界(B)... 命令，弹出“边界选区”对话框，如图 3.2.3 所示。

（3）在 宽度(W): 输入框中输入数值，可设置边框的大小。

（4）设置完成后，单击 确定 按钮，效果如图 3.2.4 所示。

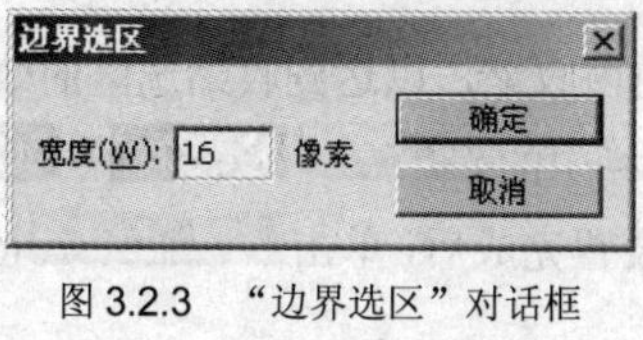

图 3.2.3 “边界选区”对话框

图 3.2.4 选区的边界效果

3.2.2 平滑

“平滑”命令通过在选区边缘上增加或减少像素来改变边缘的粗糙程度，以达到一种平滑的选区效果。

以如图 3.2.2 所示图像选区为基础，选择菜单栏中的 选择(S) → 修改(M) → 平滑(S)... 命令，弹出“平滑选区”对话框，设置参数如图 3.2.5 所示。设置完成后，单击 确定 按钮，效果如图 3.2.6 所示。

图 3.2.5 “平滑选区”对话框

图 3.2.6 选区的平滑效果

3.2.3 扩展

“扩展”命令可将当前的选区按设定的数值向外扩充，以达到扩展选区的效果。

以如图 3.2.2 所示图像选区为基础，选择菜单栏中的 选择(S) → 修改(M) → 扩展(E)... 命令，弹出“扩展选区”对话框，设置参数如图 3.2.7 所示。设置完成后，单击 确定 按钮，效果如图 3.2.8 所示。

图 3.2.7 “扩展选区”对话框

图 3.2.8 选区的扩展效果

3.2.4 收缩

“收缩”命令可将当前的选区按设定的数值向内收缩，以达到收缩选区的效果。

以如图 3.2.2 所示图像选区为基础，选择菜单栏中的 选择(S) → 修改(M) → 收缩(C)... 命令，弹出“收缩选区”对话框，设置参数如图 3.2.9 所示。设置完成后，单击 确定 按钮，效果如图 3.2.10 所示。

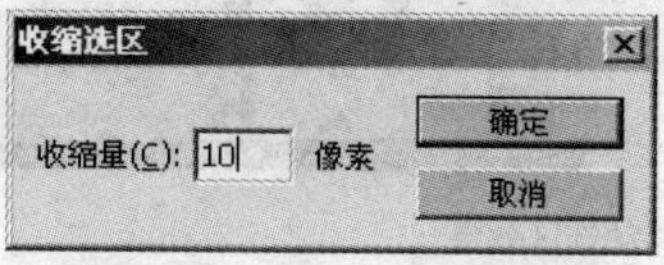

图 3.2.9　“收缩选区”对话框

图 3.2.10　选区的收缩效果

3.2.5　羽化

如果图像中创建的选区不规则，其边缘就会出现锯齿，使图像显得生硬且不光滑，利用“羽化”命令可使生硬的图像边缘变得柔和。

以如图 3.2.2 所示图像选区为基础，选择 选择(S) → 修改(M) → 羽化(F)... 命令，弹出“羽化选区”对话框，设置参数如图 3.2.11 所示。设置完成后，单击 确定 按钮，效果如图 3.2.12 所示。

图 3.2.11　“羽化选区”对话框

图 3.2.12　选区的羽化效果

3.3　对创建选区的基本应用

在 Photoshop CS4 中，被创建在选区内的区域可以对其进行单独设置，例如移动与隐藏、复制、粘贴、变换、描边与填充等。

3.3.1　移动与隐藏选区

要移动选区，只需将光标移动到选区内，当光标变为 形状时，拖动鼠标即可，如图 3.3.1 所示。

另外，还可以使用键盘上的方向键（上、下、左、右键）进行移动，每次以 1 像素为单位移动选择区域。

技巧：按住“Shift”键再使用方向键（上、下、左、右键），则每次以 10 像素为单位移动选区。

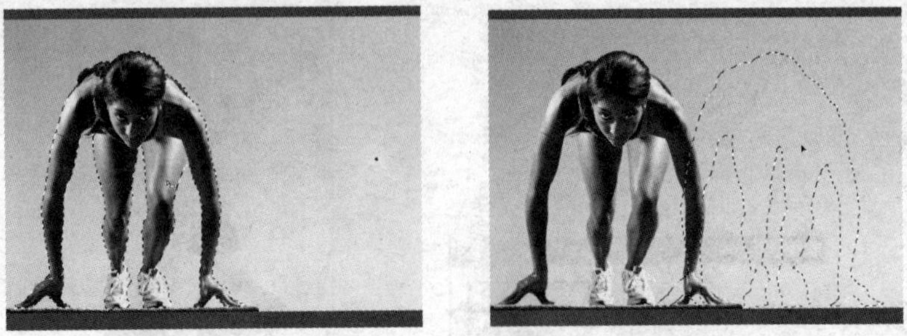

图 3.3.1　移动选区效果

如果不希望看到选区，但又不想取消选区，此时就可以使用隐藏功能将选区隐藏起来。选择菜单栏中的视图(V)→显示(H)→选区边缘(S)命令，即可隐藏选区，需要显示时再次选择此命令即可。

3.3.2　复制、粘贴、移动选区内容

利用编辑(E)菜单中的拷贝(C)和粘贴(P)命令可对选区内的图像进行复制或粘贴，具体方法如下：

（1）使用多边形套索工具创建如图 3.3.2 所示的选区，然后按“Ctrl+C”键复制选区内的图像。

（2）按“Ctrl+V”键粘贴选区内图像，再单击工具箱中的“移动工具”按钮，将粘贴的图像移动到目标位置，效果如图 3.3.3 所示。

图 3.3.2　创建选区

图 3.3.3　粘贴并移动图像

3.3.3　扩大选取

利用扩大选取命令可以在原有选区的基础上使选区在图像上延伸，将连续的、色彩相似的图像一起扩充到选区内，还可以更灵活地控制选区。创建一个选区后，选择菜单栏中的选择(S)→扩大选取(G)命令，效果如图 3.3.4 所示。

图 3.3.4　扩大选取效果

3.3.4　描边与填充选区

描边选区可为图像选区的边缘添加颜色和设置宽度。具体的操作方法如下：

（1）打开一个图像文件，使用磁性套索工具创建如图 3.3.5 所示的选区。

（2）选择 编辑(E) → 描边(S)... 命令，弹出“描边”对话框，设置其对话框参数如图 3.3.6 所示。

图 3.3.5　打开图像并创建选区

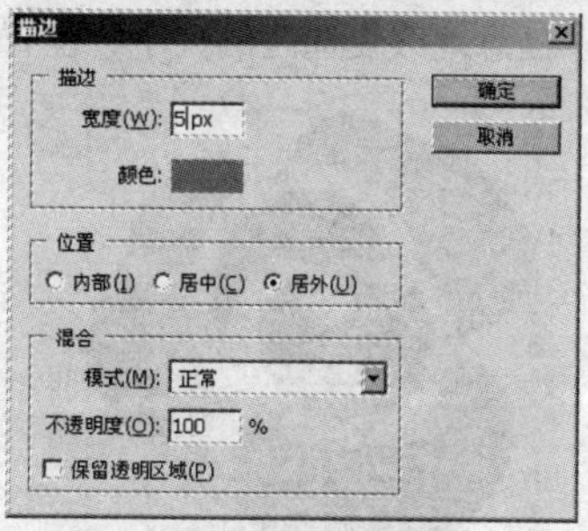

图 3.3.6　“描边”对话框

（3）设置完成后，单击 确定 按钮，按“Ctrl+D”键取消选区，效果如图 3.3.7 所示。

填充选区是在创建的选区内部填充指定的颜色或图案。具体操作方法如下：

（1）打开一个图像，使用快速选择工具选取图像的白色背景区域，然后选择 编辑(E) → 填充(L)... 命令，弹出“填充”对话框，设置对话框参数如图 3.3.8 所示。

图 3.3.7　描边选区效果

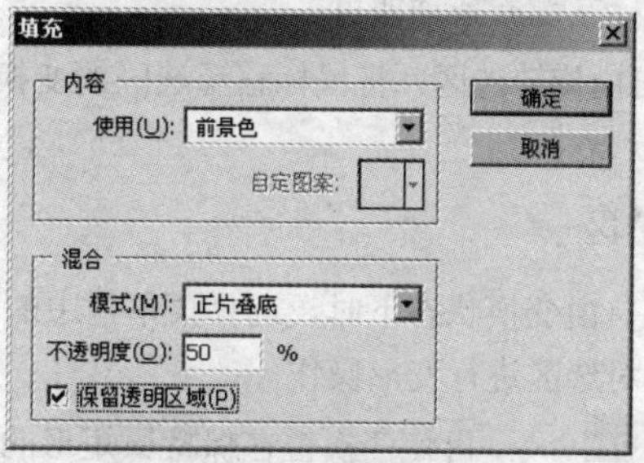

图 3.3.8　“填充”对话框

（2）设置完成后，单击 确定 按钮，按“Ctrl+D”键取消选区，效果如图 3.3.9 所示。

图 3.3.9　填充选区效果

3.3.5　变换选区

在 Photoshop CS4 中不仅可以对选区进行平滑处理以及增减选区等操作，还可以对选区进行翻转、旋转以及自由变形。

1. 变换选区

要实现选区的变换操作，其具体的操作方法如下：

（1）在图像中创建一个选区后，选择菜单栏中的 选择(S) → 变换选区(T) 命令。

（2）此时选区进入自由变换状态，如图 3.3.10 所示。从图中可以看出有一个方形区域的控制框，通过该控制框可以任意地改变选区的大小、位置以及角度，如图 3.3.11 所示。

图 3.3.10　选区的自由变换状态

图 3.3.11　缩小并移动选区

1）要移动选区，将鼠标光标移至控制框上，当鼠标光标变为 ▶ 形状时，按住鼠标左键并拖动即可。

2）要自由变换选区大小，将鼠标光标移至选区的控制柄上，当鼠标光标变成↗，↘，↔，↕形状时按住鼠标左键并拖动即可。

3）要自由旋转选区，将鼠标移至选区的变换框周围，当光标变成 ↷ 形状时，按住鼠标左键并拖动即可。

2. 变形选区

当选区在自由变换状态下时，选择菜单栏中的 编辑(E) → 变换 命令，弹出其子菜单，从中选择相应的命令可对选区进行变形操作。

选择 缩放(S) 命令，可使变换框在保持原矩形的情况下，调整选区的尺寸和长宽比例。按住“Shift”键拖动变换框，则可按比例缩放。

选择 斜切(K) 命令，将鼠标移至变换框中心的控制点，按住鼠标左键并拖动，可将选区倾斜变换，也就是说可以按水平或垂直的方向斜切，如图 3.3.12 所示。

选择 扭曲(D) 命令，将鼠标移至变换框四个角的任意一个控制点上，按住鼠标左键并拖动，可将选区任意拉伸进行扭曲，如图 3.3.13 所示。

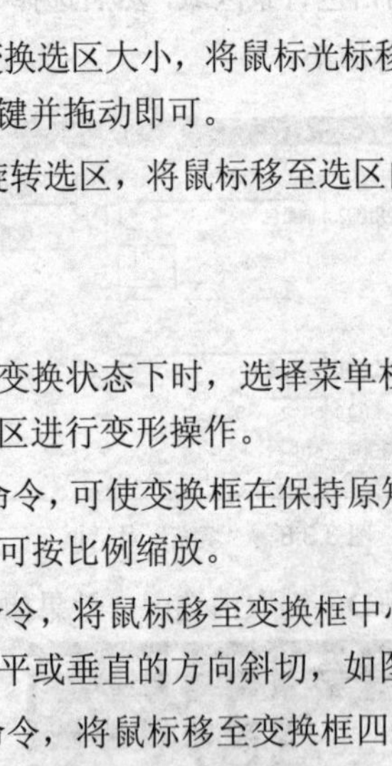

图 3.3.12　斜切变换选区

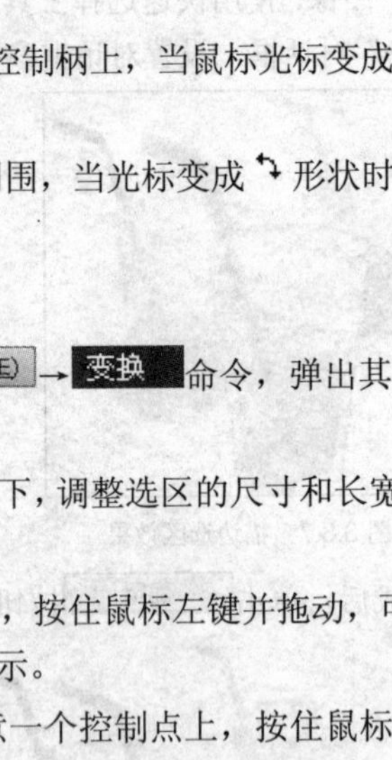

图 3.3.13　扭曲变换选区

选择 透视(P) 命令，可以对选区进行透视变换，用鼠标拖动控制点，可显现对称的梯形。

选择变形(W)命令，在其相应的属性栏中的自定下拉列表中可选择预设的几种变形样式，对选区进行变形处理，如图 3.3.14 所示。选择扭转选项，可将选区变换为如图 3.3.15 所示的效果。

图 3.3.14　预设的变形下拉列表

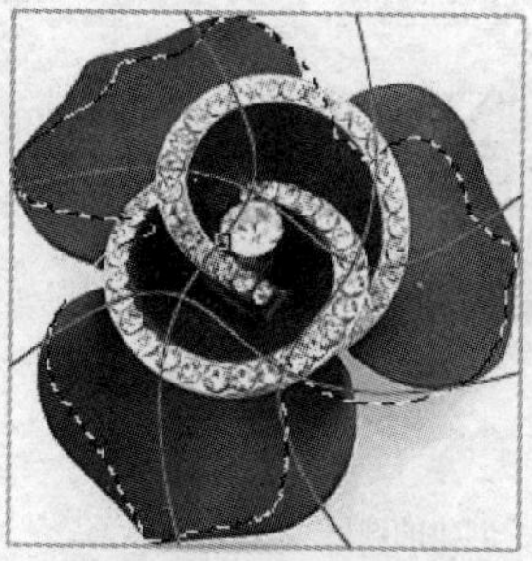

图 3.3.15　扭转变形效果

确定好选区的变换后，在变换框内双击鼠标或按回车键，即可确认变换设置。

3．旋转与翻转选区

在选区的自由变换状态下，选择菜单栏中的编辑(E)→变换命令子菜单中的相应命令，可旋转与翻转选区。

在选区的自由变换状态下，选择菜单栏中的编辑(E)→变换→旋转 180 度(1)命令，可将当前选区旋转 180°；选择菜单栏中的编辑(E)→变换→旋转 90 度(顺时针)(9)命令，可将选区顺时针旋转 90°；选择旋转 90 度(逆时针)(0)命令，可将选区逆时针旋转 90°。

如要将选区进行翻转，选择菜单栏中的编辑(E)→变换→水平翻转(H)或垂直翻转(V)命令即可。

在选区的自由变换状态下，可将选区的中心点移至另一位置，然后将鼠标移至变换框上，按住鼠标左键并拖动，可按指定的中心点进行旋转，如图 3.3.16 所示即为将中心点移到另一位置后进行旋转的效果。

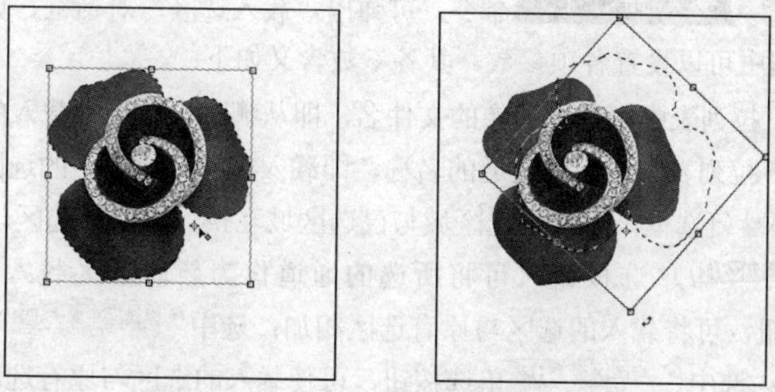

图 3.3.16　改变旋转中心点后旋转选区的效果

3.3.6　存储与载入选区

在使用完选区之后，可以将它保存起来，以备日后使用。保存后的选区将会作为一个蒙版显示在通道面板中，当需要使用时可以从通道面板中载入。

1．存储选区

存储选区是将当前图像中的选区以 Alpha 通道的形式保存起来，具体的操作方法如下：

（1）使用选取工具创建一个选区，如图 3.3.17 所示。

（2）选择 选择(S) → 存储选区(V)... 命令，可弹出“存储选区”对话框，如图 3.3.18 所示。

图 3.3.17　创建的选区

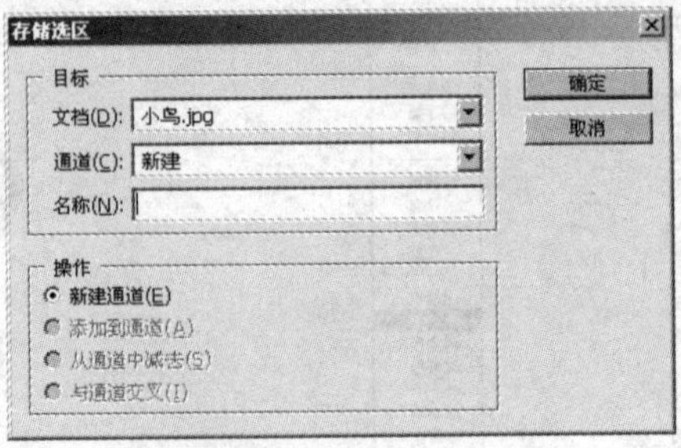

图 3.3.18　“存储选区”对话框

（3）在“存储选区”对话框中可以设置各项参数，其各参数的含义如下：

1）在 文档(D): 下拉列表框中可设置保存选区时的文件位置，默认为当前图像文件，也可以选择 新建 选项，新建一个图像窗口进行保存。

2）在 通道(C): 下拉列表中可以选择一个目的通道。默认情况下，选区被存储在新通道中，也可以将选区存储到所选图像的任何现有通道中。

3）在 名称(N): 输入框中可输入新通道的名称，在此可输入“小鸟”。该选项只有在 通道(C): 下拉列表中选择了 新建 选项时才有效。

4）在 操作 选项区中可设置保存时的选区与原有选区之间的组合关系，默认为选中 ⊙新建通道(E) 单选按钮。

（4）设置好参数后，单击 确定 按钮，即可保存选区，如图 3.3.19 所示。

2．载入选区

存储选区后可以载入选区，具体操作步骤如下：

（1）选择 选择(S) → 载入选区(L)... 命令，可弹出“载入选区”对话框，如图 3.3.20 所示。

（2）在该对话框中可以设置各项参数，其各参数含义如下：

1）在 文档(D): 下拉列表中可选择图像的文件名，即从哪一个图像中载入的。

2）在 通道(C): 下拉列表中可选择通道的名称，即载入哪一个通道中的选区。

3）选中 ☑ 反相(V) 复选框，可使未选区域与已选区域互换，即反选选区。

4）选中 ⊙ 新建选区(N) 单选按钮，可将所选的通道作为新的选区载入到当前图像中；选中 ⊙ 添加到选区(A) 单选按钮，可将载入的选区与原有选区相加；选中 ⊙ 从选区中减去(S) 单选按钮，可将载入的选区与原有选区相减；选中 ⊙ 与选区交叉(I) 单选按钮，可使载入的选区与原有选区交叉重叠在一起。

（3）设置好参数后，单击 确定 按钮，即可载入选区，效果如图 3.3.21 所示。

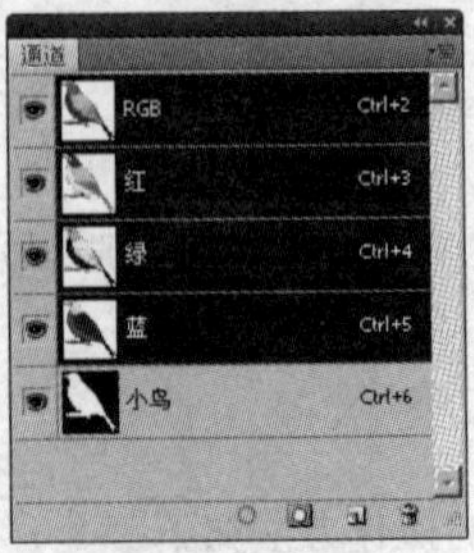

图 3.3.19　保存选区

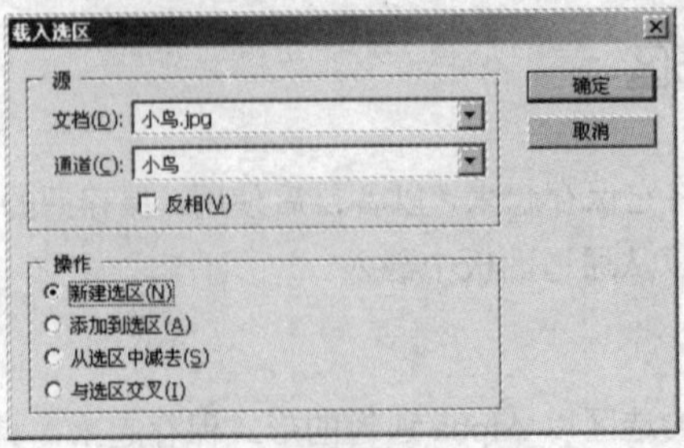

图 3.3.20　“载入选区”对话框

图 3.3.21　载入选区效果

3.3.7　反选与取消选区

在 Photoshop CS4 中创建选区后，可以对选区进行反选，也可以将选区取消。

1．反选选区

反选选区就是将图像中未被选择的区域变为所选区域，而使原来选择的区域变为未被选择的区域。此操作一般适用于需要选择的区域比较复杂，而其他区域比较单调的情况，因此，可以先选择其他区域，然后再使用反选命令来选择需要的区域。

在图像中创建选区后，选择菜单栏中的 选择(S) → 反向(I) 命令或按“Ctrl+Shift+I”键，可对选区进行反选。例如，要将如图 3.3.22 所示的图像中的花选中，其具体的操作方法如下：

（1）单击工具箱中的“魔棒工具”按钮，在打开的图像中的背景色（即白色）区域单击，即可创建选区，如图 3.3.23 所示。

（2）选择菜单栏中的 选择(S) → 反向(I) 命令，或按“Ctrl+Shift+I”键反选选区，即选中图像中的花部分，如图 3.3.24 所示。

图 3.3.22　打开的图像

图 3.3.23　使用魔棒工具创建选区

图 3.3.24　反选选区效果

2．取消选区

在图像中创建选区后，选择菜单栏中的 选择(S) → 取消选择(D) 命令，或按“Ctrl+D”组合键即可取消选区。

3.4　上机实战——绘制彩虹

本节主要利用所学的知识绘制彩虹，最终效果如图 3.4.1 所示。

图 3.4.1　最终效果图

操作步骤

（1）按“Ctrl+O”键，打开两个图像文件，如图 3.4.2 所示。

图 3.4.2　打开的图像文件

（2）使用工具箱中的磁性套索工具和魔棒工具，抠出人物的图像，然后按“Ctrl+Shift+I”键反选选区，删除选区内图像。

（3）按住“Ctrl”键的同时，单击图层面板中人物图像的缩略图，将人物图像载入选区，效果如图如图 3.4.3 所示。

（4）按“Ctrl+C”键复制选区内图像，然后切换到风车图像中，按“Ctrl+V”键对其进行粘贴，并调整其大小及位置，效果如图 3.4.4 所示。

图 3.4.3　抠出人物图像

图 3.4.4　合成图像效果

（5）单击图层面板下方的“新建图层”按钮，新建一个名称为“彩虹”的图层。

（6）单击“渐变工具”属性栏中的按钮，弹出“渐变编辑器”对话框，设置参数如图 3.4.5 所示。

（7）单击 确定 按钮，然后在打开的风车图片中从下往上拖曳出一个径向渐变效果，如图 3.4.6 所示。

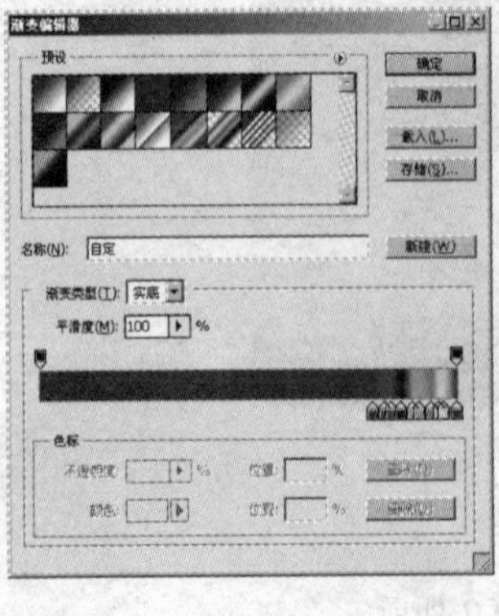

图 3.4.5　“渐变编辑器”对话框

图 3.4.6　径向渐变效果

（8）使用工具箱中的魔棒工具选取图像中的红色区域，并将其删除，如图 3.4.7 所示。

（9）使用矩形选框工具绘制一个矩形选区，然后删除选区内图像，效果如图 3.4.8 所示。

图 3.4.7　删除红色区域

图 3.4.8　绘制并删除矩形选区内的图像

（10）按“Ctrl+D”键，取消选区。然后选择菜单栏中的 滤镜(T) → 模糊 → 动感模糊... 命令，弹出“动感模糊”对话框，设置参数如图 3.4.9 所示。

（11）单击 确定 按钮，应用动感模糊滤镜后的效果如图 3.4.10 所示。

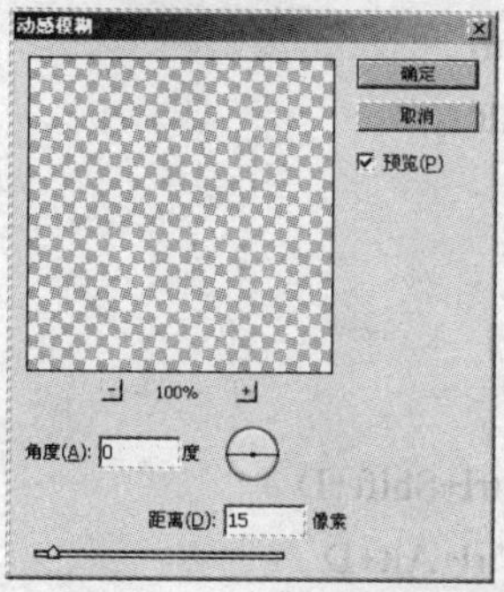

图 3.4.9　“动感模糊”对话框

图 3.4.10　应用动感模糊效果

（12）在图层面板中将彩虹图层的不透明度设置为“20%”，效果如图 3.4.11 所示。

图 3.4.11　绘制的彩虹

（13）单击工具箱中的“橡皮擦工具”按钮，在被彩虹图形覆盖住的风车和房屋图像上进行涂抹，以显示出该图像，最终效果如图 3.4.1 所示。

本 章 小 结

本章主要介绍了选区的创建、调整以及对创建选区的基本应用等内容。通过本章的学习，读者应掌握各种选取工具的使用方法以及各种范围的选取方法，并能熟练对选区进行缩放、旋转以及修改等操作。

操 作 练 习

一、填空题

1．选框工具组包括________、________、________和________。

2．套索工具组包括________、________和________。

3．________工具可以选择图像内色彩相同或者相近的区域，而无须跟踪其轮廓。

4．利用________命令可在图像窗口中指定颜色来定义选区，并可通过指定其他颜色来增加活动选区。

5．________是将当前图像中的选区以 Alpha 通道的形式保存起来。

二、选择题

1．使用椭圆选框工具绘制选区时，按住（　）键可绘制圆形选区。

（A）Shift　　（B）Ctrl

（C）Shift+Alt　　（D）Alt

2．精确调整选区的命令包括（　）种。

（A）5　　（B）4

（C）3　　（D）2

3．执行羽化选区命令的快捷键是（　）。

（A）Ctrl+D　　（B）Ctrl+Shift+D

（C）Ctrl+A　　（D）Ctrl+Alt+D

4．若要取消制作过程中不需要的选区，可按（　）键。

（A）Ctrl+N　　（B）Ctrl+D

（C）Ctrl+O　　（D）Ctrl+Shift+I

三、简答题

1．在 Photoshop CS4 中，如何对选区进行羽化操作？

2．如何对选区进行存储和载入操作？

四、上机操作题

使用本章所学的知识，绘制如题图 3.1 所示的按钮效果。

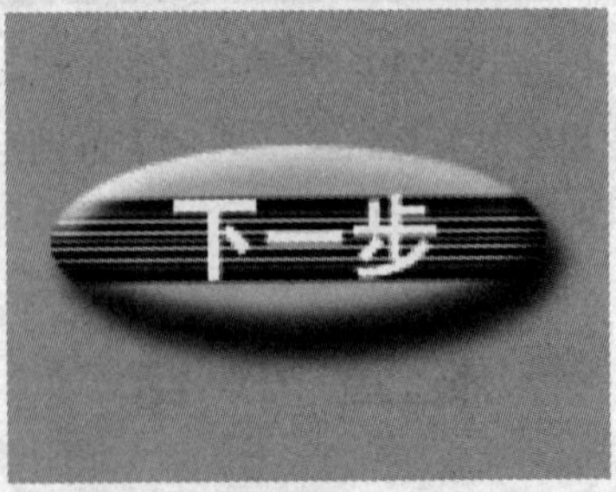

题图 3.1　效果图

第 4 章　绘图与修图工具的使用

在 Photoshop CS4 中创作一幅作品时，需要绘制一些图像或对图像进行一些适当的编辑与修饰等操作，以达到所需的效果。本章主要介绍 Photoshop CS4 中绘制工具、编辑与修饰图像工具的使用方法和技巧。

知识要点

- 绘图工具
- 修饰图像
- 修复图像
- 擦除图像

4.1　绘 图 工 具

绘图是制作图像的基础，利用描绘图像工具可以直接在绘图区中绘制图形。绘图的基本工具包括画笔工具和铅笔工具，此外还可以使用历史记录画笔工具和历史记录艺术画笔工具来绘制图像。

4.1.1　画笔工具

利用画笔工具可使图像产生用画笔绘制的效果。单击工具箱中的“画笔工具”按钮，其属性栏如图 4.1.1 所示。

图 4.1.1　“画笔工具”属性栏

单击右侧的按钮，可以在打开的预设画笔面板（见图 4.1.2）中设置画笔的类型及大小。

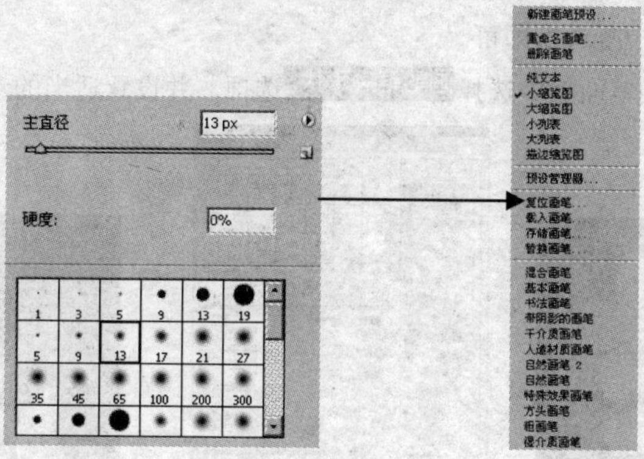

图 4.1.2　预设画笔面板

在下拉列表中可以选择绘图时的混合模式，在其中选择不同的选项可以使利用画笔工具画出的线条产生特殊的效果。

在不透明度:文本框中输入数值可设置绘制图形的不透明程度。

在流量:文本框中输入数值可设置利用画笔工具绘制图形时的颜色深浅程度，数值越大，画出的图形颜色就越深。

单击按钮，在绘制图形时，可以启动喷枪功能。

单击按钮，可打开画笔面板，如图 4.1.3 所示，在此面板中可以更加灵活地设置笔触的大小、形状及各种特殊效果。

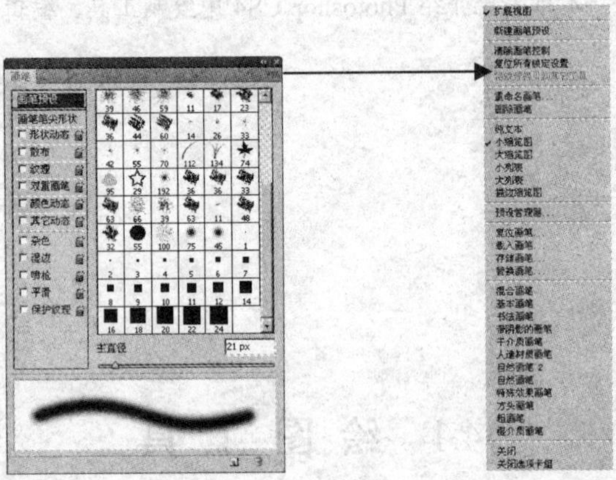

图 4.1.3　画笔面板

（1）选择画笔笔尖形状选项，可以设置笔触的形状、大小、硬度以及间距等参数。

（2）选中☑形状动态复选框，可以设置笔尖形状的抖动大小和抖动方向等参数。

（3）选中☑散布复选框，可以设置以笔触的中心为轴向两边散布的数量和数量抖动的大小。

（4）选中☑纹理复选框，可以设置画笔的纹理，在画布上用画笔工具绘图时，会出现该图案的轮廓。

（5）选中☑双重画笔复选框，可使用两个笔尖创建画笔笔迹，还可以设置画笔形状、直径、数量和间距等参数。

（6）选中☑颜色动态复选框，可以随机地产生各种颜色，并且可以设置饱和度等各种抖动幅度。

（7）选中☑其它动态复选框，可以调整不透明度抖动和流量抖动的幅度。

（8）☑杂色、☑湿边、☑喷枪、☑平滑、☑保护纹理等复选框也可以用来设置画笔属性，但没有参数设置选项，只要选中复选框即可。

如图 4.1.4 所示为在画笔面板中选择画笔笔尖形状选项，并设置适当的参数后绘制的图形。

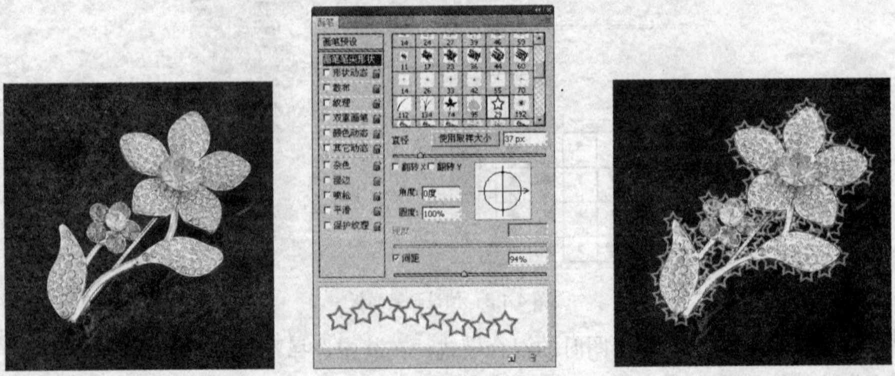

图 4.1.4　设置画笔绘制图形效果

4.1.2　铅笔工具

利用铅笔工具可以在图像中绘制边缘较硬的线条及图像，并且绘制出的形状边缘会有比较明显的锯齿。单击工具箱中的“铅笔工具”按钮，其属性栏如图 4.1.5 所示。

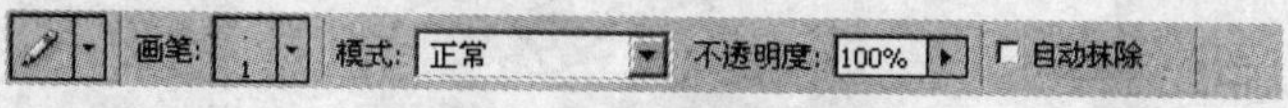

图 4.1.5　“铅笔工具”属性栏

铅笔工具属性栏中的选项与画笔工具的基本相同，唯一不同的是☑自动抹除复选框，选中此复选框，在绘制图形时铅笔工具会自动判断绘画的初始点，如果像素点颜色为前景色，则以背景色进行绘制；如果是背景色，则以前景色绘制。

铅笔工具与画笔工具的绘制方法相同，如图 4.1.6 所示为使用铅笔工具绘制的图形。

图 4.1.6　用铅笔工具绘制的图形

4.1.3　历史记录画笔工具

使用历史记录画笔工具可以将处理后的图像恢复到指定状态，该工具必须结合历史记录面板来进行操作。历史记录画笔工具属性栏如图 4.1.7 所示。

图 4.1.7　“历史记录画笔工具”属性栏

历史记录画笔工具属性栏中各选项含义与画笔工具相同，使用历史记录画笔工具和历史记录面板对图像进行恢复的方法如下：

（1）打开一幅图像，使用椭圆选框工具在图像中绘制选区，设置前景色为“白色”，按“Alt+Delete”键填充选区，效果如图 4.1.8 所示。

（2）设置前景色与背景色都为红色，单击工具箱中的“画笔工具”按钮。

（3）在属性栏中设置画笔的大小、样式、不透明度以及流量，然后将鼠标移至图像中按住鼠标左键拖动绘制图像，效果如图 4.1.9 所示。

（4）选择菜单栏中的窗口(W)→历史记录命令，打开历史记录面板，此时历史记录面板显示如图 4.1.10 所示。

（5）单击工具箱中的“历史记录画笔工具”按钮，然后在历史记录面板中的打开列表前单击图标，可以设置历史记录画笔的源，此时在图标内会出现一个历史画笔图标，如图 4.1.11 所示。

图 4.1.8　绘制并填充椭圆选区

图 4.1.9　使用画笔工具绘制图像效果

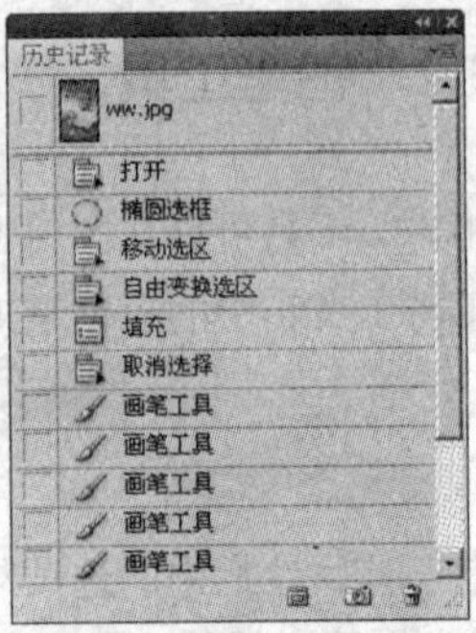

图 4.1.10　历史记录面板

（6）在历史记录画笔工具属性栏中设置好画笔的大小，按住鼠标左键在图像中需要恢复的区域来回拖动，此时可看到图像将回到打开状态时所显示的图像，效果如图 4.1.12 所示。

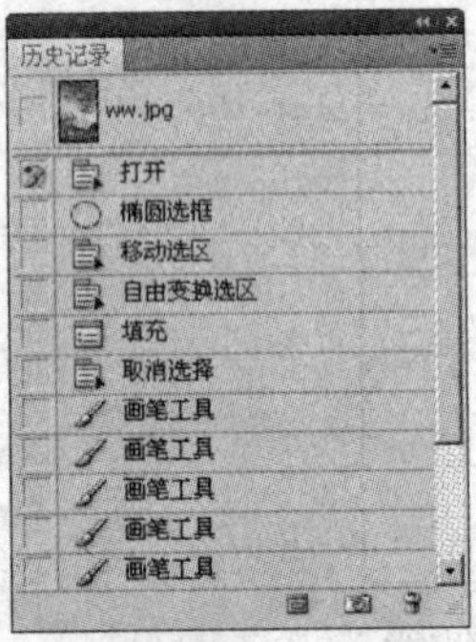

图 4.1.11　设置历史记录的源

图 4.1.12　使用历史记录画笔工具恢复的图像

历史记录画笔工具和画笔工具一样，都是绘图工具，但它们又有其独特的作用。历史记录画笔工具不仅可以非常方便地恢复图像至任意操作，而且还可以结合属性栏中的笔刷形状、不透明度和色彩混合模式等选项制作出特殊的效果。使用此工具必须结合历史记录面板，此工具比历史记录面板更具灵活性，可以有选择地恢复到图像的某一部分。

4.1.4　历史记录艺术画笔工具

历史记录艺术画笔工具可利用指定的历史状态或快照作为绘画来源绘制各种艺术效果。单击工具箱中的“历史记录艺术画笔工具”按钮，可以根据属性栏中提供的多种样式对图像进行多种艺术效果处理，如图 4.1.13 所示。

原图　　　　效果图

图 4.1.13　使用历史记录艺术画笔工具的效果

4.2 修 饰 图 像

使用 Photoshop CS4 中提供的修饰图像工具可以对图像进行模糊、清晰处理，还可以将图像的颜色或饱和度加深或减淡，下面对其进行具体介绍。

4.2.1 涂抹工具

利用涂抹工具可以制作出一种类似用手指在湿颜料中拖动后产生的效果。单击工具箱中的“涂抹工具”按钮，其属性栏如图 4.2.1 所示。

图 4.2.1　“涂抹工具”属性栏

涂抹工具属性栏中的选项与模糊工具的相同，唯一不同的是 手指绘画 复选框，选中此复选框，用前景色在图像中进行涂抹；不选中此复选框，则只对拖动图像处的色彩进行涂抹。如图 4.2.2 所示的左图为未选中 手指绘画 复选框时涂抹的效果，右图为选中 手指绘画 复选框后涂抹的效果。

图 4.2.2　利用涂抹工具修饰图像效果

4.2.2 锐化工具

锐化工具与模糊工具功能刚好相反，即通过增加图像相邻像素间的色彩反差使图像的边缘更加清晰。单击工具箱中的“锐化工具”按钮，其属性栏与模糊工具相同，这里不再赘述。然后在图像中需要修饰的位置单击并拖动鼠标，即可使图像变得更加清晰，效果如图 4.2.3 所示。

图 4.2.3　利用锐化工具处理图像效果

4.2.3 模糊工具

模糊工具可以柔化图像中突出的色彩和较硬的边缘，使图像中的色彩过渡平滑，从而达到模糊图像的效果。单击工具箱中的“模糊工具”按钮，其属性栏如图 4.2.4 所示。

图 4.2.4 “模糊工具”属性栏

模糊工具一般用于对图像的局部进行处理。首先打开一幅图像，在其属性栏中设置画笔大小、模式和模糊的强度，然后再将鼠标光标移至图像上单击并拖动即可。如图 4.2.5 所示为对图像进行模糊处理的效果。

图 4.2.5 利用模糊工具处理图像效果

4.2.4 减淡工具

利用减淡工具可以对图像中的暗调进行处理，增加图像的曝光度，使图像变亮。单击工具箱中的“减淡工具”按钮，其属性栏如图 4.2.6 所示。

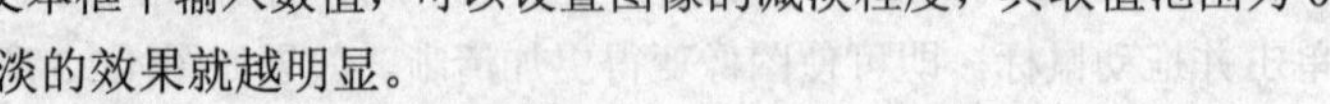

图 4.2.6 “减淡工具”属性栏

在范围:下拉列表中可以选择减淡工具所用的色调，包括阴影、中间调和高光3 个选项。其中，“高光”选项用于调整高亮度区域的亮度；“中间调”选项用于调整中等灰度区域的亮度；“阴影”选项用于调整阴影区域的亮度。

曝光度:：在该文本框中输入数值，可以设置图像的减淡程度，其取值范围为 0～100%，输入的数值越大，对图像减淡的效果就越明显。

如图 4.2.7 所示为对图像的局部进行减淡处理的效果。

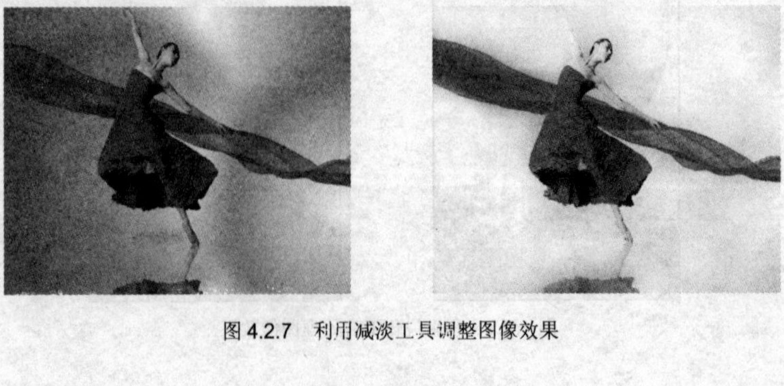

图 4.2.7 利用减淡工具调整图像效果

4.2.5　加深工具

加深工具和减淡工具刚好相反，加深工具是将图像颜色加深，或增加曝光度使照片中的区域变暗。单击工具箱中的“加深工具”按钮，其属性栏与减淡工具的相同，这里不再赘述，然后在图像中需要加深的位置单击鼠标，即可使图像变得更加清晰，效果如图 4.2.8 所示。

图 4.2.8　利用加深工具调整图像效果

4.2.6　海绵工具

利用海绵工具可以精确地更改图像区域的色彩饱和度。在灰度模式下，该工具通过使灰阶远离或靠近中间调来增加或降低对比度。单击工具箱中的“海绵工具”按钮，其属性栏如图 4.2.9 所示。

图 4.2.9　“海绵工具”属性栏

在模式:下拉列表中可以选择更改颜色的模式，包括降低饱和度和饱和两种模式。选择“降低饱和度”模式可减弱图像颜色的饱和度；选择“饱和”模式可加强图像颜色的饱和度。如图 4.2.10 所示为使用“降低饱和度”模式修饰图像的效果。

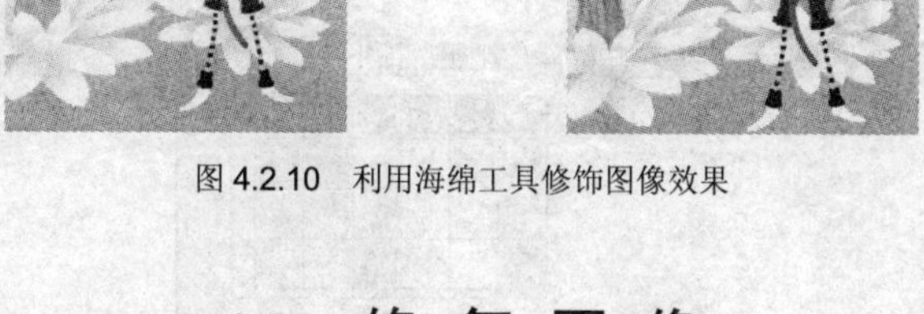

图 4.2.10　利用海绵工具修饰图像效果

4.3　修 复 图 像

Photoshop CS4 提供了修复画笔工具、修补工具、红眼工具、仿制图章工具以及图案图章工具等多个用于修复图像的工具。利用这些工具，用户可以有效地清除图像上的杂质、刮痕和褶皱等图像画面的瑕疵。

4.3.1 修复画笔工具

使用修复画笔工具在复制或填充图案的时候，会将取样点的像素自然融入复制到的图像中，而且还可以将样本的纹理、光照、透明度和阴影与所修复的图像像素进行匹配，使被修复的图像和周围的图像完美结合。单击工具箱中的“修复画笔工具”按钮，其属性栏如图 4.3.1 所示。

图 4.3.1 “修复画笔工具”属性栏

在画笔:下拉列表中可设置笔尖的形状、大小、硬度以及角度等。

单击模式:右侧的正常下拉列表框，可从弹出的下拉列表中选择不同的混合模式。

选中☑对齐复选框，会以当前取样点为基准连续取样，这样无论是否连续进行修补操作，都可以连续应用样本像素；若不选中此复选框，则每次停止和继续绘画时，都会从初始取样点开始应用样本像素。

在源:选项区中提供了两个选项，可用于设置修复画笔工具复制图像的来源。选中⊙取样单选按钮，必须按住“Alt”键在图像中取样，然后对图像进行修复，效果如图 4.3.2 所示；选中⊙图案单选按钮，可单击右侧的下拉按钮，从弹出的预设图案样式中选择图案对图像进行修复，效果如图 4.3.3 所示。

图 4.3.2 取样修复

图 4.3.3 图案修复

4.3.2 修补工具

修补工具和修复画笔工具的功能相同，但使用方法完全不同，利用修补工具可以自由选取需要修复的图像范围。单击工具箱中的“修补工具”按钮，其属性栏如图 4.3.4 所示。

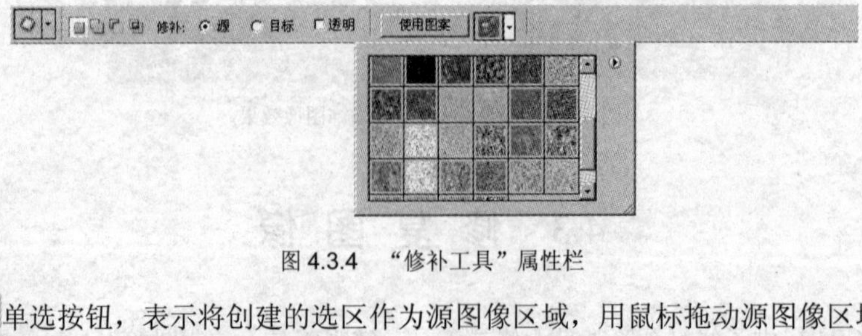

图 4.3.4 “修补工具”属性栏

选中⊙源单选按钮，表示将创建的选区作为源图像区域，用鼠标拖动源图像区域至目标区域，目标区域的图像将覆盖源图像区域。

选中⊙目标单选按钮，表示将创建的选区作为目标图像区域，用鼠标拖动目标区域至源图像区域，目标区域的图像将覆盖源图像区域。

使用图案：此按钮只有在创建好选区之后才可用。单击此按钮，则创建的需要修补的选区会被选定的图案完全填充。

如图 4.3.5 所示为使用修补工具修补地板的效果。

图 4.3.5　使用图案修补图像效果

4.3.3　仿制图章工具

仿制图章工具一般用来合成图像，它能将某部分图像或定义的图案复制到其他位置或文件中进行修补处理。单击工具箱中的“仿制图章工具”按钮，其属性栏如图 4.3.6 所示。

图 4.3.6　“仿制图章工具”属性栏

用户在其中除了可以选择笔刷、不透明度和流量外，还可以设置下面两个选项。

在画笔:右侧单击下拉按钮，可从弹出的画笔预设面板中选择图章的画笔形状及大小。

选中对齐复选框，在复制图像时，不论中间停止多长时间，再按下鼠标左键复制图像时都不会间断图像的连续性；如果不选中此复选框，中途停止之后再次开始复制时，就会以再次单击的位置为中心，从最初取样点进行复制。因此，选中此复选框可以连续复制多个相同的图像。

选择仿制图章工具后，按住“Alt”键用鼠标在图像中单击，选中要复制的样本图像，然后在图像的目标位置单击并拖动鼠标即可进行复制，效果如图 4.3.7 所示。

图 4.3.7　使用仿制图章工具复制图像效果

4.3.4　图案图章工具

图案图章工具可利用预先定义的图案作为复制对象进行复制，从而将定义的图案复制到图像中。

单击工具箱中的“图案图章工具”按钮，其属性栏如图 4.3.8 所示。

图 4.3.8 “图案图章工具”属性栏

在属性栏中单击下拉按钮，可在弹出的下拉列表中选择需要的图案。

选中 印象派效果 复选框，可对图案应用印象派艺术效果，复制时图案的笔触会变得扭曲、模糊。

选择图案图章工具后，在其属性栏中设置各项参数，然后在图像中的目标位置处单击鼠标左键并来回拖曳即可，效果如图 4.3.9 所示。

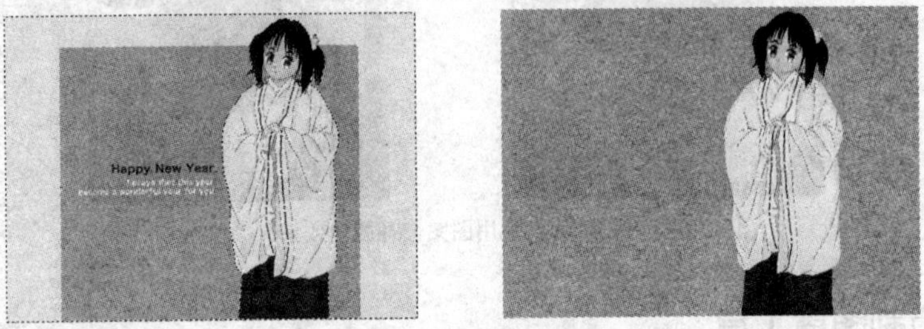

图 4.3.9 使用图案图章工具描绘图像效果

4.3.5 红眼工具

使用红眼工具可以将在数码相机照相过程中产生的红眼效果轻松地去除并与周围的像素相融合。该工具的使用方法非常简单，只需在红眼上单击鼠标即可将红眼去掉。单击工具箱中的“红眼工具”按钮，其属性栏如图 4.3.10 所示。

图 4.3.10 “红眼工具”属性栏

在 瞳孔大小: 文本框中可以设置瞳孔（眼睛暗色的中心）的大小。在 变暗量: 文本框中可以设置瞳孔的暗度，百分比越大，则变暗的程度越大。

4.4 擦 除 图 像

擦除图像工具组包括橡皮擦工具、背景橡皮擦工具和魔术橡皮擦工具 3 种，下面分别介绍其使用方法。

4.4.1 橡皮擦工具

橡皮擦工具可以在擦除图像中的图案或颜色的同时填入背景色，单击工具箱中的“橡皮擦工具”按钮，其属性栏如图 4.4.1 所示。

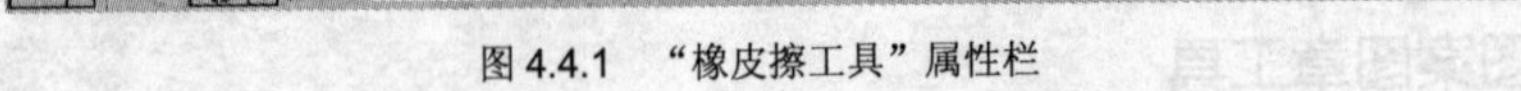

图 4.4.1 “橡皮擦工具”属性栏

该工具属性栏与画笔工具属性栏基本相同。选中 抹到历史记录 复选框，擦除时橡皮擦工具具有恢复历史操作的功能。

使用橡皮擦工具擦除图像的方法很简单，只须在工具箱中选择此工具，然后在图像中按下并拖动鼠标即可。如果擦除的图像图层被部分锁定，擦除区域的颜色以背景色取代；如果擦除的图像图层未被锁定，擦除的区域将变成透明的区域，显示出原始背景层。擦除效果如图 4.4.2 所示。

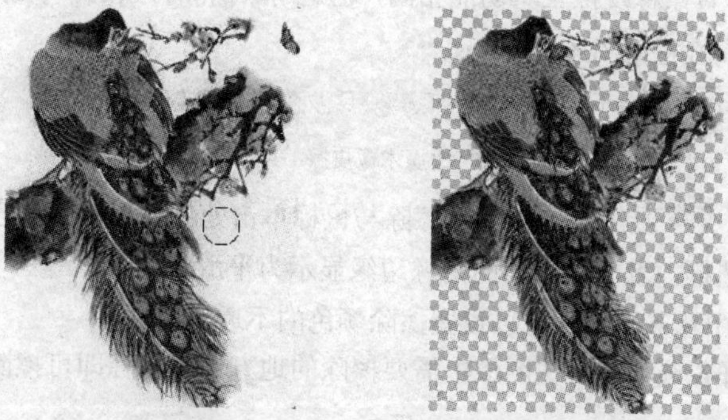

图 4.4.2　使用橡皮擦工具擦除图像效果

4.4.2　背景橡皮擦工具

利用背景橡皮擦工具对图像中的背景层或普通图层进行擦除，可将背景层或普通图层擦除为透明图层。单击工具箱中的“背景橡皮擦工具”按钮，其属性栏如图 4.4.3 所示。

图 4.4.3　“背景橡皮擦工具”属性栏

在按钮组中，用户可以设置颜色取样的模式，从左至右分别是连续的、一次、背景色板 3 种模式。

在限制:下拉列表中可选择背景橡皮擦工具所擦除的范围。

在容差:文本框中输入数值，可设置在图像中要擦除颜色的精度。此值越大，可擦除颜色的范围就越大；否则可擦除颜色的范围就越小。

选中☑保护前景色复选框，在擦除时，图像中与前景色相匹配的区域将不被擦除。

注意：使用背景橡皮擦工具进行擦除时，如果当前图层是背景层，系统会自动将其转换为普通图层。

使用背景橡皮擦工具擦除图像的方法与使用橡皮擦工具相同，只须移动鼠标到要擦除的位置，然后按下鼠标左键来回拖动即可，擦除效果如图 4.4.4 所示。

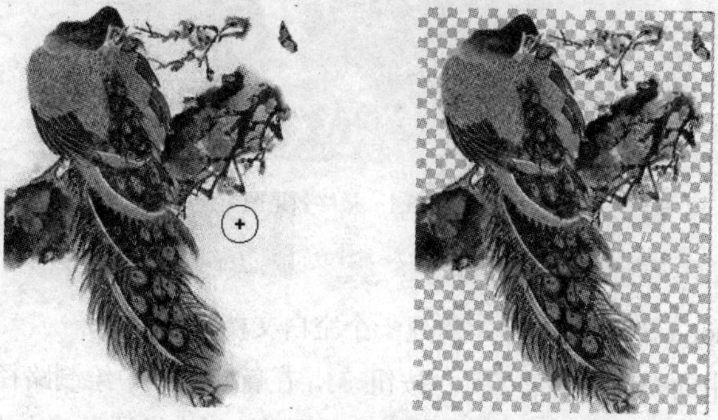

图 4.4.4　使用背景橡皮擦工具擦除图像

4.4.3 魔术橡皮擦工具

魔术橡皮擦工具和背景橡皮擦工具功能相同，也是用来擦除背景的。单击工具箱中的“魔术橡皮擦工具”按钮，其属性栏如图 4.4.5 所示。

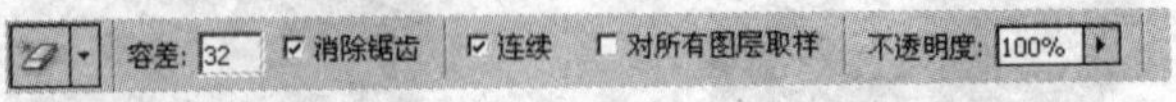

图 4.4.5 “魔术橡皮擦工具”属性栏

在属性栏中选中 连续 复选框，表示只擦除与鼠标单击处颜色相似的在容差范围内的区域。

选中 消除锯齿 复选框，表示擦除后的图像边缘显示为平滑状态。

在 不透明度: 文本框中输入数值，可以设置擦除颜色的不透明度。

在属性栏中设置好各选项后，在图像中需要擦除的地方单击鼠标即可擦除图像，效果如图 4.4.6 所示。

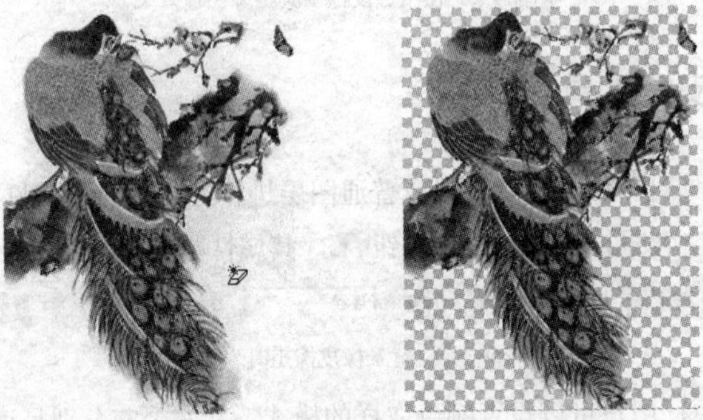

图 4.4.6 利用魔术橡皮擦工具擦除图像

4.5 上机实战——绘制飘逸的纱巾效果

本节主要利用所学的知识绘制飘逸的纱巾，最终效果如图 4.5.1 所示。

图 4.5.1 最终效果图

操作步骤

（1）启动 Photoshop CS4 应用程序，新建一个空白文档。

（2）单击工具箱中的“自由钢笔工具”按钮，在新建图像中绘制路径，效果如图 4.5.2 所示。

（3）单击工具箱中的“画笔工具”按钮，在其属性栏中设置画笔大小为“1 像素”。

（4）选择菜单栏中的窗口(W)→路径命令，在打开的如图 4.5.3 所示的路径面板中单击鼠标右键，从弹出的快捷菜单中选择描边路径...命令，在弹出的“描边路径”对话框中的下拉列表中选择“画笔”选项。然后在任意处单击鼠标，结束工作路径的选中状态。

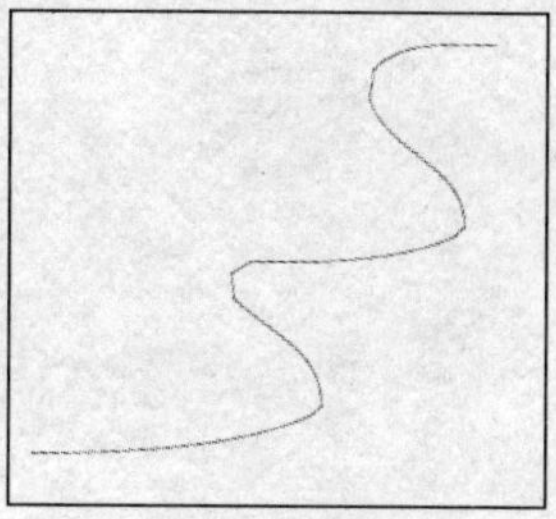

图 4.5.2　绘制路径

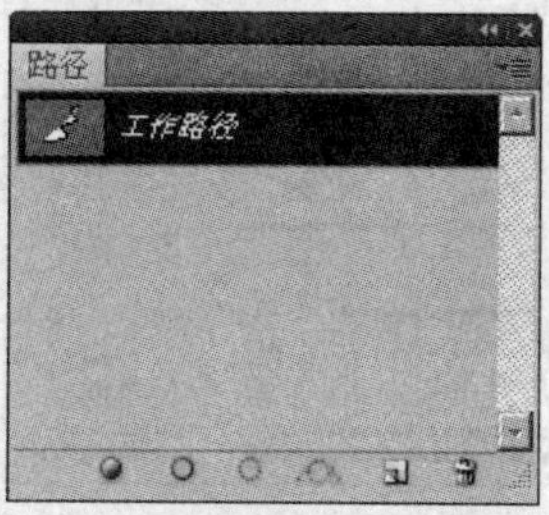

图 4.5.3　路径面板

（5）选择菜单栏中的编辑(E)→定义画笔预设(B)...命令，在弹出的“画笔名称”对话框中设置名称为“纱巾”。

（6）按“F5”键打开画笔面板，设置其面板属性参数如图 4.5.4 所示。

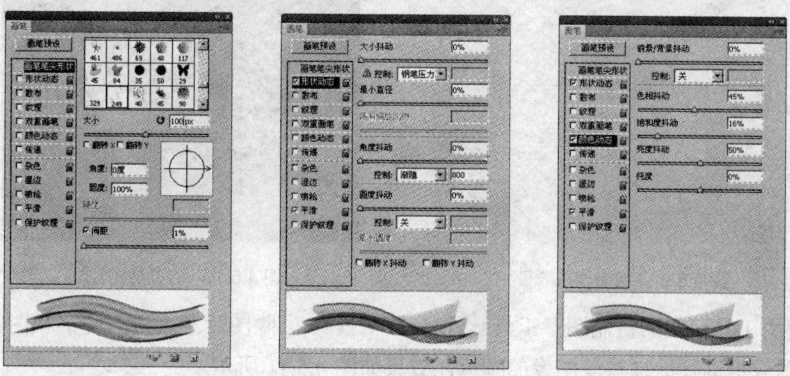

图 4.5.4　设置画笔面板属性

（7）新建图层 1，设置前景色为绿色，然后使用设置好的画笔工具在新建图像中绘制图像，并删除背景图层，效果如图 4.5.5 所示。

（8）选择菜单栏中的滤镜(T)→杂色→蒙尘与划痕...命令，弹出“蒙尘与划痕”对话框，设置其对话框参数如图 4.5.6 所示。设置好参数后，单击确定按钮关闭该对话框。

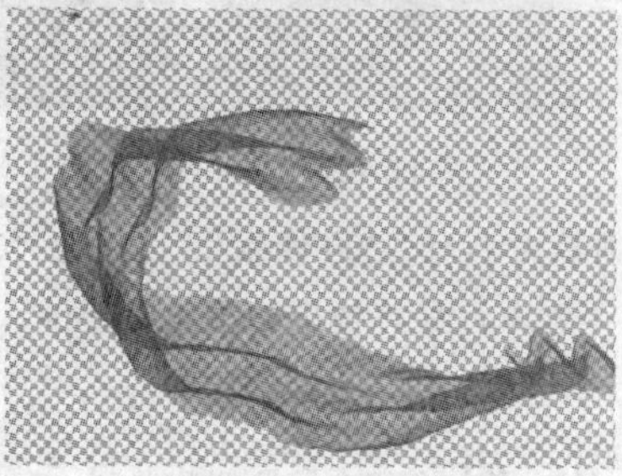

图 4.5.5　绘制纱巾

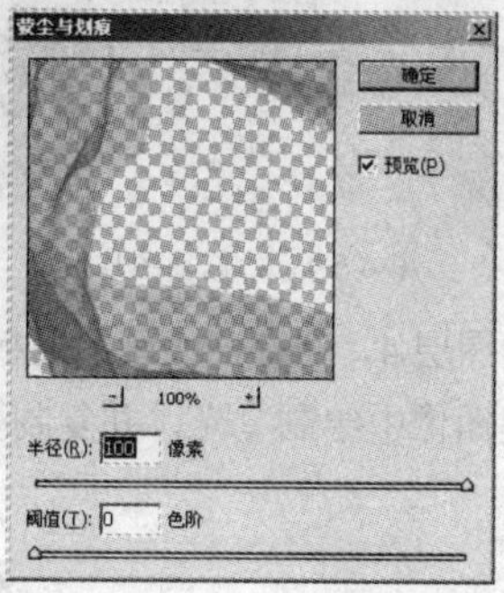

图 4.5.6　“蒙尘与划痕”对话框

（9）选择菜单栏中的图像(I)→调整(A)→色相/饱和度(H)...命令，弹出“色相/饱和度”对话框，设置其对话框参数如图 4.5.7 所示。

（10）设置好参数后，单击 确定 按钮，使用色相和饱和度调整纱巾图像颜色后的效果如图 4.5.8 所示。

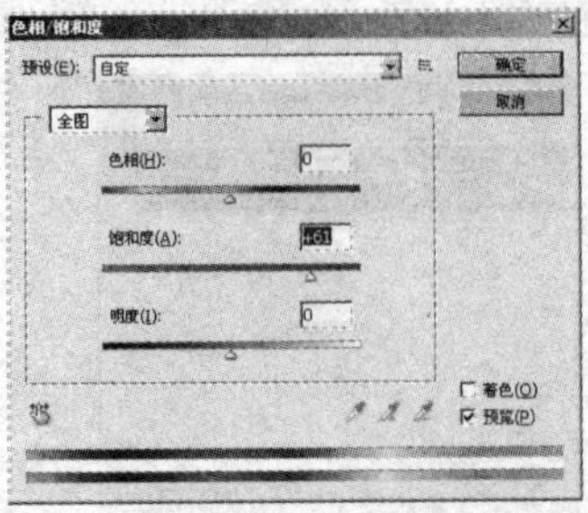

图 4.5.7 “色相/饱和度”对话框

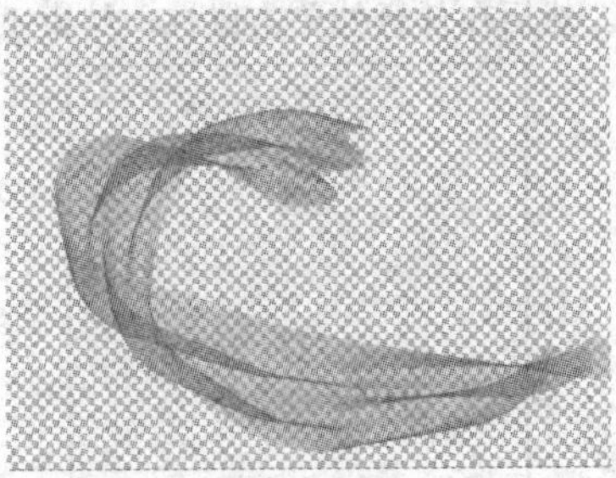

图 4.5.8 调整纱巾颜色效果

（11）重复步骤（7）～（10）的操作，绘制其他颜色的纱巾，效果如图 4.5.9 所示。

（12）按“Ctrl+O”键，打开一幅图像，如图 4.5.10 所示。

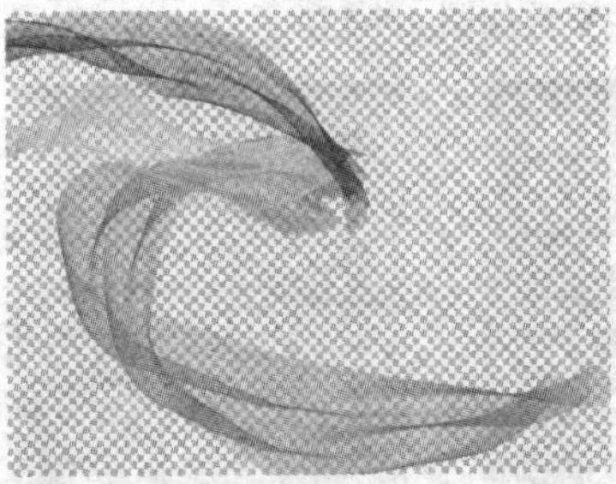

图 4.5.9 绘制纱巾效果

图 4.5.10 打开的图片

（13）使用工具箱中的仿制图章工具和修补工具去除图片左上角的文字和图案，再使用减淡工具在图像上进行涂抹减淡图像的颜色，效果如图 4.5.11 所示。

（14）使用移动工具将修复好的图片拖曳到新建图像中，将其作为背景层，如图 4.5.12 所示。

图 4.5.11 修复图片效果

图 4.5.12 复制并调整图片

（15）新建图层 4，在打开的画笔面板中设置画笔大小为“200 像素”、圆度为“2%”，然后使用画笔工具在新建图像中绘制星光，并复制多个图层 4 副本，最终效果如图 4.5.1 所示。

本 章 小 结

本章主要介绍了 Photoshop CS4 中的绘图与修图工具，包括绘图工具、修饰图像工具、修复图像工具以及擦除图像工具的使用方法与技巧。通过本章的学习，读者应熟练掌握在 Photoshop CS4 中处理图像的各种方法与技巧，从而制作出更多的图像特效。

操 作 练 习

一、填空题

1. ________工具用于创建类似硬边手画的直线，线条比较尖锐，对位图图像特别有用。

2. 使用________工具可以将处理后的图像恢复到指定状态，该工具必须结合历史记录面板来进行操作。

3. ________工具可以柔化图像中突出的色彩和较硬的边缘，使图像中的色彩过渡平滑，从而达到模糊图像的效果。

4. 利用________可以对图像中的暗调进行处理，增加图像的曝光度，使图像变亮。

5. 利用________可以用图像中其他区域或图案中的像素来修补选中的区域。

6. 利用________可以对图像进行颜色或图案的填充。

二、选择题

1. 按住（ ）键的同时单击铅笔工具在图像中拖动鼠标可绘制直线。

（A）Shift　　（B）Ctrl

（C）Alt　　（D）Shift+ Alt

2. 利用（ ）工具可降低图像的曝光度，使图像颜色变深，更加鲜艳。

（A）锐化　　（B）减淡

（C）涂抹　　（D）加深

3. 利用（ ）工具可以快速地移去图像中的污点和其他不理想部分，以达到令人满意的效果。

（A）杂点修复画笔　　（B）修补

（C）修复画笔　　（D）背景橡皮擦

4. 利用（ ）工具可以清除图像中的蒙尘、划痕及褶皱等，同时保留图像的阴影、光照和纹理等效果。

（A）污点修复画笔　　（B）修补

（C）修复画笔　　（D）背景橡皮擦

三、简答题

1. 修复画笔工具与什么工具相似，可对图像进行什么操作？

2. 如何使用修补工具修饰图像？

四、上机操作题

1. 自定义一个画笔，并在图像中绘制自定义的画笔笔触效果。

2. 打开一幅发黄的老照片，利用本章所学的知识对照片进行修饰和修复。

第 5 章　图像色彩与色调的调整

在 Photoshop CS4 中提供了功能全面的色彩与色调调整命令，利用这些命令，可以非常方便地对图像进行修改和调整。本章将向用户介绍图像的色彩模式以及调整图像色调命令、调整图像色彩命令和特殊色调调整命令的使用方法。

知识要点

- 快速调整图像
- 自定义调整图像
- 调整色调
- 其他调整

5.1　快速调整图像

使用自动对比度、自动颜色、自动色调、反相以及去色命令可以快速更改图像中的色彩值，但它们是一种简单的方式，只能对图像进行粗略的调整。

5.1.1　自动色调

自动色调命令可用于处理对比度不强的图像文件，使用此命令可自动增强图像的对比度。在调整图像过程中，它将各个通道中的最亮和最暗像素自动映射为白色和黑色，然后按照比例重新分配中间像素值，如图 5.1.1 所示。

图 5.1.1　应用自动色调命令后的效果

5.1.2　自动对比度

自动对比度可以自动调整图像亮部和暗部的对比度。它会将图像中最暗的像素转换为黑色，将最亮的像素转换为白色，使原图像中亮的区域更亮，暗的区域更暗，从而加大图像的对比度，如图 5.1.2 所示。

图 5.1.2　应用自动对比度前后效果对比

5.1.3　自动颜色

自动颜色命令可以自动调整图像颜色，其主要针对图像的亮度和颜色之间的对比度，如图 5.1.3 所示。

图 5.1.3　应用自动颜色前后效果对比

5.1.4　反相

反相命令能将图像进行反转，即转化图像为负片，或将负片转化为图像。

打开一幅需要调整的图像后，选择菜单栏中的 图像(I) → 调整(A) → 反相(I) 命令，也可按“Ctrl+I”键，通道中每个像素的亮度值会被直接转换为当前图像中颜色的相反值，即白色变为黑色。应用反相命令前后效果对比如图 5.1.4 所示。

图 5.1.4　应用反相命令前后效果对比

提示：在实际的图像处理过程中，可以使用反相命令创建边缘蒙版，以便向图像中选定的区域应用锐化滤镜或进行其他调整。

5.1.5 去色

利用“去色”命令可以将图像中的颜色信息去除，使彩色图像转化为灰度图像。在去色过程中，每个像素保持原有的亮度值。这个命令与在“色相/饱和度”对话框中将饱和度值调整为－100 时的效果相同。选择 图像(I) → 调整(A) → 去色(D) 命令，即可将彩色图像中的色彩除掉，转换为灰度图像，如图 5.1.5 所示为应用“去色”命令的效果对比。

图 5.1.5 应用“去色”命令前后的效果对比

注意：如果图像有多个图层，则“去色”命令仅对选定的图层进行处理。

5.2 自定义调整

利用 Photoshop CS4 提供的自定义调整功能，可以通过在对话框中的预览变化来设置各选项参数，已达到最佳的调整效果。

5.2.1 曲线

曲线命令的功能比较强大，它不仅可以调整图像的亮度，还可以调整图像的对比度与色彩范围。曲线命令与色阶命令类似，不过它比色阶命令的功能更全面、更精密。选择菜单栏中的 图像(I) → 调整(A) → 曲线(U)... 命令，或按“Ctrl+M”键，弹出 曲线 对话框，如图 5.2.1 所示。

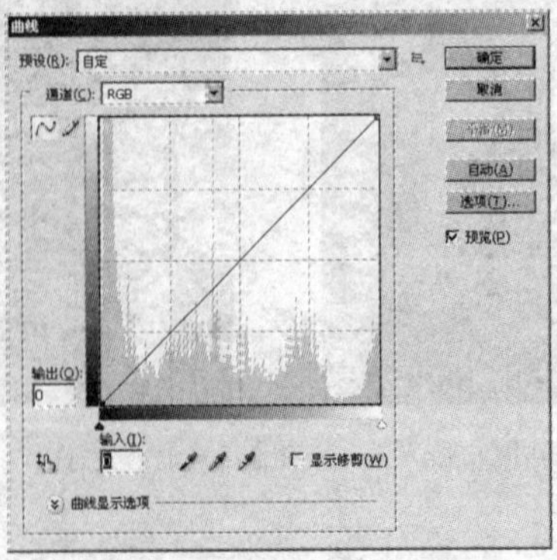

图 5.2.1 “曲线”对话框

在 通道(C): 下拉列表中可选择要调整色调的通道。

改变对话框中曲线框中的线条形状就可以调整图像的亮度、对比度和色彩平衡等。曲线框中的横坐标表示原图像的色调，对应值显示在输入(I):输入框中；纵坐标表示新图像的色调，对应值显示在输出(O):输入框中，数值范围在 0～255 之间。调整曲线形状有两种方法：

（1）使用曲线工具。在曲线对话框中单击“曲线工具”按钮，将鼠标移至曲线框中，当鼠标指针变成十形状时，单击一下可以产生一个节点。该节点的输入与输出值显示在输入(I):与输出(O):输入框中。用鼠标拖动节点改变曲线形状，如图 5.2.2 所示。曲线向左上角弯曲，色调变亮；曲线向右下角弯曲，色调变暗。

（2）使用铅笔工具。在曲线对话框中单击“铅笔工具”按钮，在曲线框内移动鼠标就可以绘制曲线，如图 5.2.3 所示。使用铅笔工具绘制曲线时，对话框中的平滑(M)按钮将显示为可用状态，单击此按钮，可改变铅笔工具绘制的曲线的平滑度。

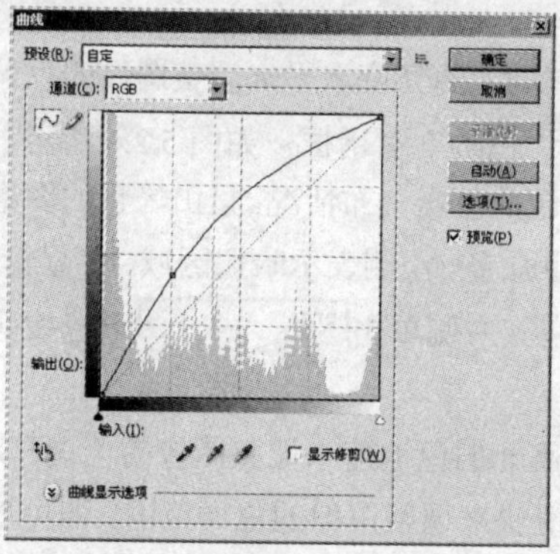

图 5.2.2　使用曲线工具改变曲线形状

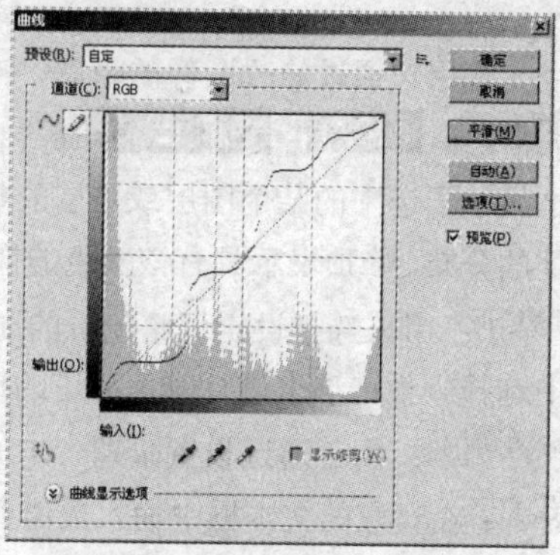

图 5.2.3　使用铅笔工具改变曲线形状

在曲线对话框中的曲线框左侧与下方各有一个亮度杆，单击它可以切换成以百分比为单位显示输入与输出的坐标值，如图 5.2.4 所示。在切换数值显示方式的同时，改变亮度的变化方向。默认状态下，亮度杆代表的颜色是从黑到白，从左到右输出值逐渐增加，从下到上输入值逐渐增加。当切换为百分比显示时，黑白互换位置，变化方向与原来相反，即曲线越向左上角弯曲，图像色调越暗；曲线越向右下角弯曲，图像色调越亮。

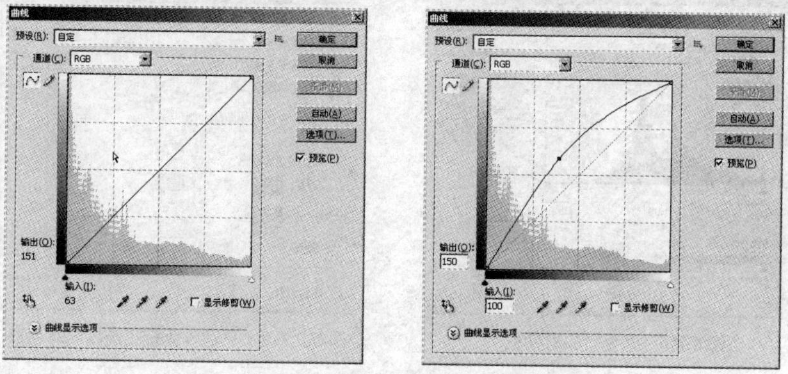

图 5.2.4　以百分比为单位显示坐标值

在曲线对话框中设置好曲线形状后，单击确定按钮，效果如图 5.2.5 所示。

注意：在曲线上单击可以增加控制点；若要删除控制点，则直接将其拖出窗口即可。

图 5.2.5 使用曲线命令调整色调

5.2.2 色阶

色阶命令允许用户通过修改图像的暗调、中间调和高光的亮度水平来调整图像的色调范围和颜色平衡。选择 图像(I) → 调整(A) → 色阶(L)... 命令，弹出“色阶”对话框，如图 5.2.6 所示。

该对话框显示了选中的某个图层或单层的整幅图像的色彩分布情况。呈山峰状的图谱显示了像素在各个颜色处的分布，峰顶表示具有该颜色的像素数量众多。左侧表示暗调区域，右侧表示高光区域。

（1）通道(C)：用来选择设定调整色阶的通道。在其右侧单击 RGB 下拉按钮，可从弹出的下拉列表中选择一种选项来进行颜色通道的调整。

（2）输入色阶(I)：用于通过设置暗调、中间调和高光的色调值来调整图像的色调和对比度。

输出色阶(O)：在对应的文本框中输入数值或拖动滑块来调整图像的色调范围，即可增高或降低图像的对比度。

（3）载入(L)... 按钮：可以载入一个色阶文件作为对当前图像的调整。

（4）存储(S)... 按钮：可以将当前设置的参数进行存储。

（5）自动(A) 按钮：可以将“暗部”和“亮部”自动调整到最暗和最亮。

（6）选项(T)... 按钮：单击该按钮即可弹出“自动颜色校正选项”对话框，如图 5.2.7 所示。在此对话框中可设置各种颜色校正选项。

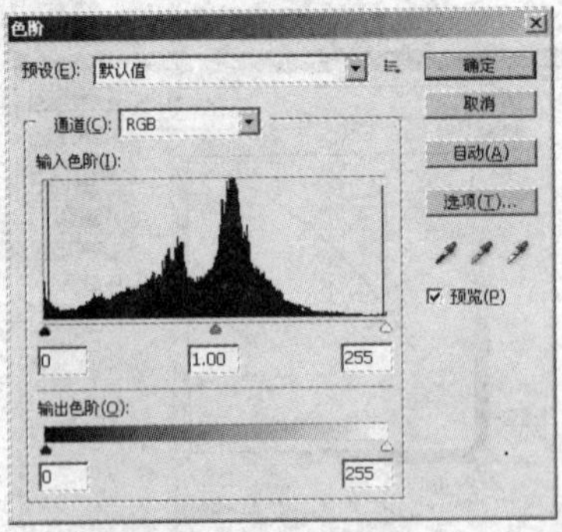

图 5.2.6 “色阶”对话框

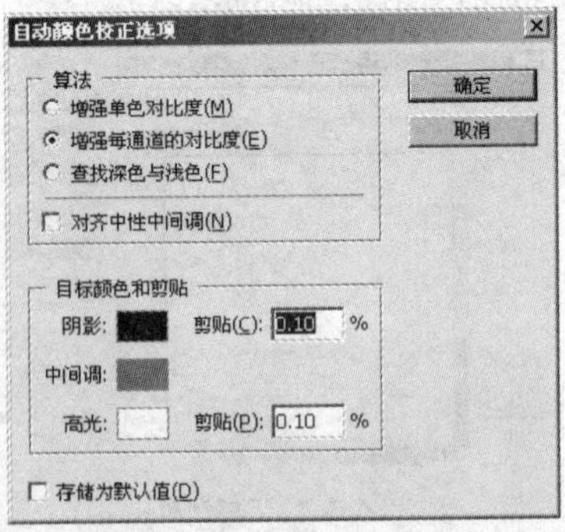

图 5.2.7 “自动颜色校正选项”对话框

“设置黑场”按钮：用来设置图像中阴影的范围。选择该按钮，在图像中选取相应的点单击，单击后图像中比选取点更暗的像素颜色将会变得更深（黑色选取点除外）。

“设置灰点”按钮，用来设置图像中中间调的范围。选择该按钮，在图像中选取相应的点单击，单击处颜色的亮度将成为图像的中间色调范围的平均亮度。

“设置白场”按钮，用来设置图像中高光的范围。选择该按钮，在图像中选取相应的点单击，单击后图像中比选取点更亮的像素颜色将会变得更浅（白色选取点除外）。

设置好参数后，单击 确定 按钮，效果如图 5.2.8 所示。

图 5.2.8　应用色阶命令前后效果对比

5.2.3　亮度/对比度

亮度/对比度命令是通过调整图像的亮度和对比度来改变图像的色调。选择 图像(I) → 调整(A) → 亮度/对比度(C)... 命令，弹出“亮度/对比度”对话框，如图 5.2.9 所示。

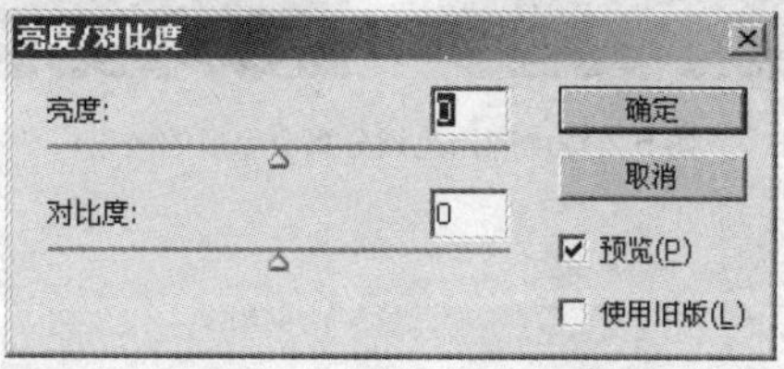

图 5.2.9　“亮度/对比度”对话框

亮度:：用于调整图像的亮度，向左移动滑块，图像越来越暗；向右移动滑块，图像越来越亮。也可在其右侧的文本框中输入数值进行调整，数值范围为－100～100。

对比度:：用于调整图像的对比度，向左移动滑块，图像对比度减弱；向右移动滑块，图像的对比度加强。也可在其右侧的文本框中输入数值进行调整，输入数值范围为－100～100。

如图 5.2.10 所示为利用亮度/对比度命令调整图像后的效果。

图 5.2.10　应用亮度/对比度命令前后效果对比

5.2.4　色调分离

色调分离命令可以在图像中为每个通道指定一系列色调的值，然后将像素映射为最接近的匹配色调。色调分离命令与阈值命令的功能类似，不同的是，阈值命令只考虑两种色调，而色调分离命令的色调可以指定 2～255 之间的任何数值。打开一幅需要调整的图像，选择菜单栏中的 图像(I) → 调整(A) → 色调分离(P)... 命令，可弹出 色调分离 对话框，如图 5.2.11 所示。

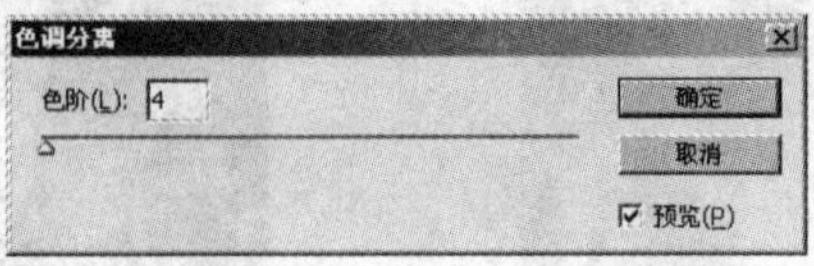

图 5.2.11 “色调分离”对话框

在 色阶(L): 输入框中输入数值，可设置色阶的数量。数值越小，图像色彩变化越大，数值越大，图像色彩变化越小。

设置好色阶数值后，单击 确定 按钮，应用色调分离命令的效果如图 5.2.12 所示。

图 5.2.12 应用色调分离命令后的效果

5.2.5 阈值

使用“阈值”命令可以将图像调整成只有黑白两种色彩的图像。选择 图像(I) → 调整(A) → 阈值(T)... 命令，弹出“阈值”对话框，如图 5.2.13 所示。

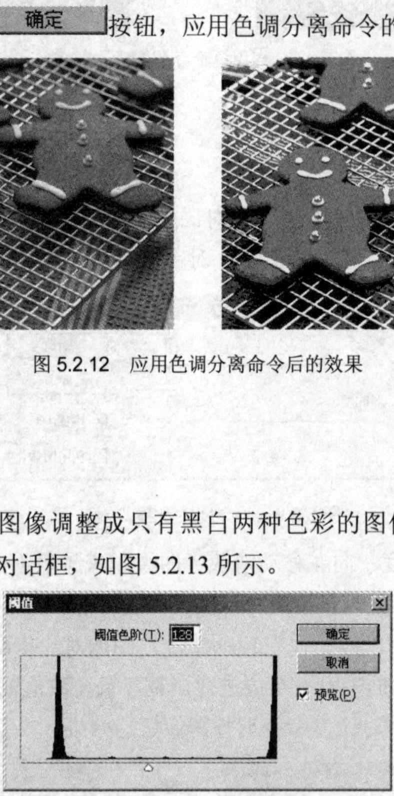

图 5.2.13 “阈值”对话框

在 阈值色阶(T): 输入框中输入数值或拖动其下方的滑块可以调整图像颜色，向右拖动滑块可将图像变成纯黑色，向左拖动滑块可将图像变成纯白色。

设置好参数后，单击 确定 按钮，应用“阈值”命令前后的效果对比如图 5.2.14 所示。

图 5.2.14 应用阈值命令前后的效果对比

5.2.6　渐变映射

利用渐变映射命令可将图像颜色调整为选定的渐变颜色。选择菜单栏中的 图像(I) → 调整(A) → 渐变映射(G)... 命令，弹出“渐变映射”对话框，如图 5.2.15 所示。

在 灰度映射所用的渐变 下拉列表中提供了多种预设的渐变样式。单击右侧的下拉按钮，可弹出渐变色预设面板，如图 5.2.16 所示，从中可以选择预设的渐变颜色；如果单击渐变颜色条，可弹出“渐变编辑器”对话框，可以对渐变色进行编辑。

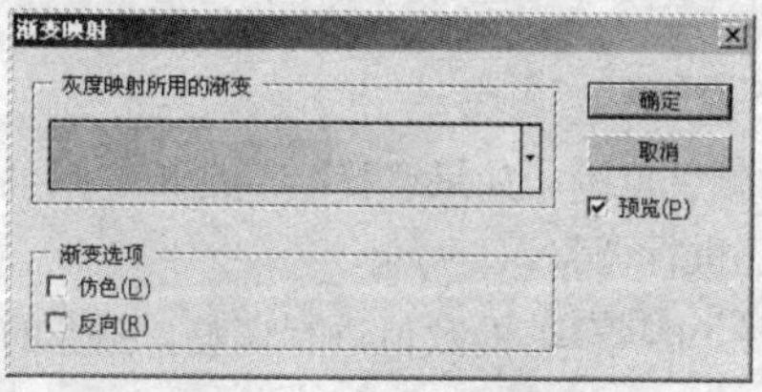

图 5.2.15　“渐变映射”对话框

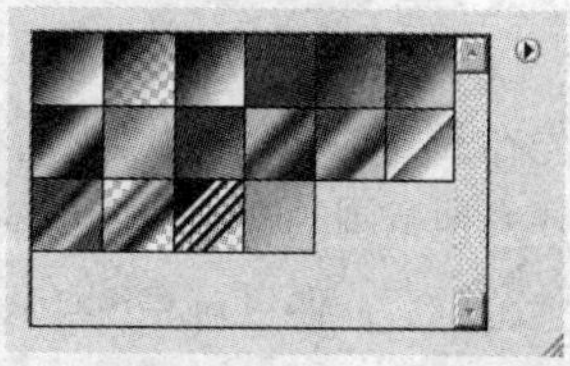

图 5.2.16　渐变色预设面板

在 渐变选项 选项区中选中 ☑ 仿色(D) 复选框，可为渐变后的图像增加仿色；选中 ☑ 反向(R) 复选框，可将渐变后的图像颜色反转。

设置好参数后，单击 确定 按钮，图像效果如图 5.2.17 所示。

图 5.2.17　应用渐变映射命令前后效果对比

5.3　调 整 色 调

图像色调的调整主要是对图像明暗度进行控制。例如当一幅图像显示得比较亮时，可以将它变暗一些，或者将一个颜色过暗的图像调整得亮一些。

5.3.1　色相/饱和度

对色相的调整表现为在色轮中旋转，也就是颜色的变化；对饱和度的调整表现为在色轮半径上移动，也就是颜色浓淡的变化。

选择菜单栏中的 图像(I) → 调整(A) → 色相/饱和度(H)... 命令，弹出“色相/饱和度”对话框，如图 5.3.1 所示。在该对话框中可以调整图像的色相、饱和度和明度。

在该对话框底部显示有两个颜色条，第一个颜色条显示了调整前的颜色，第二个颜色条则显示了如何以全饱和的状态影响图像所有的色相。

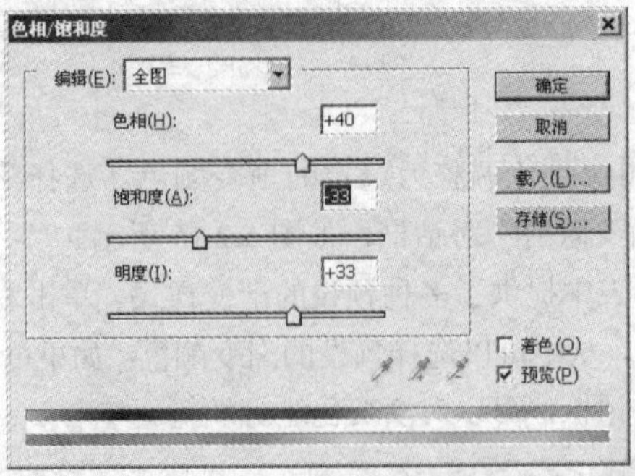

图 5.3.1 “色相/饱和度”对话框

调整时，先在编辑(E):下拉列表中选择调整的颜色范围。如果选择全图选项，则可一次调整所有颜色；如果选择其他范围的选项，则针对单个颜色进行调整。

确定好调整范围后，便可对色相(H):、饱和度(A):和明度(I):的数值进行调整，图像的色彩会随数值的调整而变化。

色相(H):：其后的输入框中显示的数值反映颜色轮中从像素原来的颜色旋转的度数，正值表示顺时针旋转，负值表示逆时针旋转。其取值范围为－180～180。

饱和度(A):：可调整图像颜色的饱和度，数值越大饱和度越高。其取值范围为－100～100。

明度(I):：数值越大明度越高。其取值范围为－100～100。

选中☑着色(O)复选框，可为灰度图像上色，或创建单色调图像效果。

如图 5.3.2 所示的是调整色相/饱和度前后的效果对比。

图 5.3.2 应用色相/饱和度命令前后的效果对比

5.3.2 自然饱和度

自然饱和度命令是 Photoshop CS4 的新增功能，使用自然饱和度命令可以将图像进行灰色调到饱和色调的调整，用于调整不够饱和的图片。选择菜单栏中的图像(I)→调整(A)→自然饱和度(V)...命令，弹出“自然饱和度”对话框，如图 5.3.3 所示。

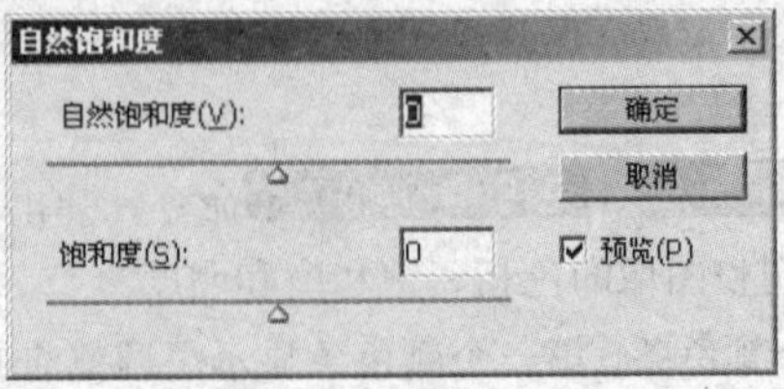

图 5.3.3 “自然饱和度”对话框

在 自然饱和度(V): 输入框中输入数值，可以将图像进行从灰色调到饱和色调的调整，其取值范围在－100～100 之间，数值越大色彩越浓烈。

在 饱和度(S): 输入框中输入数值，可设置图片的饱和度，其取值范围在－100～100 之间，数值越小颜色饱和度越小，越接近于灰色。

使用自然饱和度命令调整图像，效果如图 5.3.4 所示。

图 5.3.4　应用自然饱和度命令后的效果

5.3.3　黑白

使用黑白命令可以将图像调整为具有艺术感的黑白效果，也可以调整为不同单色的艺术效果。打开一幅需要调整的图像，选择菜单栏中的 图像(I) → 调整(A) → 黑白(K)... 命令，弹出“色调均化”对话框，如图 5.3.5 所示。

在 红色(R): 、 黄色(Y): 、 绿色(G): 、 青色(C): 、 蓝色(B): 和 洋红(M): 文本框中输入数值，可以调整图像的各种颜色，也可直接拖曳控制滑块来调整图像的颜色。

选中 ☑ 色调(T) 复选框，可以激活色相和饱和度选项，来调整其他单色效果。

单击 自动(A) 按钮，系统会自动通过计算对照片进行最佳状态的调整。

如图 5.3.6 所示为使用黑白命令调整图像后的效果。

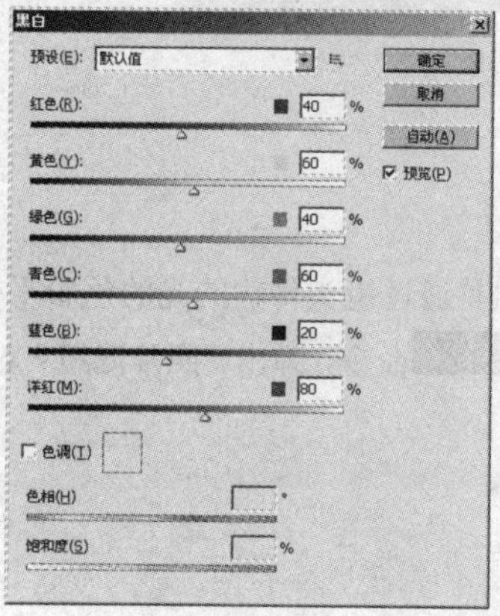

图 5.3.5　“黑白”对话框

图 5.3.6　应用黑白命令后的效果

5.3.4　色彩平衡

利用色彩平衡命令可以进行一般性的色彩校正，可更改图像的总体混合颜色，但不能精确控制单个颜色成分，只能作用于复合颜色通道。

使用色彩平衡命令调整图像，具体的操作方法如下：

（1）打开一幅需要调整色彩平衡的图像。

（2）选择 图像(I) → 调整(A) → 色彩平衡(B)... 命令，弹出 色彩平衡 对话框，如图 5.3.7 所示。

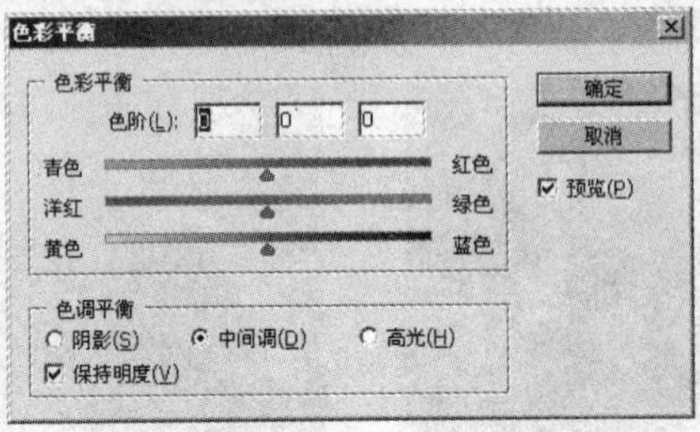

图 5.3.7 “色彩平衡”对话框

（3）在 色彩平衡 选项区中选择需要更改的色调范围，其中包括阴影、中间调和高光选项。

（4）选中 保持明度(V) 复选框，可保持图像中的色彩平衡。

（5）在 色彩平衡 选项区中通过调整数值或拖动滑块，便可对图像色彩进行调整。同时， 色阶(L): 3 个输入框中的数值将在－100～100 之间变化。将色彩调整到满意效果后，单击 确定 按钮即可。

如图 5.3.8 所示为调整色彩平衡前后效果对比。

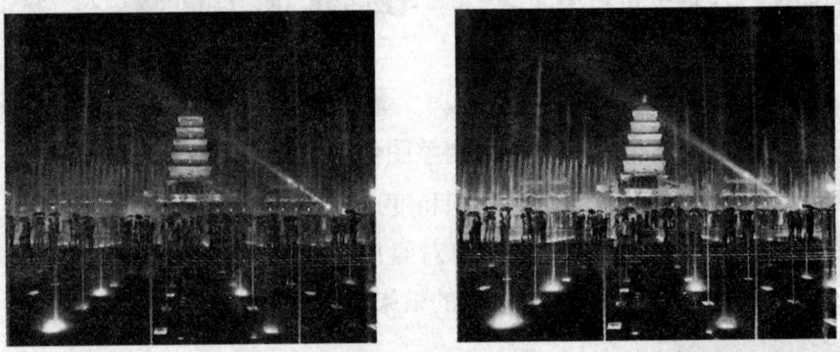

图 5.3.8 调整色彩平衡前后效果对比

5.3.5 照片滤镜

照片滤镜命令模拟在相机镜头前面添加彩色滤镜，以便调整通过镜头传输的光的色彩平衡和色温，使胶片曝光。选择菜单栏中的 图像(I) → 调整(A) → 照片滤镜(F)... 命令，弹出“照片滤镜”对话框，如图 5.3.9 所示。

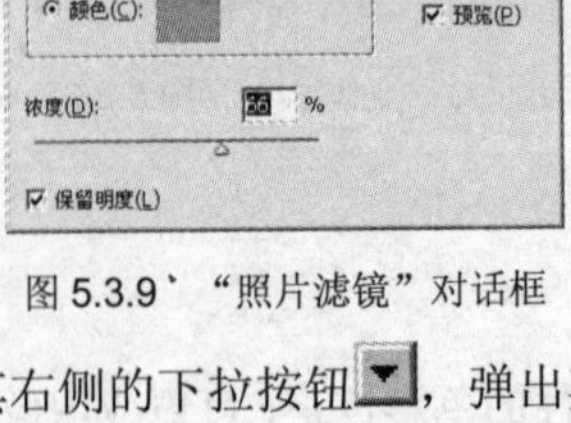

图 5.3.9` “照片滤镜”对话框

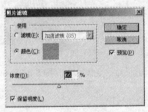

选中 滤镜(F): 单选按钮，单击其右侧的下拉按钮▼，弹出其下拉列表，用户可根据需要选择相应的滤镜或颜色。各滤镜的功能说明如下：

加温滤镜（85 和 LBA）和冷却滤镜（80 和 LBB）是平衡图像色彩的颜色转换滤镜。如果图像是使用色温较低的光（如微黄色）拍摄的，则冷却滤镜（80）使图像的颜色更蓝，以便补偿色温较低的环境光。相反，如果照片是用色温较高的光（如微蓝色）拍摄的，则加温滤镜（85）会使图像的颜色更暖，以便补偿色温较高的环境光。

加温滤镜（81）和冷却滤镜（82）使用光平衡滤镜来对图像的颜色品质进行细微调整，加温滤镜（81）使图像变暖（如变黄），冷却滤镜（82）使图像变冷（如变蓝）。

选中 ⊙ 颜色(C): 单选按钮，单击其右侧的色块，可以使用拾色器为自定颜色滤镜指定颜色。

在 浓度(D): 右侧的文本框中输入数值或拖动其下方的滑块可以调整颜色的浓度，值越大，颜色调整幅度越大。

设置好参数后，单击 确定 按钮，调整后的效果如图 5.3.10 所示。

图 5.3.10　使用照片滤镜命令调整图像

5.3.6　通道混合器

使用通道混合器命令可以调整某一个通道中的颜色成分，可以将每一个通道的颜色理解成是由青色、洋红、黄色、黑色 4 种颜色调配出来的，而且默认情况下每一个通道中添加的颜色只有一种，即通道所对应的颜色。选择菜单栏中的 图像(I) → 调整(A) → 通道混合器(X)... 命令，弹出通道混合器对话框，如图 5.3.11 所示。

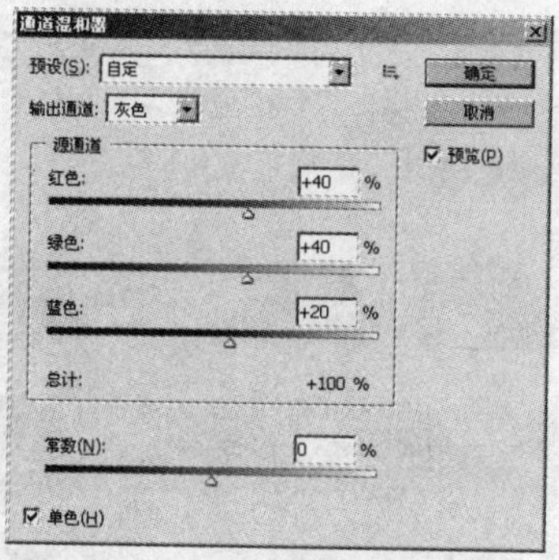

图 5.3.11　“通道混合器”对话框

此命令可以对图像色彩作以下调整：

（1）可以创建一些其他颜色调整工具很难做到的效果。

（2）可以制作一些高质量的灰度图像，用户能在每种颜色通道中选择一定的百分比来进行制作。

（3）可以创建高品质的深棕色图像或其他颜色的图像。

（4）可以将图像转换到一些备选色彩空间中。

（5）复制或交换通道。

通道混和器对话框中的各项参数说明如下：

在输出通道:下拉列表中可选择一个通道。当图像为 RGB 模式时，在此下拉列表中有 3 个通道，即红、绿、蓝；当所需要调整的图像模式为 CMYK 时，此下拉列表中有 4 个通道，即青色、洋红色、黄色、黑色。

在源通道选项区中可设置其中一个通道的参数，向左拖动滑块，可减少源通道在输出通道中所占的百分比，向右拖动滑块，效果则相反。

拖动常数(N):滑块，改变常量值，可在输出通道中加入一个透明的通道。当然，透明度可以通过滑块或数值调整，负值时为黑色通道，正值时为白色通道。

若选中☑ 单色(H)复选框，则可对所有输出通道应用相同的设置，创建出灰阶的图像。

设置好参数后，单击 确定 按钮，调整后的效果如图 5.3.12 所示。

图 5.3.12　应用通道混合器命令后的效果

5.3.7　变化

变化命令通过显示替代物的缩略图来综合调整图像的色彩平衡、对比度和饱和度。此命令对于不需要精确调整颜色的平均色调图像最为有用，但不适用于索引颜色图像或 16 位/通道的图像。

选择菜单栏中的 图像(I) → 调整(A) → 变化(N)... 命令，弹出 变化 对话框，如图 5.3.13 所示。

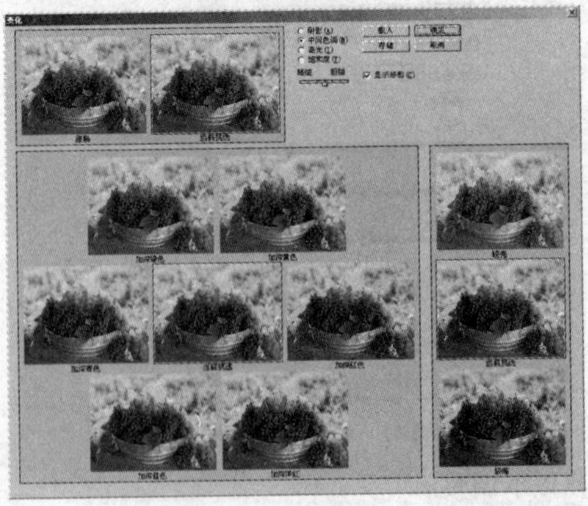

图 5.3.13　“变化”对话框

在此对话框的左下方有 7 个缩略图，这 7 个缩略图中间的“当前挑选”缩略图与左上角的“当前挑选”缩略图作用相同，用于显示调整后的图像效果。其他的缩略图分别用于改变图像的 R，G，B 与 C，M，Y 六种颜色，单击其中任一缩略图，均可增加与该缩略图相对应的颜色。

在此对话框的右下方有 3 个缩略图，可用于调节图像的明暗度，单击较亮的缩略图，图像变亮；单击较暗的缩略图，图像变暗。在“当前挑选”缩略图中显示的是调整后的图像效果。

如图 5.3.14 所示为调整变化前后效果对比。

图 5.3.14　调整变化前后效果对比

5.3.8　可选颜色

可选颜色的颜色校正实际上是通过控制原色中的各种印刷油墨的数量来实现的，因而可在不影响其他原色的情况下，修改图像中某种原色中印刷色的数量。调整可选颜色的具体操作方法如下：

（1）打开一个需要调整可选颜色的图像文件。

（2）选择 图像(I) → 调整(A) → 可选颜色(S)... 命令，弹出 可选颜色 对话框，如图 5.3.15 所示。

（3）在 颜色(O): 下拉列表中选择需要调整的颜色，如图 5.3.16 所示。

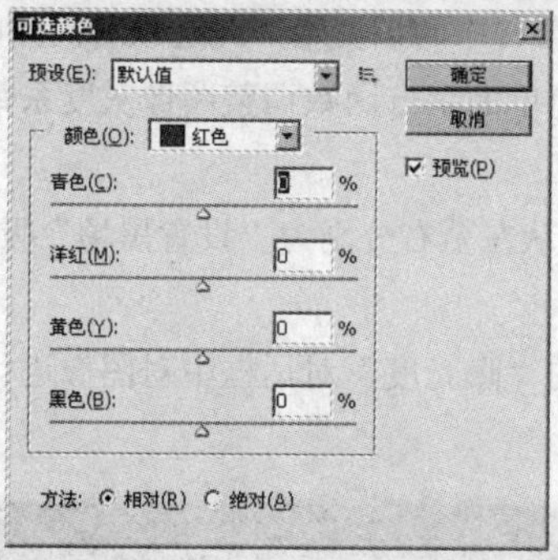

图 5.3.15　“可选颜色”对话框

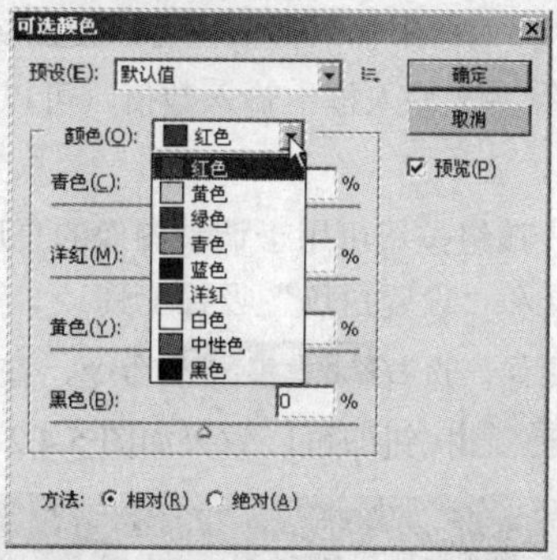

图 5.3.16　选择“颜色”下拉列表

（4）在 方法: 选项区中选中 相对(R) 单选按钮，Photoshop 将按照总量的百分比更改现有的青色、洋红、黄色和黑色的量；选中 绝对(A) 单选按钮，Photoshop 会按绝对值调整颜色。然后调整所选颜色的成分，单击 确定 按钮，调整可选颜色前后效果对比如图 5.3.17 所示。

图 5.3.17　调整可选颜色前后效果对比

5.4 其 他 色 调

其他色调调整命令包括曝光度、匹配颜色、替换颜色以及色调均匀等，这些命令是自定义调整和色调调整的一个补充。

5.4.1 曝光度

利用“曝光度”命令可以调整图像的色调，该命令也可以用于 8 位和 16 位图像。选择菜单栏中的 图像(I) → 调整(A) → 曝光度(E)... 命令，弹出“曝光度”对话框，如图 5.4.1 所示。

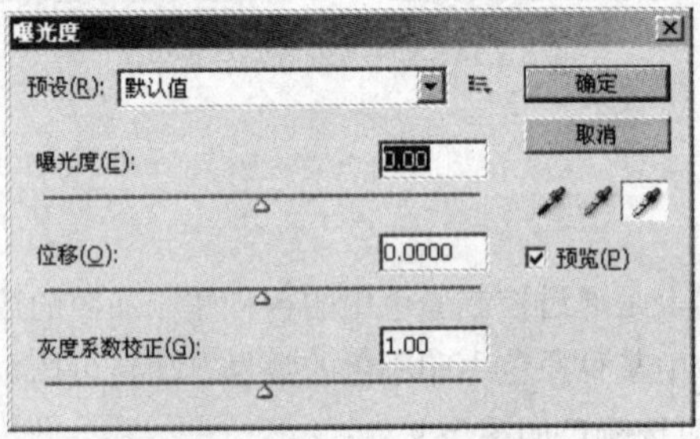

图 5.4.1 “曝光度”对话框

在 曝光度(E): 输入框中输入数值，可以调整色调范围的高光端，此选项对极限阴影的影响很小。

在 位移(O): 输入框中输入数值，可以使图像中阴影和中间调变暗，此选项对高光的影响很小。

在 灰度系数校正(G): 输入框中输入数值，可以使用简单的乘方函数调整图像灰度系数。负值会被视为相应的正值。

：该组按钮可用于调整图像的亮度值。从左至右分别为“设置黑场”吸管工具、“设置灰场”吸管工具和“设置白场”吸管工具。

打开一幅图像，选择 曝光度(E)... 命令，在弹出的“曝光度”对话框中对图像进行调整，调整完毕后单击 确定 按钮即可，效果如图 5.4.2 所示。

图 5.4.2 应用“曝光度”命令前后的效果对比

5.4.2 匹配颜色

匹配颜色命令通过匹配一幅图像与另一幅图像的色彩模式，使更多图像之间达到一致外观。下面举例说明匹配颜色命令的使用方法。

（1）打开如图 5.4.3 所示的两幅图像，其中图（a）为源图像，即需要调整颜色的图像，图（b）

为目标图像。

（a）　　（b）

图 5.4.3　源图像与目标图像

（2）使图 5.4.3（a）的图像成为当前可编辑图像，然后选择菜单栏中的图像(I)→调整(A)→匹配颜色(M)...命令，弹出匹配颜色对话框，从源(S):下拉列表中选择目标图像，如图 5.4.4 所示。

（3）调整图像选项选项区中的亮度、颜色强度、渐隐参数。

1）明亮度(L)：用于增加或减小目标图像的亮度，其最大值为 200，最小值为 1。

2）颜色强度(C)：用于调整目标图像的色彩饱和度，其最大值为 200，最小值为 1（灰度图像），默认值为 100。

3）渐隐(F)：用于控制应用于图像的调整量，向右移动滑块可减小调整量。

4）选中☑中和(N)复选框，可以自动移去目标图像的色痕。

（4）设置好参数后，单击确定按钮，即可按指定的参数使源图像和目标图像的颜色匹配，效果如图 5.4.5 所示。

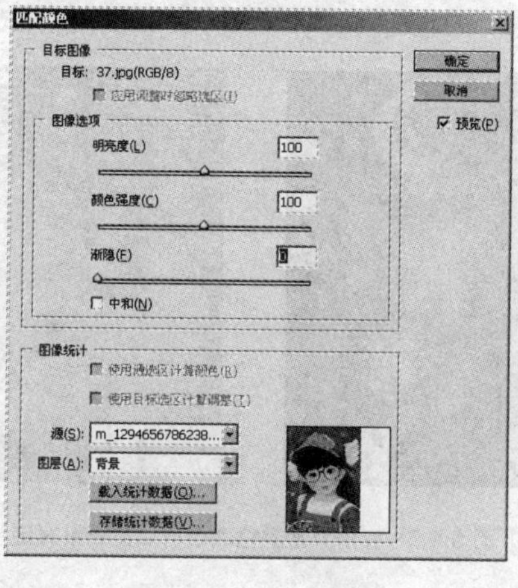

图 5.4.4　选择目标图像

图 5.4.5　应用匹配颜色效果

5.4.3　替换颜色

使用“替换颜色”命令可以创建蒙版，以选择图像中的特定颜色，可以设置选定区域的色相、饱和度和亮度，或者使用拾色器来选择替换颜色。选择菜单栏中的图像(I)→调整(A)→替换颜色(R)...命令，弹出“替换颜色”对话框，如图 5.4.6 所示。

“替换颜色”对话框中各选项含义如下：

（1）选区：该选项区用于设置图像中将被替换颜色的图像范围。

1）吸管工具：选择该工具，在图像或对话框中的预览框中单击可以选择由蒙版显示的区域。

2）添加到取样吸管工具：在按住“Shift”键的同时选择该工具，在图像或对话框中的预览框中单击可以添加选取的区域。

3）从取样中减去吸管工具：在按住“Alt”键的同时选择该工具，在图像或对话框中的预览框中单击可以减去选取的区域。

4）单击颜色色块，可以更改选区的颜色，即要替换的目标颜色。

5）在颜色容差(F):输入框中输入数值或拖动颜色容差滑块，可以调整蒙版的容差，此滑块用于控制颜色的选取范围。

6）选中选区(C)单选按钮，可以在预览框中显示蒙版。蒙版区域是黑色，非蒙版区域是白色。

7）选中图像(M)单选按钮，可以在预览框中显示图像，处理放大的图像时，该选项非常有用。

（2）替换：该选项区用于调整替换后图像颜色的色相、饱和度和明度。

1）色相(H):：在其输入框中输入数值或拖动其下方滑杆上的滑块，可以调整替换后图像的色相。

2）饱和度(A):：在其输入框中输入数值或拖动其下方滑杆上的滑块，可以调整替换后图像的饱和度。

3）明度(G):：在其输入框中输入数值或拖动其下方滑杆上的滑块，可以调整替换后图像的亮度。

4）单击结果色块，可以更改替换后的颜色。

使用“替换颜色”命令调整图像，效果如图 5.4.7 所示。

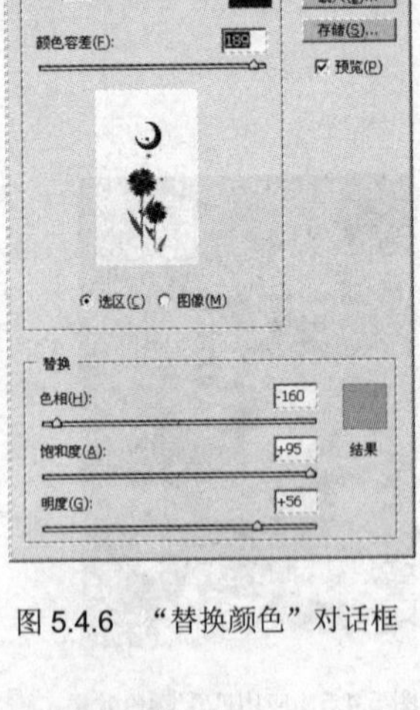

图 5.4.6 “替换颜色”对话框

图 5.4.7 应用替换颜色命令前后的效果对比

5.4.4 色调均化

利用色调均化命令可以重新分配图像中各像素的亮度值，使整个图像的亮度更加均衡。打开一幅需要调整的图像，选择菜单栏中的图像(I)→调整(A)→色调均化(Q)命令后，系统将会自动查找图像中最亮的像素和最暗的像素，将最亮的像素转化为白色，将最暗的像素转化为黑色，再将中间像素均匀地分布到相应的灰度上，使图像亮度色调得以均匀化。若要使用此命令调整选区内的图像，则可弹出

"色调均化"对话框，如图 5.4.8 所示。

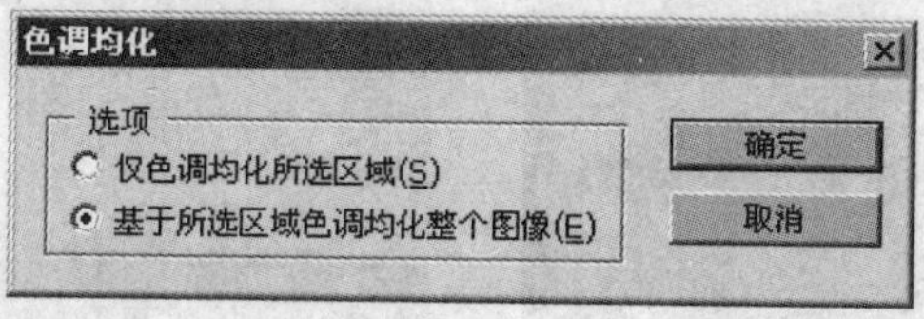

图 5.4.8　"色调均化"对话框

选中 仅色调均化所选区域(S) 单选按钮，色调均化效果只对选区内图像起作用。

选中 基于所选区域色调均化整个图像(E) 单选按钮，色调均化效果则以选区内的最亮和最暗像素为标准来调整整幅图像的色调。

如图 5.4.9 所示为利用色调均化命令调整选区内图像后的效果。

图 5.4.9　应用色调均化命令后的效果

5.5　上机实战——合成图像效果

本节主要利用所学的知识合成图像，最终效果如图 5.5.1 所示。

图 5.5.1　最终效果图

操作步骤

（1）按"Ctrl+O"键，打开两个大小相同的图像文件，如图 5.5.2 所示。

（2）分别选中打开的两幅图片，然后按"Ctrl+M"键，使用曲线调整两幅图片的亮度。

（3）使用工具箱中的移动工具将原图像拖曳到目标图像中，效果如图 5.5.3 所示。

（4）使用移动工具调整其位置，使两幅图像完全重合，然后将图层 1 作为当前图层，单击图层面板下方的"添加图层蒙版"按钮，为图层 1 添加图层蒙版。

图 5.5.2　打开的两幅图像

（5）设置前景色为黑色，背景色为白色，然后使用工具箱中的渐变工具，从上向下拖曳鼠标填充线性渐变，效果如图 5.5.4 所示。

图 5.5.3　拖动原图像至目标图像

图 5.5.4　使用渐变后的效果

（6）将图层 1 作为当前图层，然后选择菜单栏中的 图像(I) → 调整(A) → 色彩平衡(B)... 命令，弹出“色彩平衡”对话框，设置其对话框参数如图 5.5.5 所示。

（7）设置好参数后，单击 确定 按钮，效果如图 5.5.6 所示。

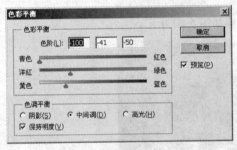

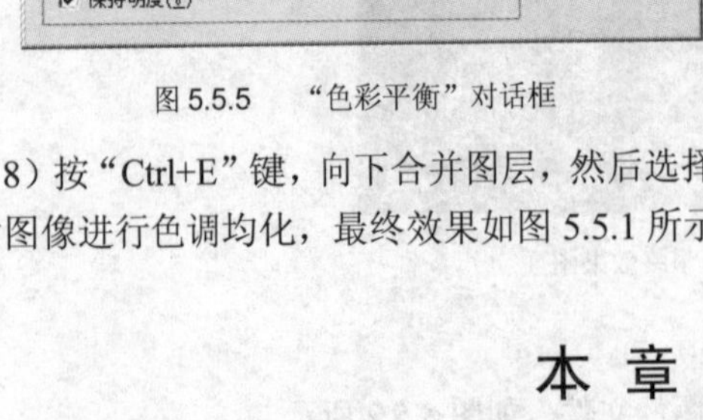

图 5.5.5　“色彩平衡”对话框

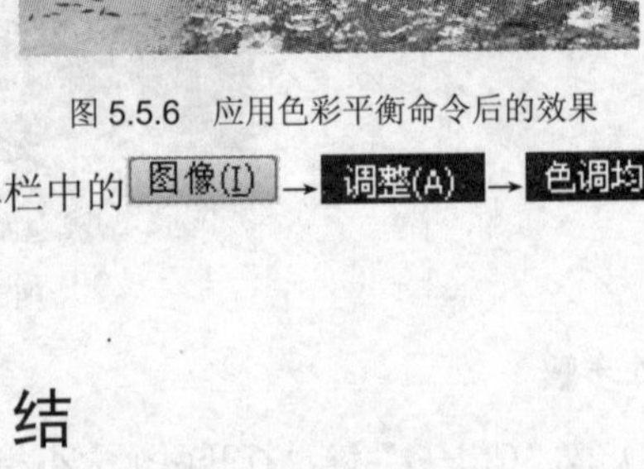

图 5.5.6　应用色彩平衡命令后的效果

（8）按“Ctrl+E”键，向下合并图层，然后选择菜单栏中的 图像(I) → 调整(A) → 色调均化(Q) 命令，对图像进行色调均化，最终效果如图 5.5.1 所示。

本 章 小 结

本章主要介绍了图像色彩与色调的调整，包括快速调整图像、自定义调整、调整色调以及其他色调调整等内容。通过本章的学习，可使读者了解 Photoshop CS4 中图像色彩与色调的调配，并学会使用这些命令对图像进行色相、饱和度、对比度和亮度的调整，从而制作出形态万千、魅力无穷的艺术作品。

操 作 练 习

一、填空题

1．在 Photoshop CS4 中，_________命令通过显示替代物的缩览图来综合调整图像的色彩平衡、对比度和饱和度。

2．在 Photoshop CS4 中，用户可以利用_________来方便地查看图像的色调分布状况。

3．使用_________命令可以创建蒙版，以选择图像中的特定颜色。

4．使用_________命令不仅可以调整图像的亮度，还可以调整图像的对比度与色彩范围。

二、选择题

1．利用（　）命令可以调整图像中单个颜色成分的色相、饱和度和亮度。

（A）色阶　　（B）渐变映射

（C）色相/饱和度　　（D）色阶

2．利用（　）命令可以去掉彩色图像中的所有颜色值，将其转换为相同色彩模式的灰度图像。

（A）去色　　（B）可选颜色

（C）反相　　（D）曝光度

3．利用（　）命令可调整图像的整体色彩平衡，使图像颜色看起来更加自然，图像也更加美观。

（A）自动色阶　　（B）色相/饱和度

（C）色彩平衡　　（D）色阶

4．（　）命令适用于校正由强逆光而形成剪影的照片，或者校正由于太接近相机闪光灯而有些发白的焦点。

（A）色相/饱和度　　（B）阴影/高光

（C）亮度/对比度　　（D）色调分离

三、简答题

1．在处理照片时，如果照片明显偏暗或偏亮，可使用哪些命令对其进行快速调整？

2．在 Photoshop CS4 中，用于调整图像色调的命令有哪些？

四、上机操作题

打开一个图像文件，练习使用本章所学的校正图像颜色命令，分别调整图像的颜色，比较各命令的功能及作用。

第 6 章　创建与编辑图层

图层是 Photoshop 软件工作的基础，它是进行图形绘制和处理时常用的重要命令，灵活地使用图层可以创建各种各样的图像效果。

知识要点

- 图层简介
- 图层的基本编辑
- 图层混合模式
- 图层样式

6.1　图 层 简 介

在实际创作中，图层就是将图画的各个部分分别画在不同的透明纸上，每一张透明纸可以视为一个图层，然后将这些透明纸叠放到一起，即可形成一幅完整的图像。由于各图层间互不相连，因此，当图画的某一部分需要修改或替换时，只须修改或替换该部分所在的图层即可，而不影响整幅图画。

Photoshop 中的图层与实际绘画中所用到的图层相似，也是将图像的各部分放在不同的图层上，然后将这些图层叠放在一起，形成一幅完整的图像。不同的是，Photoshop 中的图层可以设置图层的不透明度与色彩混合模式，并且可为其添加许多特殊的效果。因此，Photoshop 中的图层功能更加强大，处理更方便。

6.1.1　图层面板

对图层的操作都可通过图层面板来完成。默认状态下，图层面板显示在 Photoshop CS4 工作界面的右侧，如果没有显示，可选择菜单栏中的 窗口(W) → 图层 命令，打开图层面板，如图 6.1.1 所示。

下面对图层面板的各部分的作用逐一进行介绍：

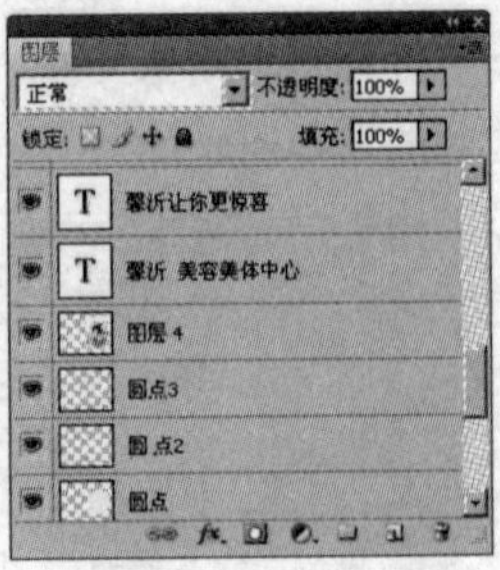

图 6.1.1　图层面板

（1）图层名称：每个图层都要定义不同的名称，以便于区分。如果在创建图层时没有命名，Photoshop 则会自动按图层 1、图层 2、图层 3……来进行命名。

（2）图层缩览图：在图层名称的左侧有一个图层缩览图。其中显示着当前图层中的图像缩览图，可以迅速辨识每一个图层。当对图层中的图像进行修改时，图层缩览图的内容也会随着改变。

（3）眼睛图标：此图标用于显示或隐藏图层。当图标显示为 时，此图层处于隐藏状态；图标显示为 时，此图层处于显示状态。如果图层被隐藏，对该层进行任何编辑操作都不起作用。

（4）当前图层：在图层面板中以蓝色显示的图层，表示正在编辑，因此称为当前图层。绝大部分编辑命令都只对当前图层可用。要切换当前图层时，只需单击图层名称或预览图即可。

（5）锁定：在选项区中有 4 个按钮，单击某一个按钮就会锁定相应的内容。

1）单击“锁定透明像素”按钮，即可使当前图层的透明区域一直保持透明效果。

2）单击“锁定图像像素”按钮，可将当前图层中的图像锁定，不能进行编辑。

3）单击“锁定位置”按钮，可锁定当前图层中的图像所在位置，使其不能移动。

4）单击“全部锁定”按钮，可同时锁定图像的透明度、像素及位置，不能进行任何修改。

（6）填充：用于设置当前图层的不透明度。

（7）不透明度：用于设置图层的总体不透明度。

（8）链接图层：用于将多个图层链接在一起。

（9）添加图层样式：单击此按钮，可从弹出的下拉菜单中选择一种图层样式，以应用于当前图层。

（10）图层蒙版：单击此按钮，可在当前图层上创建图层蒙版。

（11）创建新的填充或调整图层：单击此按钮，可从弹出的下拉菜单中选择填充图层或调整图层。

（12）创建新组：单击此按钮，可以创建一个新图层组。

（13）创建新图层：单击此按钮，可以建立一个新图层。

（14）删除图层：单击此按钮，可将当前图层删除，或用鼠标将图层拖至此按钮上删除。

（15）图层混合模式：单击下拉列表框，可从弹出的下拉列表中选择不同的混合模式，以决定当前图层与其他图层叠合在一起的效果。

（16）面板菜单：在右上角单击按钮，可弹出其面板菜单，从中可以选择相应的命令对图层进行操作。

6.1.2　图层类型

在 Photoshop 中用户可根据需要创建不同的图层来用于编辑处理。常用的图层类型有以下 6 种：

（1）背景图层：使用白色背景或彩色背景创建新图像或打开一个图像时，位于图层控制面板最下方的图层称为背景层。一个图像只能有一个背景层，且该图层有其局限性，不能对背景层的排列顺序、混合模式或不透明度进行调整，但是，可以将背景图层转换为普通图层后再对其进行调整。

（2）普通图层：该类图层即一般意义上的图层，它位于背景图层的上方。

（3）填充图层：该类图层对其下方的图层没有任何作用，只是创建使用纯色、渐变色和图案填充的图层。

（4）文本图层：使用文字工具在图像中单击即可创建文本图层，有些图层调整功能不能用于文本图层，可先将文本图层转换为普通图层，即栅格化文本图层后对其进行普通图层的操作。

（5）形状图层：使用形状工具组可以创建形状图层，也称为矢量图层。

（6）调整图层：用户可以通过该类图层存储图像颜色和色调调整后的效果，而并不对其下方图像中的像素产生任何效果。

6.2　图层的基本编辑

图层的基本编辑包括创建图层、复制图层、删除图层、链接图层、合并图层、调整图层顺序以及转换图层等。图层的基本编辑主要在图层面板中完成，也可通过图层(L)菜单中的命令来完成。

6.2.1 创建图层

图层的创建包括创建普通图层、创建背景图层、创建调整图层以及创建填充图层等，下面对其进行具体介绍。

1．创建普通图层

创建普通图层的方法有多种，可以直接单击图层面板中的“创建新图层”按钮进行创建，也可通过单击图层面板右上角的按钮，从弹出的菜单中选择新建图层...命令，弹出“新建图层”对话框，如图 6.2.1 所示。

在名称(N):文本框中可输入创建新图层的名称；单击颜色(C):右侧的按钮，可从弹出的下拉列表中选择图层的颜色；在模式(M):下拉列表中可选择图层的混合模式。

单击确定按钮，即可在图层面板中显示创建的新图层，如图 6.2.2 所示。

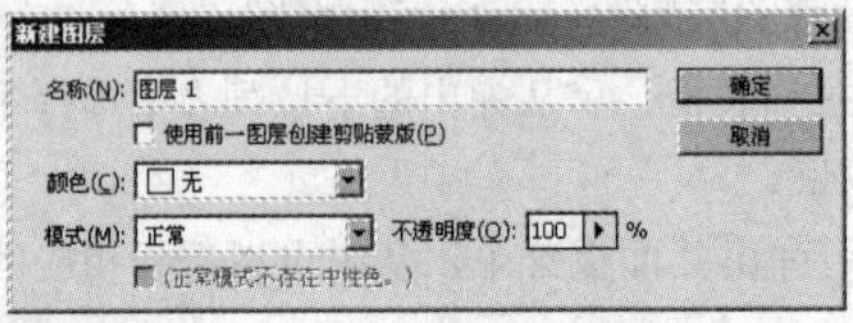

图 6.2.1 “新建图层”对话框

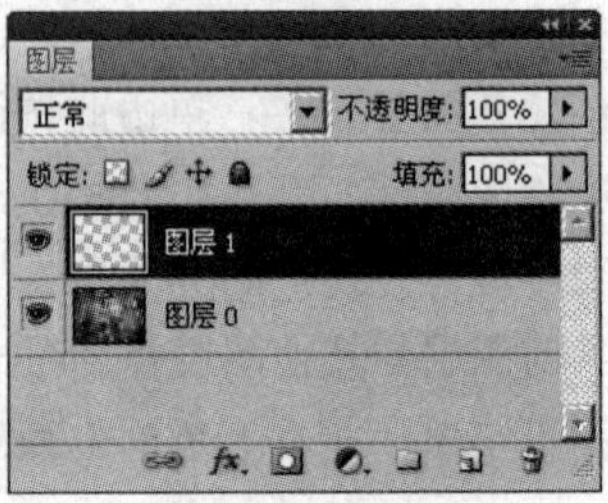

图 6.2.2 新建图层

2．创建背景图层

如果要创建新的背景图层，可在图层面板中选择需要设定为背景图层的普通图层，然后选择菜单栏中的图层(L)→新建(W)→图层背景(B)命令，即可将普通图层设定为背景图层。如图 6.2.3 所示为将“图层 0”设定为“背景”图层。

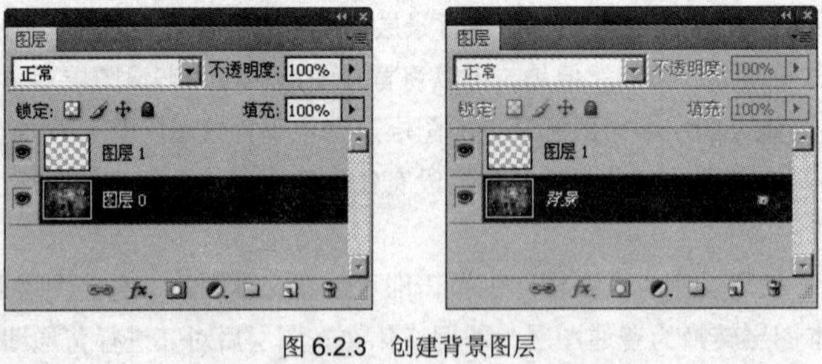

图 6.2.3 创建背景图层

如果要对背景图层进行相应的操作，可在背景图层上双击鼠标，弹出“新建图层”对话框，如图 6.2.4 所示，单击确定按钮，则将背景图层转换为普通图层，即可对该图层进行相应的操作。

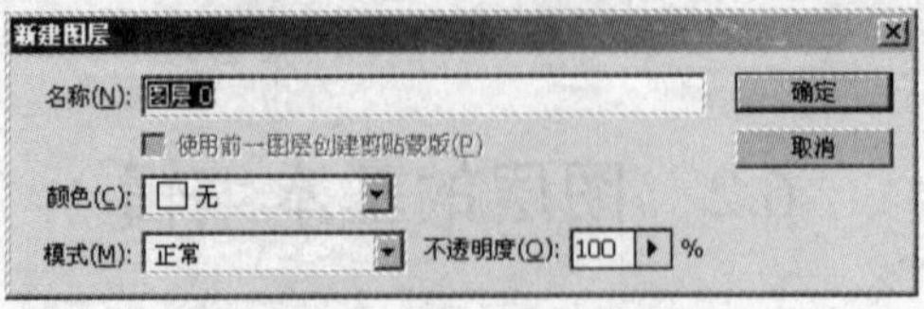

图 6.2.4 “新建图层”对话框

3．创建调整图层

调整图层是一种特殊的图层，此类图层主要用于控制色调和色彩的调整。也就是说，Photoshop 会将色调和色彩的设置，如色阶和曲线调整等应用功能变成一个调整图层单独存放在文件中，以便修改。建立调整图层的具体操作方法如下：

（1）选择菜单栏中的图层(L)→新建调整图层(J)命令，弹出其子菜单，如图 6.2.5 所示。

（2）在此菜单中选择一个色调或色彩调整的命令。例如选择色彩平衡(B)...命令，可弹出“新建图层”对话框，如图 6.2.6 所示。

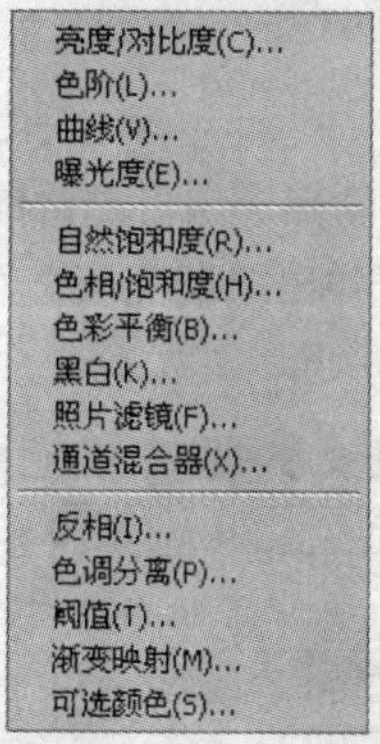

图 6.2.5　新建调整图层子菜单

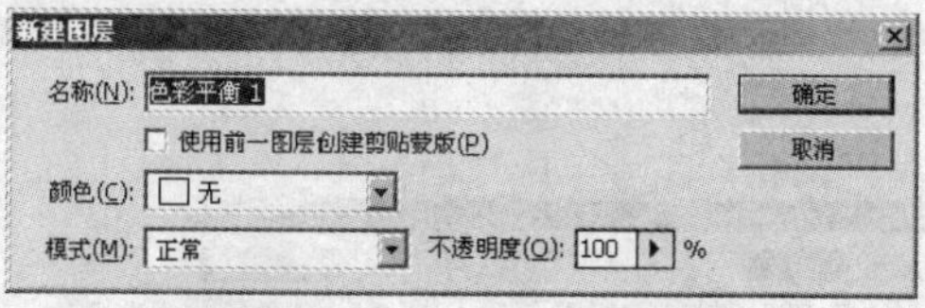

图 6.2.6　“新建图层”对话框

（3）在该对话框中设置各项参数，单击确定按钮，可弹出“色彩平衡”对话框，设置各项参数，单击确定按钮，效果如图 6.2.7 所示。

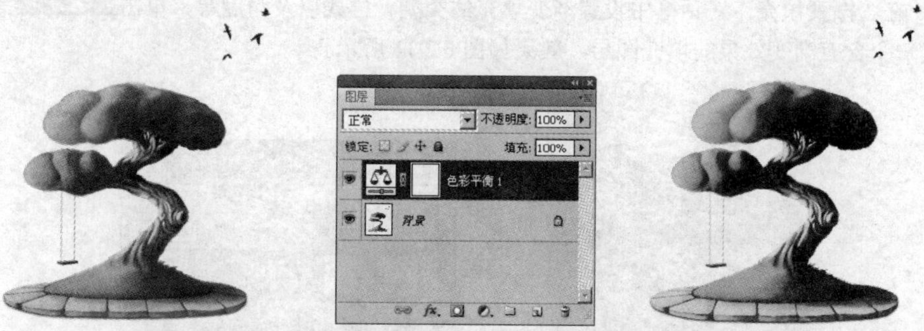

图 6.2.7　调整色彩平衡后的图像及其图层面板

创建的调整图层也会出现在当前图层之上，且名称以当前色彩或色调调整的命令来命名。在调整图层的左侧显示着色调或色彩命令相关的图层缩览图；右侧显示图层蒙版缩览图；中间显示关于图层内容与蒙版是否有链接的链接符号。当出现链接符号时，表示色调或色彩调整将只对蒙版中所指定的图层区域起作用。如果没有链接符号，则表示这个调整图层将对整个图像起作用。

注意： 调整图层会影响它下面的所有图层。这意味着可通过进行单一调整来校正多个图层，而不用分别调整每个图层。

4．创建填充图层

下面通过一个例子介绍填充图层的创建方法，具体的操作步骤如下：

（1）打开一幅图像，其效果及图层面板如图 6.2.8 所示。

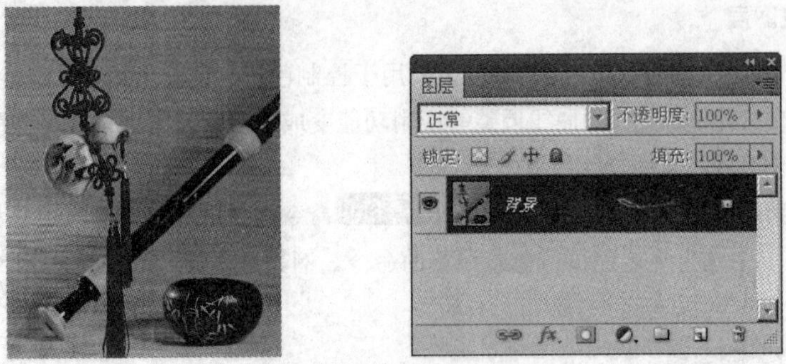

图 6.2.8　打开的图像及图层面板

（2）选择 图层(L) → 新建填充图层(W) → 渐变(G)... 命令，可弹出“新建图层”对话框，如图 6.2.9 所示。在其中设置新填充层的各个参数后，单击 确定 按钮，可弹出“渐变填充”对话框，如图 6.2.10 所示。

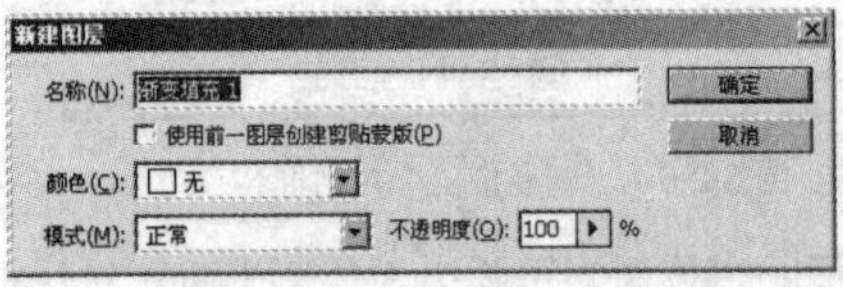

图 6.2.9　“新建图层”对话框

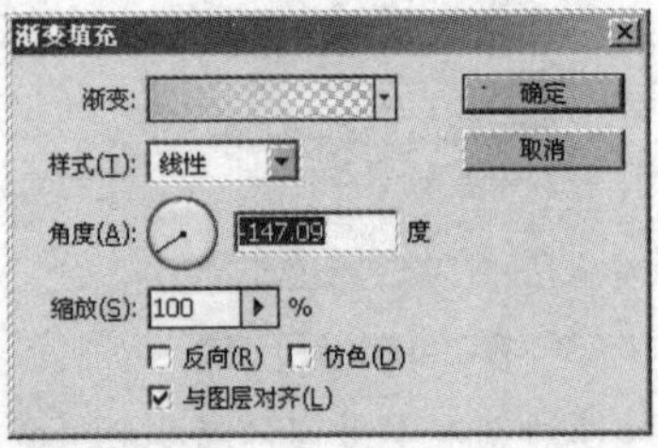

图 6.2.10　“渐变填充”对话框

（3）在“渐变填充”对话框中设置渐变填充的类型、样式以及角度等，单击 确定 按钮，即可创建一个含有渐变效果的填充图层，效果如图 6.2.11 所示。

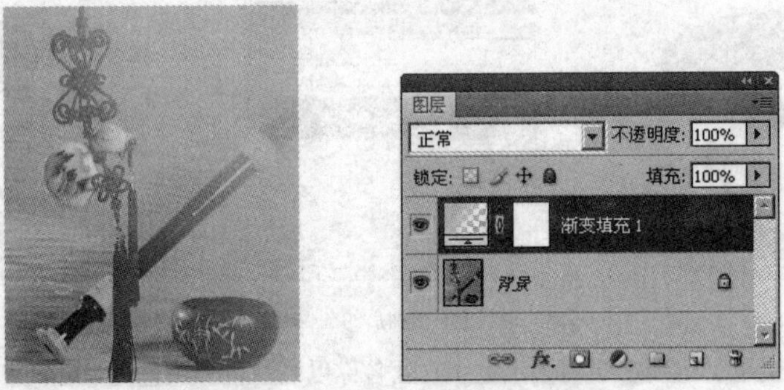

图 6.2.11　渐变填充后的图像及其图层面板

若想要改变填充图层的内容（编辑填充图层）或将其转换为调整图层，可以在选择需要转换的填充图层后，选择 图层(L) → 图层内容选项(O)... 命令，或用鼠标左键双击填充图层的缩览图，在打开的填充图层设置对话框中进行编辑。另外，对于填充图层，用户只能更改其内容，而不能在其中进行绘画，若要对其进行绘画操作，可以选择 图层(L) → 栅格化(Z) → 填充内容(F) 命令，将其转换为带蒙版的普通图层再进行操作。

6.2.2　复制图层

复制图层是将图像中原有的图层内容进行复制，可在一个图像中复制图层的内容，也可在两个图像之间复制图层的内容。在两个图像之间复制图层时，由于目标图像和源图像之间的分辨率不同，从而导致内容被复制到目标图像时，其图像尺寸会比源图像小或大。

用户可以用以下几种方法来复制图层内容：

（1）用鼠标将需要复制的图层拖动到图层面板底部的“创建新图层”按钮上，当鼠标指针变成形状时释放鼠标，即可复制此图层。复制的图层在图层面板中会是一个带有副本字样的新图层，如图 6.2.12 所示。

（2）选中需要复制的图层，单击图层面板右上角的按钮，在弹出的图层面板菜单中选择复制图层(D)...命令即可。

（3）用鼠标右键在需要复制的图层上单击，在弹出的快捷菜单中选择复制图层(D)...命令即可。

用第（2），（3）种方法复制图层时都会弹出“复制图层”对话框，如图 6.2.13 所示。在该对话框中可对复制的图层进行一些详细的设置。

图 6.2.12　复制图层

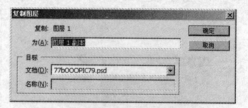

图 6.2.13　“复制图层”对话框

6.2.3　普通图层与背景图层的转换

普通图层就是经常用到的新建图层，用户可直接新建，也可以将背景图层转换为普通图层。其操作方法非常简单，用鼠标左键在背景图层上双击，可弹出“新建图层”对话框，在其中可设置转换后图层的名称、颜色、不透明度和色彩混合模式。设置完成后，单击确定按钮即可，效果如图 6.2.14 所示。

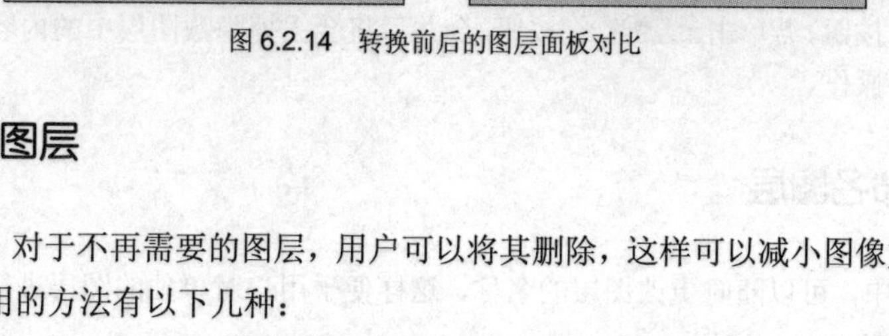

图 6.2.14　转换前后的图层面板对比

6.2.4　删除图层

在处理图像时，对于不再需要的图层，用户可以将其删除，这样可以减小图像文件的大小，便于操作。删除图层常用的方法有以下几种：

（1）在图层面板中将需要删除的图层拖动到图层面板中的“删除图层”按钮上即可删除。

（2）在图层面板中选择需要删除的图层，单击图层面板右上角的按钮，在弹出的面板菜单中选择删除图层命令即可。

（3）在图层面板中选择需要删除的图层，选择图层(L)→删除→图层(L)命令，将会弹出如图 6.2.15 所示的提示框，单击是(Y)按钮，即可删除所选图层。

（4）在要删除的图层上单击鼠标右键，在弹出的快捷菜单中选择删除图层命令，即可删除图层。

6.2.5 链接与合并图层

如果要对多个图层进行统一的移动、旋转以及变换等操作，可以使用图层链接功能，也可将图层合并后进行统一的操作。下面将分别进行介绍。

1．图层的链接

要链接图层只需要在图层面板中选择需要链接的图层，然后再单击图层面板底部的“链接图层”按钮，即可将图层链接起来。链接后的每个图层中都含有标志，如图 6.2.16 所示。

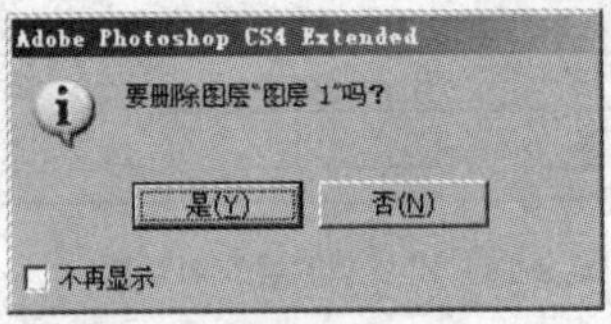

图 6.2.15　提示框

图 6.2.16　链接图层

提示：在链接图层过程中，按住“Shift”键可以选择连续的几个图层，按住“Ctrl”键可分别选择需要进行链接的图层。

2．图层的合并

在 Photoshop CS4 中，合并图层的方式有 3 种，它们都包含在图层(L)菜单中，分别介绍如下：

（1）向下合并(E)：此命令可以将当前图层与它下面的一个图层进行合并，而其他图层则保持不变。

（2）合并可见图层(V)：此命令可以将图层面板中所有可见的图层进行合并，而被隐藏的图层将不被合并。

（3）拼合图像(F)：此命令可以将图像窗口中所有的图层进行合并，并放弃图像中隐藏的图层。若有隐藏的图层，在使用该命令时会弹出一个提示框，提示用户是否要放弃隐藏的图层，用户可以根据需要单击相应的按钮。若单击确定按钮，合并后将会丢掉隐藏图层中的内容；若单击取消按钮，则取消合并操作。

6.2.6 重命名图层

在 Photoshop 中，可以随时更改图层的名称，这样便于用户对单独的图层进行操作。具体的操作步骤如下：

（1）在图层面板中，用鼠标在需要重新命名的图层名称处双击，如图 6.2.17 所示。

（2）在图层名称处输入新的图层名称，如图 6.2.18 所示。

图 6.2.17　重命名图层

图 6.2.18　输入新的图层名称

（3）输入完成后，用鼠标在图层面板中任意位置处单击，即可确认新输入的图层名称。

6.2.7　显示和隐藏图层

显示和隐藏图层在设计作品时经常会用到，比如，在处理一些大而复杂的图像时，可将某些不用的图层暂时隐藏，不但可以方便操作，还可以节省计算机系统资源。

要想隐藏图层，只须在图层面板中的图层列表前面单击图标即可，此时眼睛图标消失，再次单击该位置可重新显示该图层，并出现眼睛图标。

6.2.8　图层的排列顺序

在操作过程中，上面图层的图像可能会遮盖下面图层的图像，图层的叠加顺序不同，组成图像的视觉效果也就不同，合理地排列图层顺序可以得到不同的图层组合效果。具体的操作方法有以下两种：

（1）选择要排列顺序的图层，然后用鼠标单击并将其拖动至指定的位置上即可，效果如图 6.2.19 所示。

（2）选择要调整顺序的图层，然后选择 图层(L) → 排列(A) 命令，会弹出如图 6.2.20 所示的子菜单，在其中直接选择需要的命令即可。

图 6.2.19　调整图层顺序

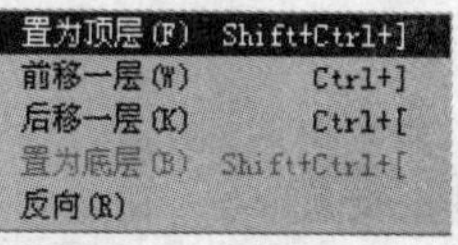

图 6.2.20　排列子菜单

6.2.9　使用图层组

图层组是指多个图层的组合，在 Photoshop CS4 中可以将相关的图层加入到一个指定的图层组中，以方便操作和管理。

在 Photoshop CS4 中，图层分组编辑的作用如下：

（1）可以同时对多个相关的图层做相同的操作。例如，移动一个图层组时，组中的所有图层都会作相同的移动。

（2）对图层组设置混合模式，可以改变整个图像的混合效果。

（3）可以将图层归类，使对图层的管理更加有序，并且可以通过折叠图层组节约图层面板的空间。

1. 创建图层组

为了提高工作效率，可以将图层编组，其方法很简单，只须在图层面板右上角单击按钮，在弹出的下拉菜单中选择 从图层新建组(A)... 命令，弹出“从图层新建组”对话框，如图 6.2.21 所示。

图 6.2.21　“从图层新建组”对话框

在该对话框中设置好参数后，单击 确定 按钮，即可在图层面板中创建“组 1”，然后将需要编成组的图层拖至图层组的“组 1”上，该图层将会自动位于图层组的下方，继续拖动需要编成组的图层至“组 1”上，即可将多个图层编成组，如图 6.2.22 所示。

图 6.2.22　创建图层组

技巧： 在图层面板底部单击“创建新组”按钮，可直接在当前图层的上方创建一个图层组。

2. 由链接图层创建图层组

对于已经建立了链接的若干个图层，可以快速地将它们创建为一个新的图层组。具体的操作方法如下：

（1）在图层面板中选中要创建为图层组的链接图层中的任意一个，再选择菜单栏中的 图层(L) → 选择链接图层(S) 命令，可选中所有链接图层。

（2）选择 图层(L) → 新建(N) → 从图层新建组(A)... 命令，弹出“从图层新建组”对话框。

（3）在 名称(N): 输入框中输入图层组的名称，单击 确定 按钮，即可创建一个新的图层组，该图层组中包括了所有链接图层。

3. 删除图层组

对于不需要的图层组，可以将其删除。具体的操作方法如下：

（1）在图层面板中选择要删除的图层组，单击面板底部的“删除图层”按钮，可弹出如图 6.2.23 所示的提示框。

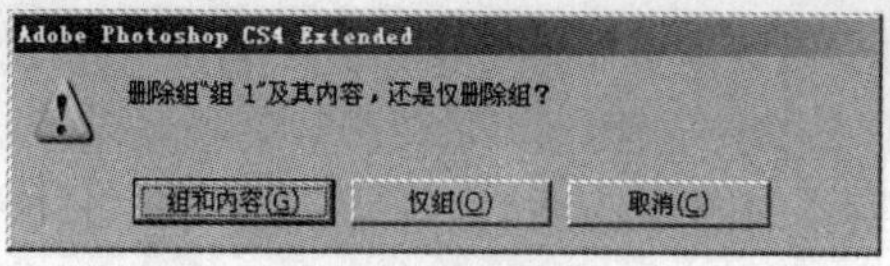

图 6.2.23　提示框

（2）单击 组和内容(G) 按钮可将图层组和其中包括的所有图层从图像中删除；单击 仅组(O) 按钮可将图层组删除，但将其中包括的所有图层退出到组外。

6.3　图层混合模式

在图层面板中单击 正常 下拉列表按钮，可弹出如图 6.3.1 所示的下拉列表，从中选择不同的选项可以将当前图层设置为不同的模式，其图层中的图像效果也随之改变。其下拉列表中各混合模式的含义介绍如下：

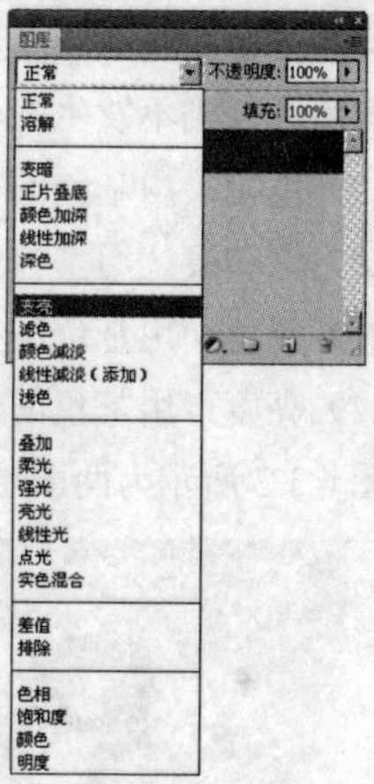

图 6.3.1　图层混合模式下拉列表

（1）正常：该模式为默认模式，其作用为编辑图像中的像素，使其完全替代原图像的像素。

（2）溶解：编辑图像中的像素，使其完全替代原图像的像素，但每个被混合的点被随机地选取为底色或填充色。

（3）变暗：查看每个通道中的颜色信息，并选择基色或混合色中较暗的颜色作为结果色。比混合色亮的像素被替换，而比混合色暗的像素保持不变。

（4）变亮：查看每个通道中的颜色信息，并选择基色或混合色中较亮的颜色作为结果色。比混合色暗的像素被替换，而比混合色亮的像素保持不变。

（5）正片叠底：新加入的颜色与原图像颜色混合成为比原来两种颜色更深的第三种颜色。任何颜色与黑色复合产生黑色；任何颜色与白色混合保持不变。

（6）颜色加深：查看每个通道中的颜色信息，并通过增加对比度使基色变暗以反映混合色。任何颜色与白色混合后不发生变化。

（7）颜色减淡：查看每个通道中的颜色信息，并通过减小对比度使基色变亮以反映混合色，与黑色混合后则不发生变化。

（8）线性加深：查看每个通道中的颜色信息，并通过减小亮度使基色变暗以反映混合色，与白色混合后不发生变化。

（9）线性减淡：查看每个通道中的颜色信息，并通过增加亮度使基色变亮以反映混合色，与黑色混合后则不发生变化。

（10）滤色：查看每个通道的颜色信息，并将混合色的互补色与基色复合，结果色总是较亮的颜色。在该模式中，可以完全去除图像中的黑色。

（11）叠加：加强原图像的高亮区和阴影区，同时将前景色叠加到原图像中。

（12）柔光：根据前景色的灰度值对原图像进行变暗或变亮处理。如果前景色灰度值大于 50%，则对图像进行浅色叠加处理；如果前景色灰度值小于 50%，对图像进行暗色相乘处理。因此，如果原图像是纯白色或纯黑色，则会产生明显的较暗或较亮区域，但不会产生纯黑色或纯白色。

（13）强光：复合或过滤颜色，具体取决于混合色。如果混合色的灰度值大于 50%，则图像变亮，就像过滤后的效果，这对于向图像添加高光效果非常有用；如果混合色的灰度值小于 50%，则图像变暗，就像复合后的效果，这对于向图像添加阴影效果非常有用。

（14）亮光：通过增大或减小对比度加深或减淡图像的颜色，具体取决于混合色。如果混合色灰度值大于 50%，则通过减小对比度使图像变亮；如果混合色灰度值小于 50%，则通过增大对比度使图像变暗。

（15）线性光：通过减小或增大亮度来加深或减淡颜色，具体取决于混合色。如果混合色灰度值大于 50%，则通过增大亮度使图像变亮；如果混合色灰度值小于 50%，则通过减小亮度使图像变暗。

（16）点光：根据混合色替换颜色。如果混合色灰度值大于 50%，则替换比混合色暗的像素而不改变比混合色亮的像素；如果混合色灰度值小于 50%，则替换比混合色亮的像素而不改变比混合色暗的像素，这对于向图像添加特殊效果非常有用。

（17）差值：查看每个通道中的颜色信息，并从基色中减去混合色，或从混合色中减去基色，具体取决于哪一个通道中颜色的亮度值更大。与白色混合将反转基色值；与黑色混合则不产生变化。

（18）排除：创建一种与“差值”模式相似但其效果更柔和的图像效果。与白色混合将反转基色值，与黑色混合则不发生变化。

（19）色相：用基色的亮度和饱和度以及混合色的色相创建结果色。

（20）饱和度：用基色的亮度和色相以及混合色的饱和度创建结果色。

（21）颜色：用基色的亮度以及混合色的色相和饱和度创建结果色。

（22）亮度：用基色的色相和饱和度以及混合色的亮度创建结果色。

如图 6.3.2 所示为两图层应用几种不同混合模式的效果对比。

正常

正片叠底

颜色加深

滤色

柔光

强光

图 6.3.2　几种不同混合模式下的图像效果

6.4　图 层 样 式

图层样式是 Photoshop CS4 中最具魅力的功能，使用此功能可以产生出很多图层样式，包括投影、外发光、内发光与斜面和浮雕等，从而得到一些特殊的图像效果，但图层样式不能应用于背景图层与图层组中。

在 Photoshop 中可以对图层应用各种样式效果，如光照、阴影、颜色填充、斜面和浮雕以及描边等，而且不影响图形对象的原始属性。在应用图层样式后，用户还可以将获得的效果复制并进行粘贴，以便在较大的范围内快速应用。

Photoshop CS4 提供了 10 种图层特殊样式，用户可根据需要在其中选择一种或多种样式添加到图层中，制作出特殊的图层样式效果。选择需要添加特殊样式的图层，然后单击图层面板底部的“添加图层样式”按钮 fx.，在弹出的下拉菜单中选择需要的特殊样式命令，或者选择菜单栏中的 图层(L) → 图层样式(Y) 命令，在其子菜单中选择需要的特殊样式命令，都可弹出“图层样式”对话框，如图 6.4.1 所示。

在该对话框中，用户只要在需要的选项上单击使其变为选中状态，就可在其中对该特殊样式的参数进行详细的设置，直到满意为止。设置完成后，单击 确定 按钮，即可给选择的图层应用图层样式效果。还可以一次性应用多种图层特殊样式到某一图层中。

下面以“斜面和浮雕”样式命令为例介绍图层样式的应用，具体操作步骤如下：

（1）打开一个图像文件，使用快速选择工具选取要添加图层样式的图像，如图 6.4.2 所示。

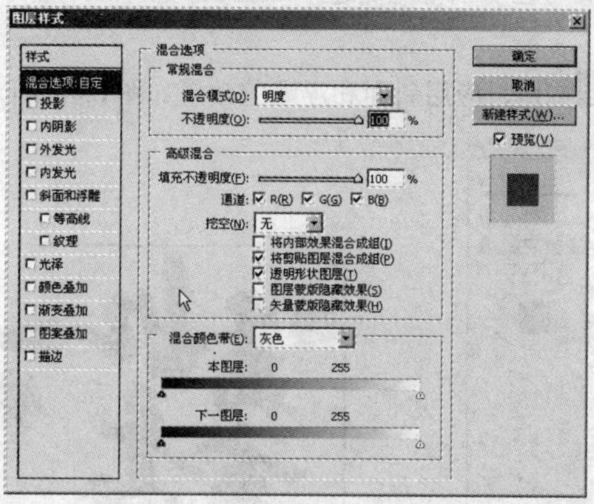

图 6.4.1　“图层样式”对话框

图 6.4.2　选取图像

（2）选择菜单栏中的 图层(L) → 图层样式(Y) → 斜面和浮雕(B)... 命令，弹出“图层样式”对话框，如图 6.4.3 所示。

（3）在 结构 选项区中的 样式(T): 下拉列表中可选择一种图层效果。其中包括 外斜面、内斜面、浮雕效果、枕状浮雕 和 描边浮雕 选项。

1） 外斜面：可以在图层中的图像外部边缘产生一种斜面的光照效果。

2） 内斜面：可以在图层中的图像内部边缘产生一种斜面的光照效果。

3） 浮雕效果：创建当前图层中图像相对它下面图层凸出的效果。

4） 枕状浮雕：创建当前图层中图像的边缘陷入下面图层的效果。

5） 描边浮雕：类似浮雕效果，不过只对图像边缘产生效果。

（4）在方法(Q):下拉列表中可选择一种斜面方式。

（5）在“斜面和浮雕”对话框中也可通过深度(D):、大小(Z):、软化(F):以及方向:选项来设置斜面的属性。

（6）在阴影选项区中可设置阴影的角度(N):、高度:、光泽等高线:以及斜面的亮部和暗部的不透明度和混合模式。

（7）如果要为斜面和浮雕效果添加轮廓，可在对话框左侧选中☑等高线复选框，然后在对话框右侧设置相应的参数，如图 6.4.4 所示。

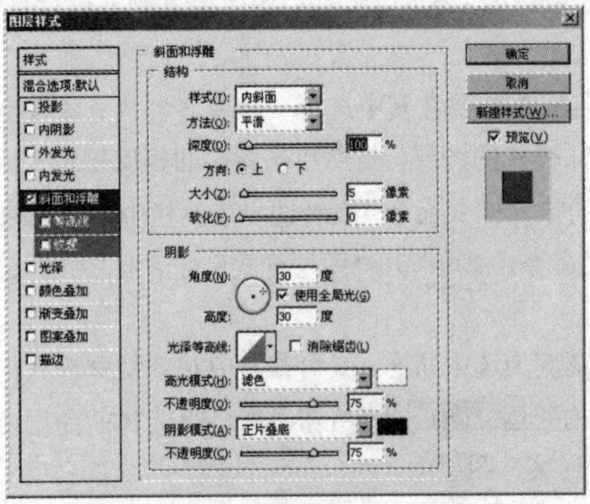

图 6.4.3 “斜面和浮雕”选项参数

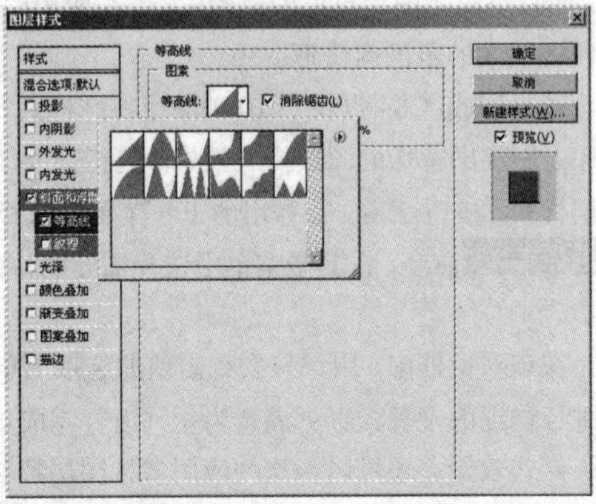

图 6.4.4 “等高线”选项参数

（8）如果要为斜面和浮雕效果添加纹理，可在对话框左侧选中☑纹理复选框，然后在对话框右侧设置相应的参数，如图 6.4.5 所示。

（9）设置好参数后，单击确定按钮，应用斜面和浮雕的效果如图 6.4.6 所示。

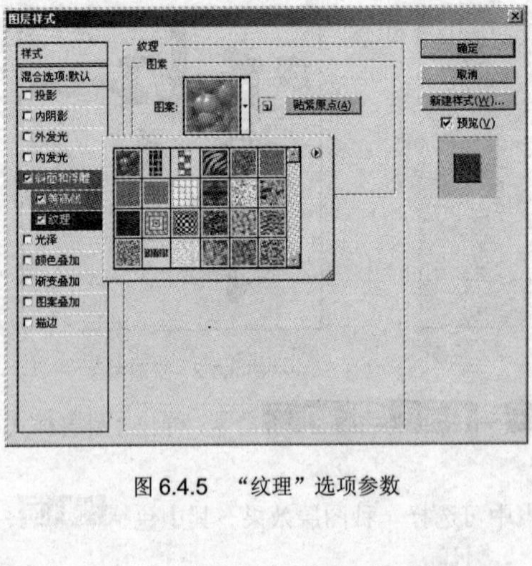

图 6.4.5 “纹理”选项参数

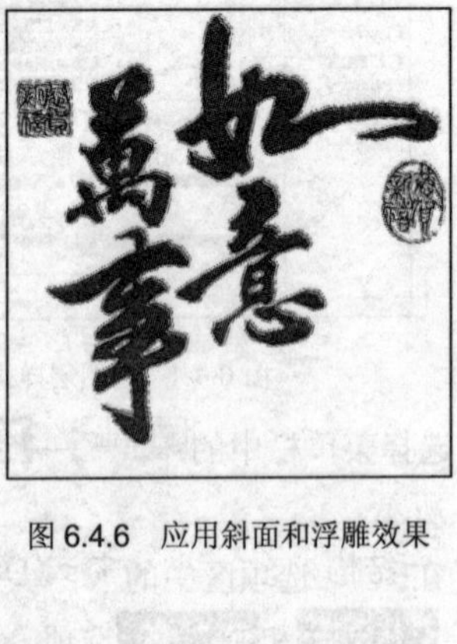

图 6.4.6 应用斜面和浮雕效果

6.5 上机实战——绘制台球

本节主要利用所学的知识制作台球，最终效果如图 6.5.1 所示。

操作步骤

（1）启动 Photoshop CS4 应用程序，然后按“Ctrl+N”键，新建一个空白文档。

图 6.5.1 最终效果图

（2）单击工具箱中的“渐变工具”按钮，设置其属性栏参数如图 6.5.2 所示。设置好参数后，从上向下拖曳鼠标填充渐变，效果如图 6.5.3 所示。

图 6.5.2 “渐变工具”属性栏

（3）选择 滤镜(T) → 纹理 → 纹理化... 命令，对背景层添加纹理化滤镜效果，如图 6.5.4 所示。

图 6.5.3 渐变填充效果

图 6.5.4 应用纹理化滤镜效果

（4）新建图层 1，单击工具箱中的“矩形选框工具”按钮，在舞台中绘制一个矩形，并将其填充为红色，效果如图 6.5.5 所示。

（5）将图层 1 拖曳到图层面板下方的“新建图层”按钮上两次，创建图层 1 副本和图层 1 副本 2，此时的图层面板如图 6.5.6 所示。

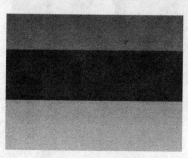

图 6.5.5 绘制并填充矩形

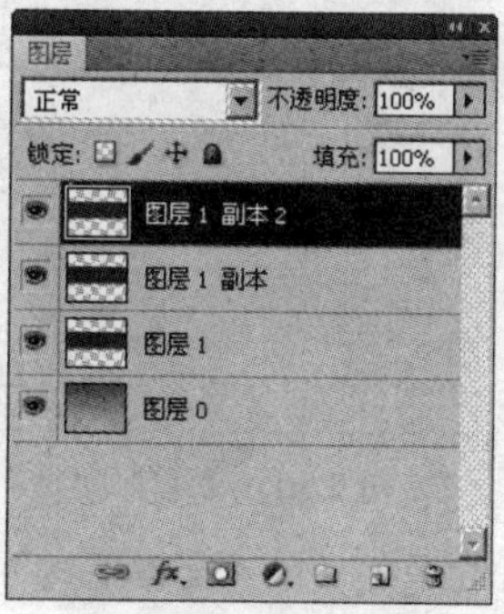

图 6.5.6 复制图层 1

（6）隐藏图层 1 副本和图层 1 副本 2，然后将图层 1 作为当前可编辑图层，选择 3D(D) → 从图层新建形状(S) → 球体 命令，对其应用 3D 效果，如图 6.5.7 所示。

（7）按“Ctrl+T”键，弹出如图 6.5.8 所示的提示框，单击 转换(C) 按钮，然后调整球体的大小及位置，效果如图 6.5.9 所示。

图 6.5.7　3D 效果

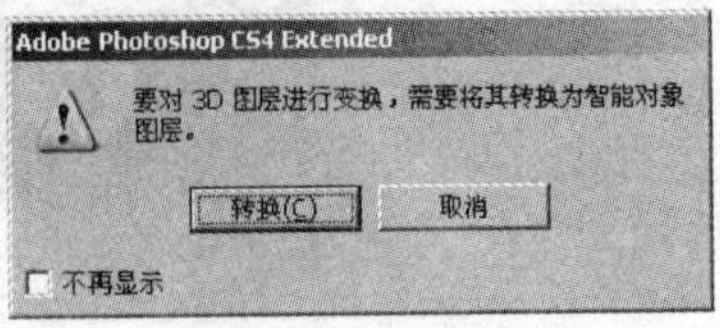

图 6.5.8　提示框

（8）分别显示图层 1 副本和图层 1 副本 2，然后将其载入选区，将其填充为黑色和蓝色。

（9）重复步骤（6）和（7）的操作，分别对蓝色矩形和黑色矩形添加 3D 效果并更改其大小，效果如图 6.5.10 所示，此时的图层面板如图 6.5.11 所示。

图 6.5.9　调整球体大小和位置

图 6.5.10　添加 3D 效果

（10）新建图层 2，单击工具箱中的“椭圆选框工具”按钮，按住“Shift”键在红色球体上绘制一个圆形选区，并将其填充为白色。

（11）复制图层 2 为图层 2 副本和图层 2 副本 2，然后使用移动工具将其分别移至黑色和蓝色球体上，效果如图 6.5.12 所示

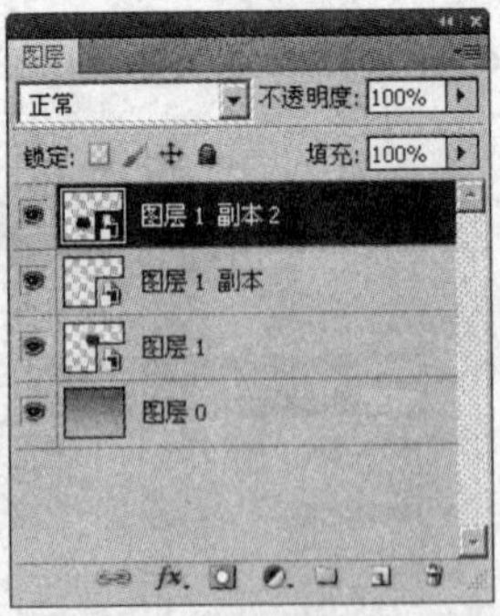

图 6.5.11　图层面板

图 6.5.12　绘制并填充圆形

（12）单击工具箱中的“文本工具”按钮，在其属性栏中设置好文本属性后，分别在 3 个球体上输入文本 15，8，10。

（13）将图层 1 作为当前图层，单击图层面板下方的“添加图层样式”按钮，在弹出的快捷菜单中选择投影...命令，弹出“图层样式”对话框，设置其对话框参数如图 6.5.13 所示。设置好参数后，单击确定按钮，最终效果如图 6.5.14 所示。

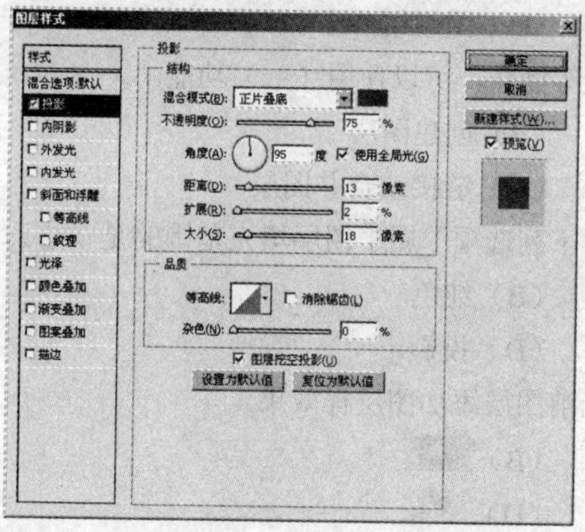

图 6.5.13　“图层样式”对话框

图 6.5.14　为图层 1 添加投影效果

（14）在图层面板中的图层 1 上单击鼠标右键，从弹出的快捷菜单中选择拷贝图层样式命令，然后分别在图层 1 副本和图层 1 副本 2 上单击鼠标右键，从弹出的快捷菜单中选择粘贴图层样式命令，最终效果如图如图 6.5.1 所示。

本 章 小 结

本章主要介绍了图层的类型与面板、图层的基本编辑、图层混合模式以及图层样式等内容。通过本章的学习，读者应掌握创建和使用图层的方法与技巧，从而更加有效地编辑和处理图像。另外，通过对图层混合模式和图层样式的学习，读者可创建出丰富多彩的图像效果。

操 作 练 习

一、填空题

1．对图层的大部分操作都是在＿＿＿＿＿中完成的。

2．若图层名称后有标志，则表示该图层处于＿＿＿＿＿状态。

3．若图层名称后有 fx 标志，则表示该图层应用了某些＿＿＿＿＿效果。

4．在 Photoshop CS4 中图层可以分为 6 类，即＿＿＿＿＿图层、＿＿＿＿＿图层、＿＿＿＿＿图层、＿＿＿＿＿图层、＿＿＿＿＿图层和＿＿＿＿＿图层。

5．在＿＿＿＿＿图层中可以设置图层的混合模式、不透明度，还可以对图层进行顺序调整、复制、删除等操作。

二、选择题

1．在 Photoshop CS4 中，按（　）键可以快速打开图层面板。

（A）F7　　（B）F6

（C）F5　　（D）F4

2．通过选择图层(L)→新建(W)命令，可新建（　）。

（A）普通图层　　（B）文字图层

（C）背景图层　　（D）图层组

3．如果要将多个图层进行统一的移动、旋转等操作，可以使用（　）功能。

（A）复制图层　　（B）创建图层

（C）删除图层　　（D）链接或合并图层

4．图层调整和填充是处理图层的一种方法，下列选项中属于图层填充范围的是（　）。

（A）光泽　　（B）纯色

（C）内发光　　（D）投影

5．单击图层面板中的（　）按钮，可以为当前图层添加图层样效果。

（A）　　（B）

（C）　　（D）

三、简答题

1．如何链接两个图层或更多的图层？

2．用户可以通过哪几种方法为图层中的图像添加图层特殊样式效果？

四、上机操作题

1．打开一幅图像，练习将背景图层转换为普通图层，再将普通图层转换为背景图层。

2．打开一幅具有多个图层的图像，调整各图层的顺序，并设置图层的混合模式。

第 7 章　使用路径与形状

Photoshop CS4 具有绘制和编辑路径的强大功能，它不仅为用户提供了大量的相关工具来绘制和编辑路径，而且系统自身也提供了大量的自定义形状路径供用户选用，从而制作出具有艺术效果的作品，以增强作品整体的视觉表现力。

知识要点

- 路径简介
- 绘制路径
- 绘制几何形状
- 编辑路径

7.1　路 径 简 介

路径是 Photoshop CS4 的重要工具之一，利用路径工具可以绘制各种复杂的图形，并能够生成各种复杂的选区。

7.1.1　路径的概念

路径是由多节点的矢量线条构成的，是不可打印的矢量图，用户可以沿着路径进行颜色填充和描边，还可以将其转换为选区，从而进行图像选区的处理。如图 7.1.1 所示为路径构成示意图。

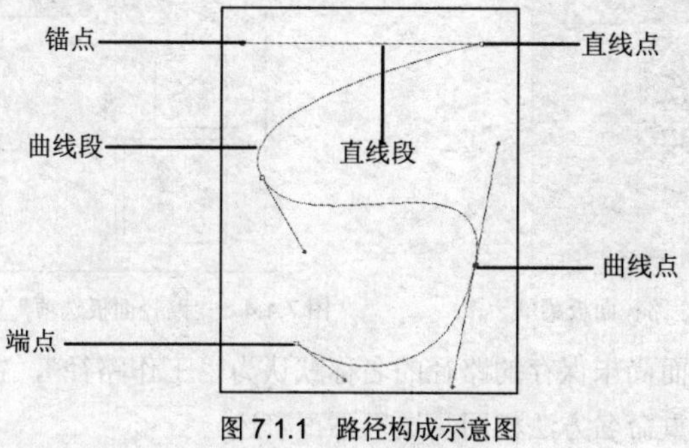

图 7.1.1　路径构成示意图

锚点：是由钢笔工具创建的，是一个路径中两条线段的交点。

直线段：是指两个锚点之间的直线线段。使用钢笔工具在图像中两个不同的位置单击，即可创建一条直线段。

直线点：是一条直线段与一条曲线段之间的连接点。

曲线段：是指两个锚点之间的曲线线段。

曲线点：是含有两个独立调节手柄的锚点，移动调节手柄的位置可以随意改变曲线段的弧度。

端点：路径的起始点和终点都是路径的端点。

7.1.2 路径面板

在 Photoshop 中创建好路径后，利用路径面板可对其进行管理和编辑操作。在默认状态下路径面板处于打开状态，如果窗口中没有显示路径面板，可通过选择菜单栏中的 窗口(W) → 路径 命令将其打开，如图 7.1.2 所示。

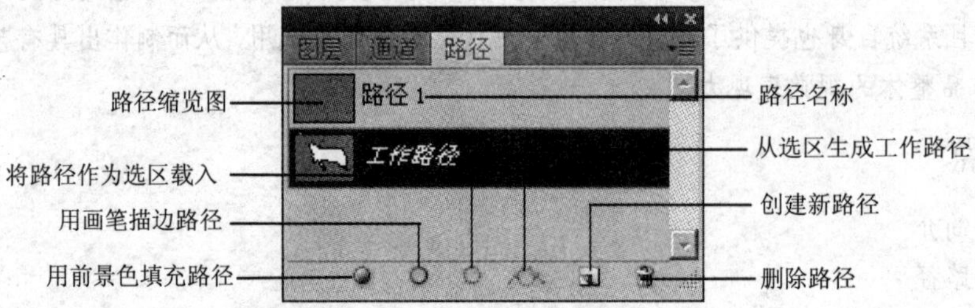

图 7.1.2 路径面板

：单击此按钮，可用前景色填充路径包围的区域。
：单击此按钮，可用描绘工具对路径进行描边处理。
：单击此按钮，可将当前绘制的封闭路径转换为选区。
：单击此按钮，可将图像中创建的选区直接转换为工作路径。
：单击此按钮，可在路径面板中创建新的路径。
：单击此按钮，可将当前路径删除。

单击路径面板右上角的按钮，可弹出如图 7.1.3 所示的路径面板菜单，在其中包含了所有用于路径的操作命令，如新建、复制、删除、填充以及描边路径等。此外，用户还可以选择路径面板菜单中的 面板选项... 命令，在弹出的“路径面板选项”对话框（见图 7.1.4）中调整路径缩览图的大小。

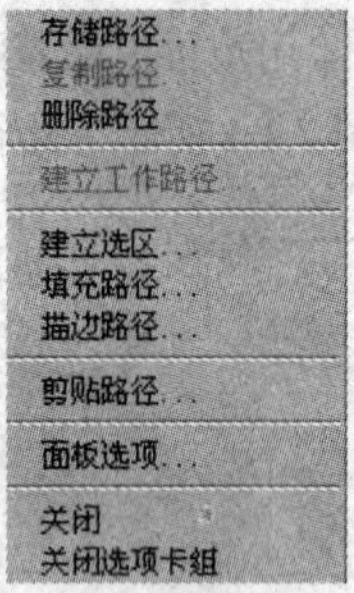

图 7.1.3 路径面板菜单

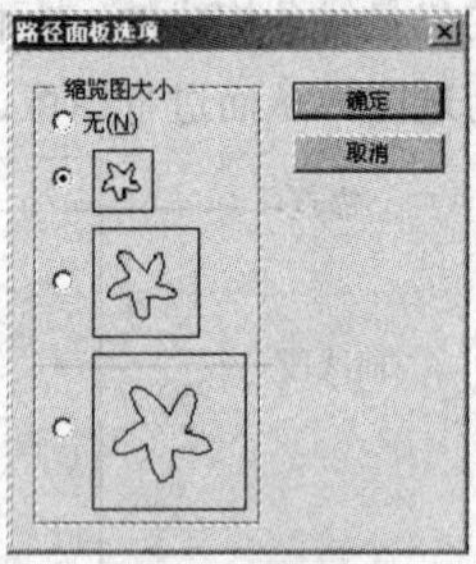

图 7.1.4 “路径面板选项”对话框

在路径面板中正在编辑而尚未保存的路径的名称默认为“工作路径”，在保存路径时可对路径进行重新命名，其方法与图层重命名方法相同，这里不再赘述。

7.2 绘 制 路 径

Photoshop CS4 中提供了多种路径创建工具，例如钢笔工具和自由钢笔工具等，其中钢笔工具是创建路径的主要工具。利用不同类型的钢笔工具可以创建和编辑各种不同形状的路径，包括直线段、曲线段以及闭合路径等。

7.2.1　钢笔工具

钢笔工具是最常用的绘制路径的工具，单击工具箱中的“钢笔工具”按钮，其属性栏如图 7.2.1 所示。

图 7.2.1　“钢笔工具”属性栏

其属性栏中的各选项功能介绍如下：

：单击此按钮，就可以在图像中绘制需要的路径。

：单击此按钮，原属性栏将切换到形状图层属性栏，如图 7.2.2 所示，在利用钢笔工具绘制路径时，所绘的路径会被填充，填充的颜色在属性栏中的颜色:中设置，单击样式:下拉列表，可以选择一种填充样式进行填充。

图 7.2.2　“形状图层”属性栏

：单击此按钮，在绘制图形时可以直接使用前景色填充路径区域。该按钮只有在选择形状工具时才可以使用。

：该组工具可以直接用来绘制矩形、椭圆形、多边形、直线等形状。

选中 ☑自动添加/删除 复选框，钢笔工具将具备添加和删除锚点的功能，可以在已有的路径上自动添加新锚点或删除已存在的锚点。

：这 4 个按钮从左到右分别是相加、相减、相交和反交，与选框工具属性栏中的相同，这里不再赘述。

1．绘制直线路径

利用钢笔工具绘制直线路径的具体操作方法如下：

（1）新建一个图像文件，单击工具箱中的“钢笔工具”按钮，在图像中适当的位置处单击鼠标，创建直线路径的起点。

（2）将鼠标光标移动到适当的位置处再单击，绘制与起点相连的一条直线路径。

（3）将鼠标光标移动到下一位置处单击，可继续创建直线路径。

（4）将鼠标光标移动到路径的起点处，当鼠标光标变为形状时，单击鼠标左键即可创建一条封闭的直线路径，如图 7.2.3 所示。

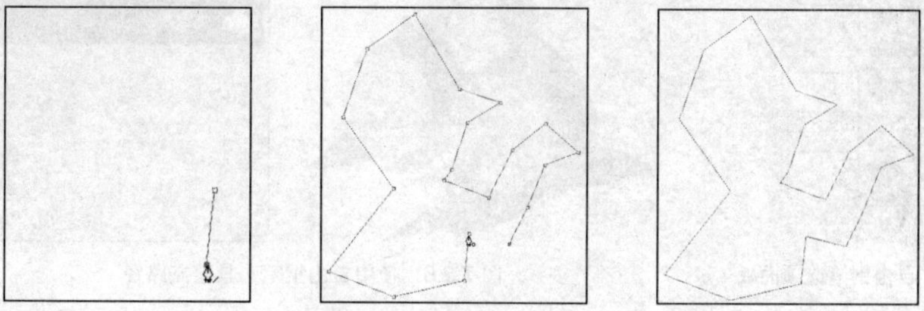

图 7.2.3　绘制的封闭直线路径

技巧：如果要使绘制的直线路径呈垂直方向、水平方向或 45°方向，可以在绘制直线的同时按住“Shift”键。

2. 绘制曲线路径

利用钢笔工具绘制曲线路径的具体操作方法如下：

（1）新建一个图像文件，单击工具箱中的“钢笔工具”按钮，在图像中适当的位置处单击鼠标，创建曲线路径的起点（即第一个锚点）。

（2）将鼠标光标移动到适当位置再单击并按住鼠标左键拖动，将在起点与该锚点之间创建一条曲线路径。

（3）重复步骤（2）的操作，可继续创建曲线路径。

（4）将鼠标光标移动到路径的起点处，当鼠标光标变为形状时，单击鼠标左键即可创建一条封闭的曲线路径，如图 7.2.4 所示。

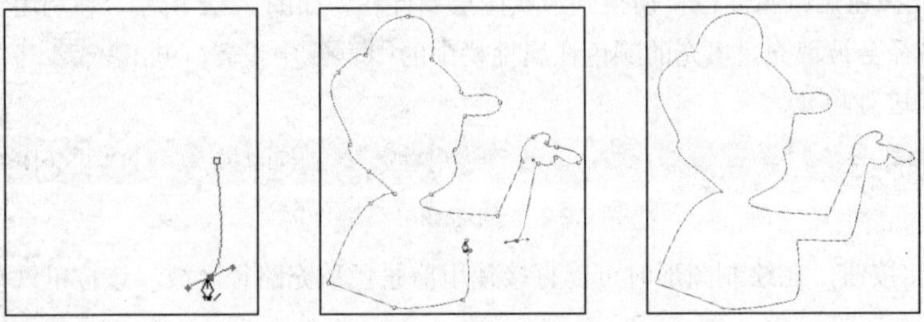

图 7.2.4　绘制的封闭曲线路径

7.2.2　自由钢笔工具

自由钢笔工具类似于绘图工具中的画笔、铅笔等，此工具根据鼠标拖动轨迹建立路径。

要使用自由钢笔工具绘制路径，其具体的操作方法如下：

（1）单击工具箱中的“自由钢笔工具”按钮。

（2）在属性栏中设置自由钢笔工具的属性，单击属性栏中的“几何选项”按钮，可弹出自由钢笔选项面板，如图 7.2.5 所示。

（3）在曲线拟合:输入框中输入数值，可设置创建路径上的锚点多少，数值越大，路径上的锚点就越少。

（4）在图像中拖动鼠标，可产生一条路径尾随指针，松开鼠标，即可创建工作路径，如图 7.2.6 所示。

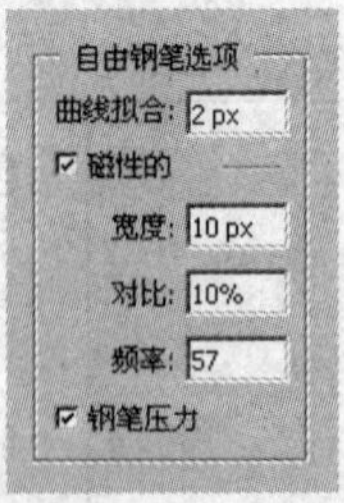

图 7.2.5　自由钢笔选项面板

图 7.2.6　使用自由钢笔工具绘制路径

（5）如果要继续手绘现有路径，可将自由钢笔工具移至绘制的路径的一个端点，按住鼠标左键拖动。

（6）要创建闭合路径，移动鼠标至起始点单击即可。

在自由钢笔工具属性栏中选中☑磁性的复选框，表明此时的自由钢笔工具具有磁性。磁性钢笔工具的功能与磁性套索工具基本相同，可以自动寻找图像的边缘，其差别在于使用磁性钢笔工具生成的是路径，而不是选区。在图像边缘单击，确定第一个锚点，然后沿着图像边缘拖动，即可自动沿边缘生成多个锚点，如图 7.2.7 所示。当鼠标指针移至第一个锚点时，单击可形成闭合路径。

图 7.2.7　使用磁性钢笔工具绘制路径

7.3　绘制几何形状

在 Photoshop CS4 中，使用工具箱中的形状工具组可以直接绘制矩形、圆角矩形、多边形、椭圆形等几何形状，如图 7.3.1 所示。

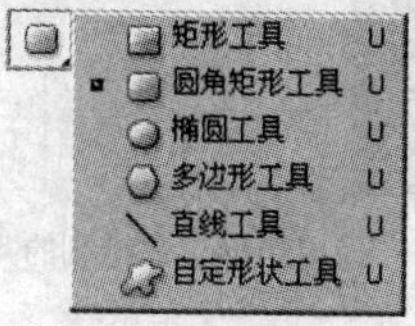

图 7.3.1　形状工具组

7.3.1　矩形工具

矩形工具用于绘制矩形、正方形，通过设置的属性可以创建形状图层、路径和以像素进行填充的矩形图形，其属性栏如图 7.3.2 所示。

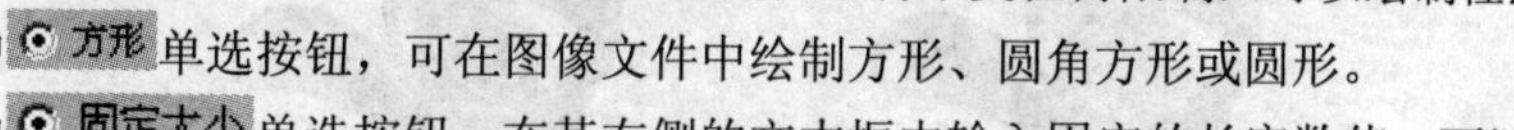

图 7.3.2　“矩形工具”属性栏

矩形工具属性栏与钢笔工具属性栏基本相同，其中各选项含义如下：

（1）“自定义形状”按钮：单击该按钮右侧的下拉按钮，可打开矩形选项面板，如图 7.3.3 所示。

1）选中不受约束单选按钮，在图像中创建图形将不受任何限制，可以绘制任意形状的图形。

2）选中方形单选按钮，可在图像文件中绘制方形、圆角方形或圆形。

3）选中固定大小单选按钮，在其右侧的文本框中输入固定的长宽数值，可以绘制出指定尺寸的矩形、圆角矩形或椭圆形。

4）选中比例单选按钮，在其右侧的文本框中设置矩形的长宽比例，可绘制出比例固定的图形。

5）选中从中心复选框后，在绘制图形时将以图形的中心为起点进行绘制。

6）选中对齐像素复选框后，在绘制图形时，图形的边缘将同像素的边缘对齐，使图形的边缘不会出现锯齿。

（2）样式: ：单击该选项右侧的下拉按钮，弹出样式下拉列表，如图 7.3.4 所示，用户可以在该列表中选择系统自带的样式绘制图形。

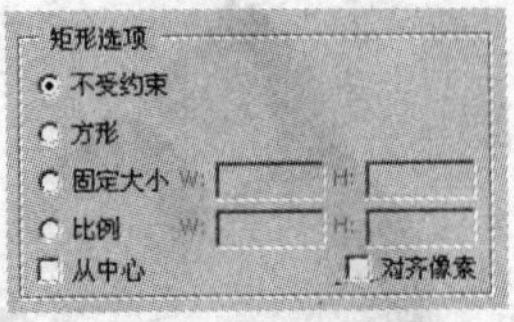

图 7.3.3　矩形选项面板

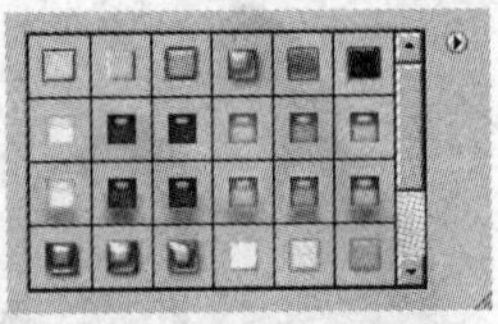

图 7.3.4　“样式”下拉列表

（3）颜色: ：单击其右侧的色块，弹出“拾色器”对话框，用户可以在拾色器中选择颜色设置形状的填充色。

使用矩形工具在图像中绘制的几何形状如图 7.3.5 所示。

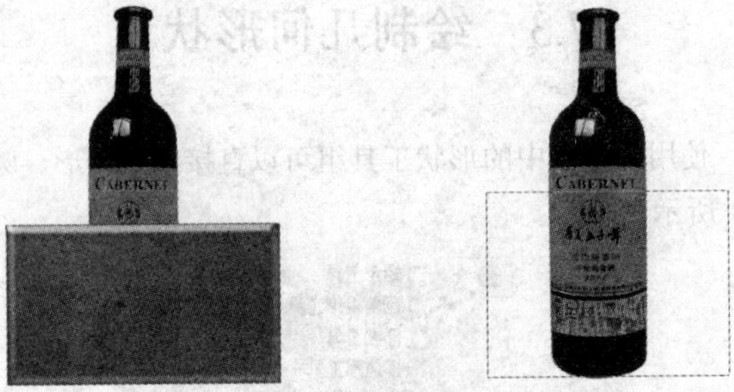

图 7.3.5　使用矩形工具绘制的几何形状

7.3.2　圆角矩形工具

使用圆角矩形工具可以绘制圆角矩形路径，其属性栏如图 7.3.6 所示。

图 7.3.6　“圆角矩形工具”属性栏

该属性栏与矩形工具属性栏基本相同，在半径: 文本框中输入数值可设置圆角的大小，当该数值为 0 时，其功能与矩形工具相同。

使用圆角矩形工具设置不同的半径值绘制的几何形状如图 7.3.7 所示。

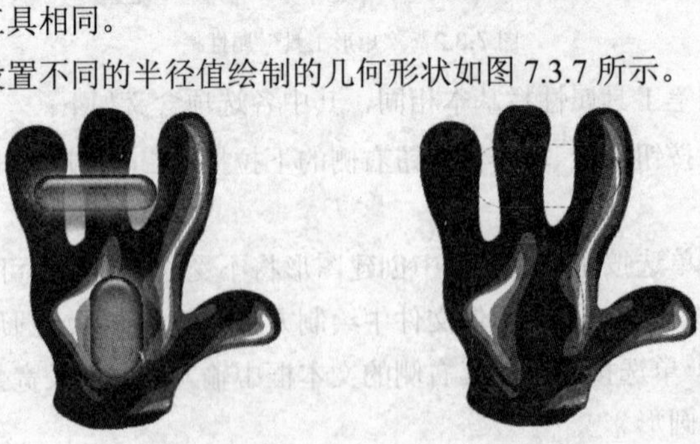

图 7.3.7　使用圆角矩形工具绘制的几何形状

7.3.3　椭圆工具

使用椭圆工具可以绘制椭圆形和圆形路径，其属性栏如图 7.3.8 所示。

图 7.3.8　“椭圆工具”属性栏

该工具属性栏与矩形工具属性栏完全相同，选择该工具，按住“Shift”键在绘图区拖动鼠标即可创建一个圆形。使用该工具绘制的几何形状如图 7.3.9 所示。

图 7.3.9　使用椭圆工具绘制的几何形状

7.3.4　多边形工具

使用多边形工具可以绘制各种边数的多边形，其属性栏如图 7.3.10 所示。

该工具属性栏与矩形工具属性栏基本相同，在 边: 5 文本框中输入数值，可以控制多边形或星形的边数。

单击“自定义形状”按钮右侧的下拉按钮，打开多边形选项面板，如图 7.3.11 所示。

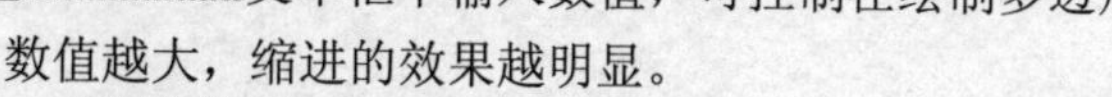

图 7.3.10　“多边形工具”属性栏

图 7.3.11　多边形选项面板

（1）在 半径: 文本框中输入数值可设置多边形的中心点至顶点的距离。

（2）选中 平滑拐角 复选框，可以绘制出圆角效果的正多边形或星形。

（3）选中 星形 复选框，在图像文件中可绘制出星形图形。

1）在 缩进边依据: 文本框中输入数值，可控制在绘制多边形时边缩进的程度，输入数值范围在 1%～99%，数值越大，缩进的效果越明显。

2）选中 平滑缩进 复选框，可以对绘制的星形边缘进行平滑处理。

使用多边形工具绘制的几何形状如图 7.3.12 所示。

图 7.3.12　使用多边形工具绘制的几何形状

7.3.5　直线工具

直线工具主要绘制线形或带箭头的直线路径。单击工具箱中的“直线工具”按钮，其属性栏如图 7.3.13 所示。

图 7.3.13　“直线工具”属性栏

“直线工具”属性栏中提供了一个粗细:选项，在该输入框中输入数值，可设置直线的粗细，范围为 1～1 000 像素。

在其属性栏中单击“几何选项”按钮，打开箭头面板，如图 7.3.14 所示。

图 7.3.14　箭头面板

选中☑起点复选框，在绘制直线形状时，直线形状的起点处带有箭头。

选中☑终点复选框，在绘制直线形状时，直线形状的终点处带有箭头。

在宽度:输入框中输入数值，可用来设置箭头的宽窄，数值范围为 10%～1 000%。数值越大，箭头越宽。

在长度:输入框中输入数值，可用来设置箭头的长短，数值范围为 10%～5 000%。数值越大，箭头越长。

在凹度:输入框中输入数值，可用来设置箭头的凹陷程度，数值范围为－50%～50%。数值为正时，箭头尾部向内凹陷；数值为负时，箭头尾部向外突出；数值为 0 时，箭头尾部平齐，效果如图 7.3.15 所示。

凹度为 50　　凹度为 0　　凹度为-50

图 7.3.15　设置凹度绘制箭头效果

7.3.6　自定形状工具

自定形状工具的主要作用是把一些定义好的图形形状直接使用，使创建图形更加方便快捷。自定形状工具的使用方法同其他形状工具的使用方法一样。单击工具箱中的“自定形状工具”按钮，属性栏如图 7.3.16 所示。

图 7.3.16　“自定形状工具”属性栏

单击“自定形状”按钮右侧的下拉按钮，打开自定形状选项面板，如图 7.3.17 所示。该面板中各选项含义与矩形选框工具相同。

单击形状:右侧的按钮，将弹出自定形状下拉列表，如图 7.3.18 所示。

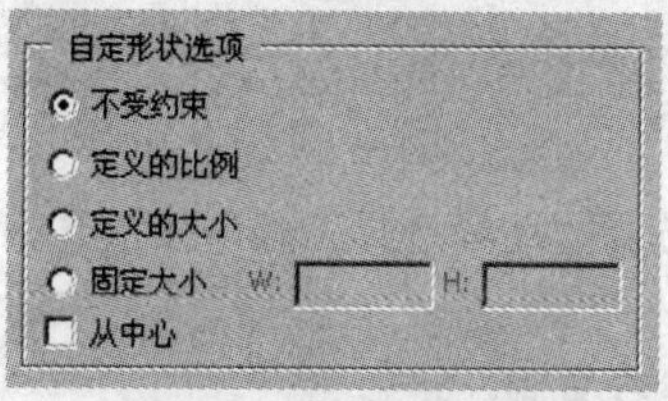

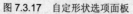

图 7.3.17　自定形状选项面板

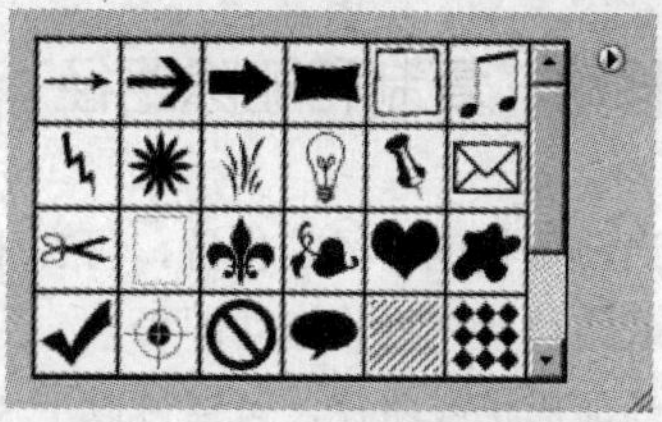

图 7.3.18　自定形状下拉列表

用户可以单击该列表右侧的按钮，从弹出的下拉菜单中可以选择相应的命令进行载入形状和存储自定形状等操作，如图 7.3.19 所示。使用自定形状工具在图像中绘制的几何形状如图 7.3.20 所示。

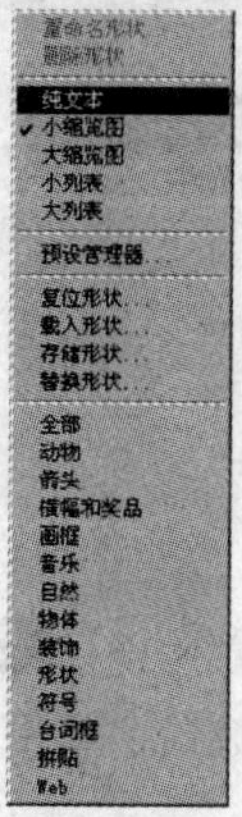

图 7.3.19　加载自定形状

图 7.3.20　使用自定形状工具绘制的路径

另外，在平时的绘图过程中，遇到比较好看的形状，用户还可将它转换成路径形状图层保存起来，以便再次使用。具体的操作方法如下：

（1）使用创建路径工具绘制新的自定义形状，如图 7.3.21 所示。

（2）选择 编辑(E) → 定义自定形状... 命令，弹出“形状名称”对话框，设置完成后，单击 确定 按钮。

（3）打开自定形状工具的形状下拉列表，可以看到自定义的形状已被添加到形状下拉列表中，如图 7.3.22 所示。

图 7.3.21　创建的自定义形状

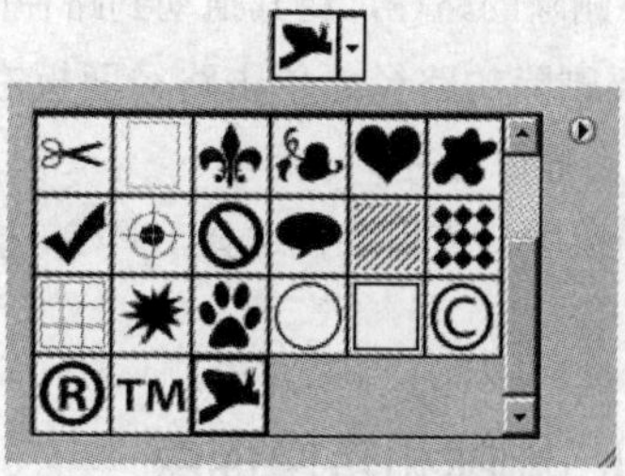

图 7.3.22　添加自定义图形

7.4　编 辑 路 径

路径的编辑操作主要包括形状的移动、复制及各种变形、路径与选区的相互转换、路径的描边与填充等内容。

7.4.1 移动、复制和删除路径

若要移动当前形状或路径的位置，可在工具箱中选择“路径选择工具”按钮，然后在图像窗口中单击形状或路径，并将其拖动即可。

若要复制当前形状或路径，可通过以下 3 种方法进行复制：

（1）直接用鼠标将需要复制的形状或路径拖动到路径面板底部的“创建新路径”按钮上，释放鼠标，即可复制，如图 7.4.1 所示。

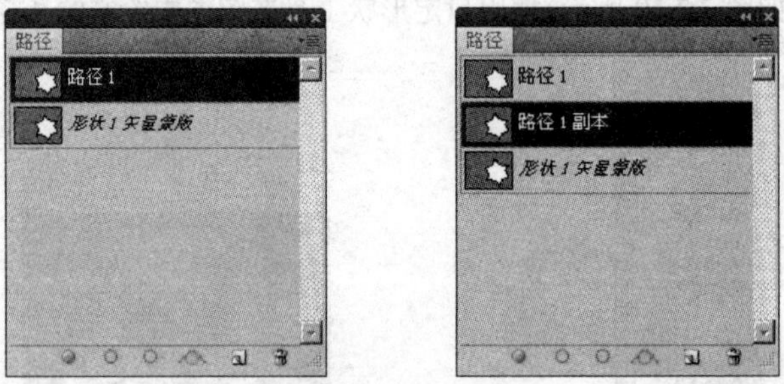

图 7.4.1 复制路径

（2）单击路径面板右上角的按钮，在弹出的路径面板菜单中选择复制路径...命令，可弹出如图 7.4.2 所示的“复制路径”对话框，在其中设置适当的参数后，单击确定按钮，即可复制路径。

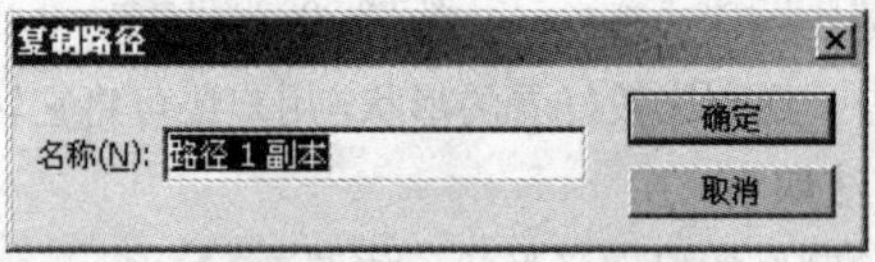

图 7.4.2 “复制路径”对话框

（3）使用路径选择工具选中要进行复制的路径，然后按住“Alt”键不放，将其进行拖动，即可完成路径的复制。

在 Photoshop CS4 中，删除路径常用的方法有以下 3 种：

（1）选择需要删除的路径，将其拖动到路径面板中的“删除路径”按钮上即可删除路径。

（2）选择需要删除的路径，单击路径面板右上角的按钮，在弹出的路径面板菜单中选择删除路径命令，即可删除路径。

（3）在路径面板中，使用路径选择工具选中要删除的路径，然后按“Delete”键，即可删除路径。

7.4.2 添加、删除和转换锚点

利用钢笔工具组中的“添加锚点”、“删除描点”和“转换锚点”，可以轻松地添加、删除和转换锚点。具体的操作方法介绍如下。

1．添加锚点

单击工具箱中的“添加锚点工具”按钮，在原有的路径上单击鼠标，就会在路径中增加一个锚点，如图 7.4.3 所示。

图 7.4.3 添加锚点

2．删除锚点

使用删除锚点工具可以将路径中多余的锚点删除，锚点越少，处理出的图像越光滑。单击工具箱中的“删除锚点工具”按钮，将光标放在需要删除的锚点处单击锚点就被删除了，如图 7.4.4 所示。

图 7.4.4 删除锚点

3．转换锚点

使用转换点工具可以修改路径中的锚点，使路径精确。单击工具箱中的“转换锚点工具”按钮，在路径中单击鼠标，锚点的句柄将被显示出来，将鼠标放在句柄上时，鼠标光标变为 ↖ 形状，此时就可以对锚点进行编辑，如图 7.4.5 所示。

图 7.4.5 转换锚点

7.4.3 显示和隐藏路径

绘制一个路径后，它会始终显示在图像中，在处理图像的过程中，显示的路径会为处理图像带来不便。因此，就需要及时将路径隐藏。

要隐藏路径，只需要将鼠标移至路径面板中的路径列表与路径缩略图以外的地方单击，或按住“Shift”键单击路径名称即可；如果需重新显示路径，可直接在路径面板中单击路径名称。

7.4.4 描边路径

描边路径是指用画笔工具、铅笔工具等沿着路径的轮廓绘制。如图 7.4.6 所示的是使用画笔工具对路径描边的效果。

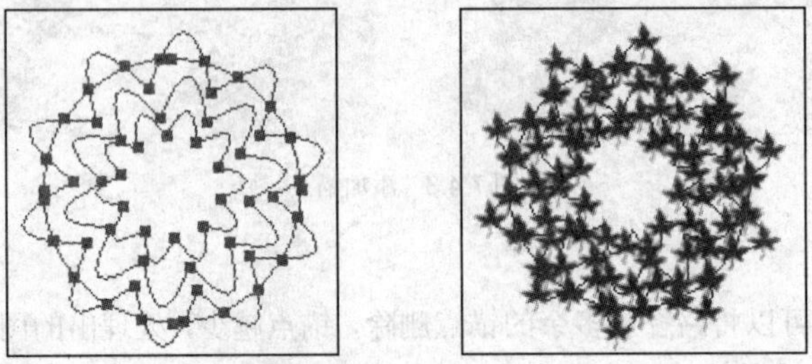

图 7.4.6 描边路径

在绘画的过程中，如果很难用鼠标拖动绘制出满意的曲线，可以先使用绘制路径的工具绘制出曲线路径，然后用画笔、铅笔等绘图工具沿着路径描边。

路径描边的操作步骤如下：

（1）在路径面板中选择需要描边的路径。

（2）使用路径选择工具在图像窗口中选中要描边的路径组件（如不选择，则会对路径中的所有组件描边）。

（3）按住“Alt”键的同时单击路径面板底部的“用画笔描边路径”按钮 ，弹出描边路径对话框，如图 7.4.7 所示，在画笔下拉列表中选择一种工具进行描边，如选择画笔选项，单击确定按钮，即可使用画笔工具对路径进行描边。

图 7.4.7 “描边路径”对话框

7.4.5 填充路径

填充路径是用指定的颜色和图案来填充路径内部的区域。在进行填充前，应注意要先设置好前景色或背景色；如果要使用图案填充，则应先将所需要的图像定义成图案。

下面通过一个例子来介绍路径的填充，具体的操作方法如下：

（1）首先在图像中创建需进行填充的路径，如图 7.4.8 所示。

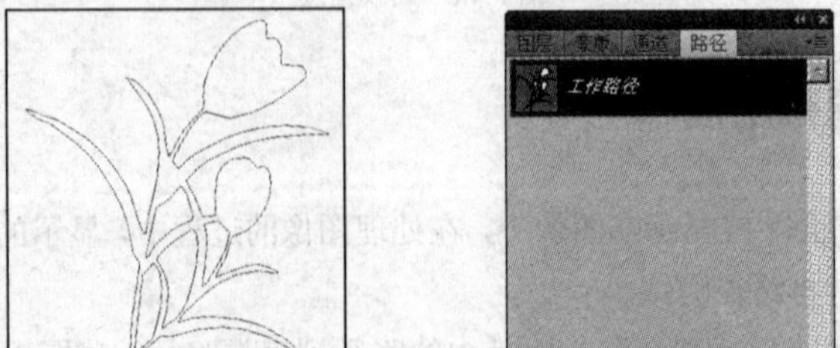

图 7.4.8 绘制的路径及路径面板

（2）单击路径面板右上角的按钮，在弹出的路径面板菜单中选择填充路径...命令，可弹出如图 7.4.9 所示的“填充路径”对话框。

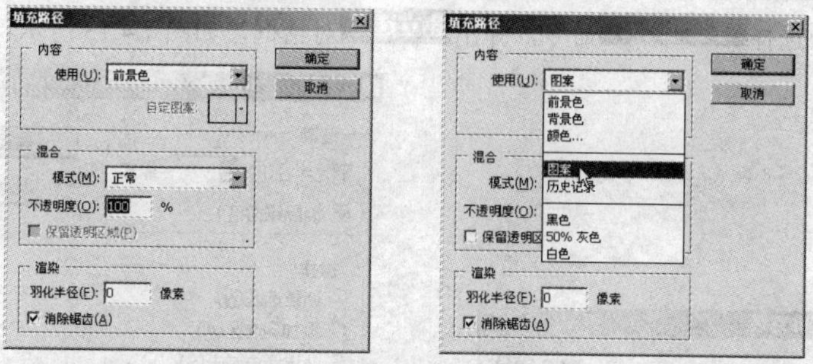

图 7.4.9　“填充路径”对话框

（3）在使用(U):下拉列表中选择所需的填充方式，如选择用图案填充，并将其不透明度(O):设为 80%，单击确定按钮，效果如图 7.4.10 所示。

技巧：单击路径面板底部的“用前景色填充路径”按钮，即可直接使用前景色填充路径，效果如图 7.4.11 所示。

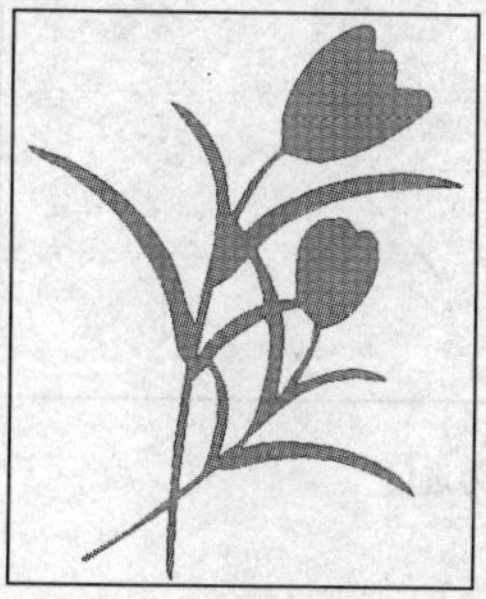
图 7.4.10　使用图案填充路径效果

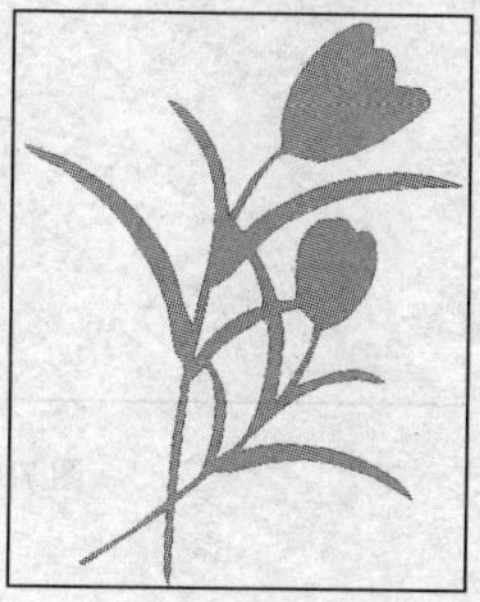
图 7.4.11　使用前景色填充路径效果

7.4.6　路径与选区的相互转换

路径提供平滑的轮廓，可以将它们转换为精确的选区，也可以使用直接选择工具进行微调，将选区转换为路径。

1．将选区转换为路径

在 Photoshop CS4 中，可以将当前图像中的任何选区转换为路径。其具体的操作步骤如下：

（1）在图像中创建选区。

（2）在路径面板菜单中选择建立工作路径...命令，弹出建立工作路径对话框，如图 7.4.12 所示。

（3）单击确定按钮，即可将选区转换为路径。

提示：也可以直接单击路径面板底部的“从选区生成工作路径”按钮，将选区转换为路径。

2．将路径转换为选区

路径可以转换为选区，其具体的操作步骤如下：

（1）在路径面板中选择需要转换为选区的路径。

（2）在路径面板底部单击“将路径作为选区载入”按钮，可直接将路径转换为选区。也可在路径面板菜单中选择建立选区...命令，弹出建立选区对话框，如图 7.4.13 所示。

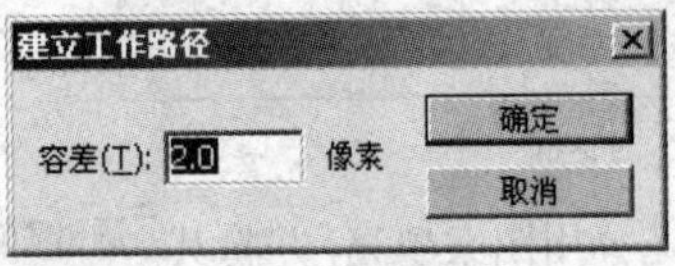

图 7.4.12 “建立工作路径”对话框

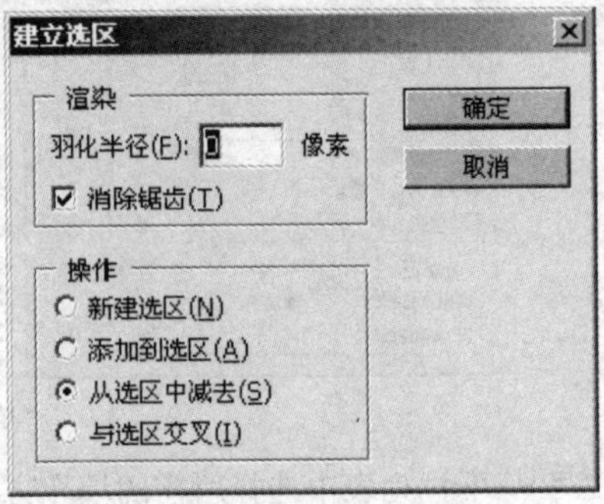

图 7.4.13 “建立选区”对话框

（3）单击确定按钮，可将路径转换为选区，如图 7.4.14 所示。

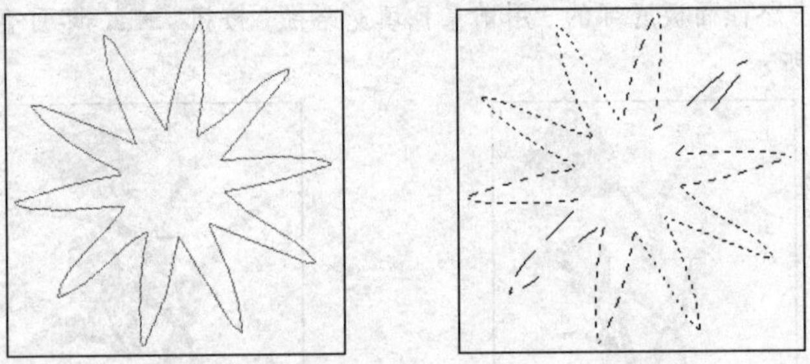

图 7.4.14 转换路径为选区

提示：如果是一条开放的路径，则在转换为选区后，其起点和终点会自动连接形成一个封闭的选区。

7.5 上机实战——更换人物头像效果

本节主要利用所学的知识更换人物头像，最终效果如图 7.5.1 所示。

图 7.5.1 最终效果图

操作步骤

（1）按“Ctrl+O”键，打开两幅人物图像，如图 7.5.2 所示。

原图像

目标图像

图 7.5.2　打开的人物图像

（2）单击工具箱中的“钢笔工具”按钮，在原图像中沿头像勾绘出路径，如图 7.5.3 所示。

（3）使用工具箱中的直接选择工具和转换点工具调整每个点两边的线的曲度，使之紧密切合头部的曲线。

（4）选择菜单栏中的 窗口(W) → 路径 命令，在打开的路径面板中单击“将路径转换为选区”按钮，将绘制的路径转换为选区，如图 7.5.4 所示。

图 7.5.3　勾绘头部路径

图 7.5.4　将头部路径作为选区载入

（5）单击工具箱中的“移动工具”按钮，按住选择区域不放，直接将选取的图像拖动到目标图像上，如图 7.5.5 所示。

图 7.5.5　将原图像的人物头部拖到目标图像中

（6）按“Ctrl+T”键，调整头部的大小和头部的角度，效果如图 7.5.6 所示。

（7）隐藏图层 1，然后使用工具箱中的钢笔工具勾绘出背景图层中耳环的轮廓，如图 7.5.7

所示。

图 7.5.6　自由变换图像效果

图 7.5.7　绘制耳环的路径

（8）显示图层 1，重复步骤（4）～（6）的操作，抠出耳环图像，并将其移至图层 1 中图像的合适位置，效果如图 7.5.8 所示。

（9）按“Ctrl”键，将图层 1 载入选区，然后按住“Alt”键使用快速选择工具减去脸部的图像选区。

（10）选择菜单栏中的图像(I)→调整(A)→色相/饱和度(H)...命令，调整图像的色彩饱和度，效果如图 7.5.9 所示。

图 7.5.8　复制并移动耳环图像

图 7.5.9　调整色彩饱和度效果

（11）选择菜单栏中的图像(I)→调整(A)→亮度/对比度(C)...命令，调整图像的亮度，效果如图 7.5.10 所示。

（12）打开一幅皇冠图像，然后使用工具箱中的钢笔工具勾绘出皇冠的图像，并按“Ctrl+Enter”键，将路径转换为选区，效果如图 7.5.11 所示。

图 7.5.10　调整亮度效果

图 7.5.11　创建选区

（13）使用移动工具将皇冠选区拖曳到新建图像中的合适位置，并按“Ctrl+T”键，调整图像的大小及角度，并将其填充为白色，效果如图 7.5.12 所示。

（14）按“Ctrl+D”键，取消选区，效果如图 7.5.13 所示。

图 7.5.12　复制并填充选区

图 7.5.13　取消选区

（15）将背景层作为当前图层，然后重复步骤（11）的操作，调整图像的亮度和对比度，最终效果如图 7.5.1 所示。

本 章 小 结

本章主要介绍了绘制路径与几何形状的方法与技巧。通过本章的学习，读者应该对路径的概念有较为深刻的理解，并能熟练使用各种工具绘制出较为复杂的曲线。

操 作 练 习

一、填空题

1．＿＿＿＿＿是由多个节点构成的直线或曲线线段。

2．路径是由＿＿＿＿＿、＿＿＿＿＿、＿＿＿＿＿和＿＿＿＿＿等部分组合而成的。

3．用户可以使用＿＿＿＿＿工具和＿＿＿＿＿工具绘制路径。

4．在 Photoshop CS4 中，绘制形状的工具包括＿＿＿＿＿、＿＿＿＿＿、＿＿＿＿＿、＿＿＿＿＿、＿＿＿＿＿和＿＿＿＿＿6 种。

5．使用自由钢笔工具建立路径后，按住＿＿＿＿＿键，可将自由钢笔工具切换为直接选择工具；按住＿＿＿＿＿键，移动光标到锚点上，此时将变为转换点工具。

二、选择题

1．使用（　）工具可以改变描边的方向线。

（A）路径选择　　（B）直接选择

（C）转换点　　（D）钢笔

2．单击路径面板底部的（　）按钮，可以直接使用前景色填充路径。

（A）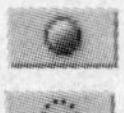　　（B）

（C）　　（D）

3．如果想连续选择多个路径，可以在单击鼠标选择的同时按住（　）键。

（A）Shift　　（B）Ctrl

（C）Enter　　（D）Alt

4．按（　）键，可在图像中隐藏或显示路径。

（A）Ctrl+B　　（B）Alt+B

（C）Ctrl+H　　（D）Alt+H

三、简答题

1．简述光滑点和角点的区别。

2．简述路径与选区的转换方法。

四、上机操作题

1．结合本章学习的路径知识，绘制一段路径并对其进行描边、填充等操作。

2．使用本章所学的内容，绘制出如题图 7.1 所示的志愿者标志效果。

题图 7.1　效果图

第 8 章　使用通道与蒙版

在 Photoshop CS4 中，通道是在 Photoshop 中进行一些图像制作及处理不可缺少的工具，所有颜色都是由若干个通道来表示，通道可以保存图像中所有的颜色信息，而蒙版的应用使修改图像和创建复杂的选区变得更加方便。

知识要点

- 通道简介
- 创建通道
- 编辑通道
- 创建与编辑蒙版

8.1　通 道 简 介

在 Photoshop CS4 中，可以使用不同的方法将一幅图像分成几个相互独立的部分，对其中某一部分进行编辑而不影响其他部分，通道就是实现这种功能的途径之一，它用于存放图像的颜色和选区数据。打开一幅图像时，Photoshop 便自动创建了颜色信息通道，图像的颜色模式决定所创建的颜色通道的数目。例如，RGB 图像有 4 个默认的通道，分别用于红色、绿色、蓝色和用于编辑图像的复合通道。此外，Alpha 通道将选区作为 8 位灰度图像存放，并被加入到图像的颜色通道中。包括所有的颜色通道和 Alpha 通道在内，一幅图像最多可以有 56 个通道。

8.1.1　通道类型

Photoshop CS4 的通道大致可分为 5 种类型，即复合通道、颜色通道、Alpha 通道、专色通道和单色通道。

1．颜色通道

在 Photoshop CS4 中图像像素点的色彩是通过各种色彩模式中的色彩信息进行描述的，所有的像素点包含的色彩信息组成了一个颜色通道。例如，一幅 RGB 模式的图像有 3 个颜色通道，其中 R（红色）通道中的像素点是由图像中所有像素点的红色信息组成的，同样 G（绿色）通道和 B（蓝色）通道中的像素点分别是由所有像素点中的绿色信息和蓝色信息组成的。这些颜色通道的不同信息搭配组成了图像中的不同色彩。

2．Alpha 通道

Alpha 通道是计算机图形学的术语，指的是特别的通道。Alpha 通道与图层看起来相似，但区别却非常大。Alpha 通道可以随意地增减，这一点类似于图层，但 Alpha 通道不是用来存储图像而是用来保存选区的。在 Alpha 通道中，黑色表示非选区，白色表示选区，不同层次的灰度则表示该区域被选取的百分比。

3．专色通道

专色通道可以使用除了青、黄、品红、黑以外的颜色来绘制图像。它主要用于辅助印刷，是用一种特殊的混合油墨来代替或补充印刷色的预混合油墨。每种专色在复印时都要求有专用的印版，使用专色油墨叠印出的通常要比四色叠印出的更平整，颜色更鲜艳。如果在 Photoshop CS4 中要将专色应用于特定的区域，则必须使用专用通道，它能够用来预览或增加图像中的专色。

4．单色通道

单色通道的产生比较特别，也可以说是非正常的。例如，在通道面板中随便删除其中一个通道，就会发现所有的通道都变成“黑白”的，原有的彩色通道即使不删除，也变成了灰度的。

5．复合通道

复合通道不包含任何信息，实际上它只是能同时预览并编辑所有颜色通道的一种快捷方式。它通常被用来在单独编辑完一个或多个颜色通道后使通道面板返回到它的默认状态。对于不同模式的图像，其通道的数量是不一样的。在 Photoshop 中，通道涉及 3 种模式，对于一个 RGB 模式的图像，有 RGB、红、绿、蓝共 4 个通道；对于一个 CMYK 模式的图像，有 CMYK、青色、洋红、黄色、黑色共 5 个通道；对于一个 Lab 模式的图像，有 Lab、明度、a、b 共 4 个通道。

8.1.2 通道面板

在通道面板中可以同时将一幅图像所包含的通道全部都显示出来，还可以通过面板对通道进行各种编辑操作。例如打开一幅 RGB 模式的图像，默认情况下通道面板位于窗口的右侧，若在窗口中没有显示此面板，则可通过选择 窗口(W) → 通道 命令打开通道面板，如图 8.1.1 所示。

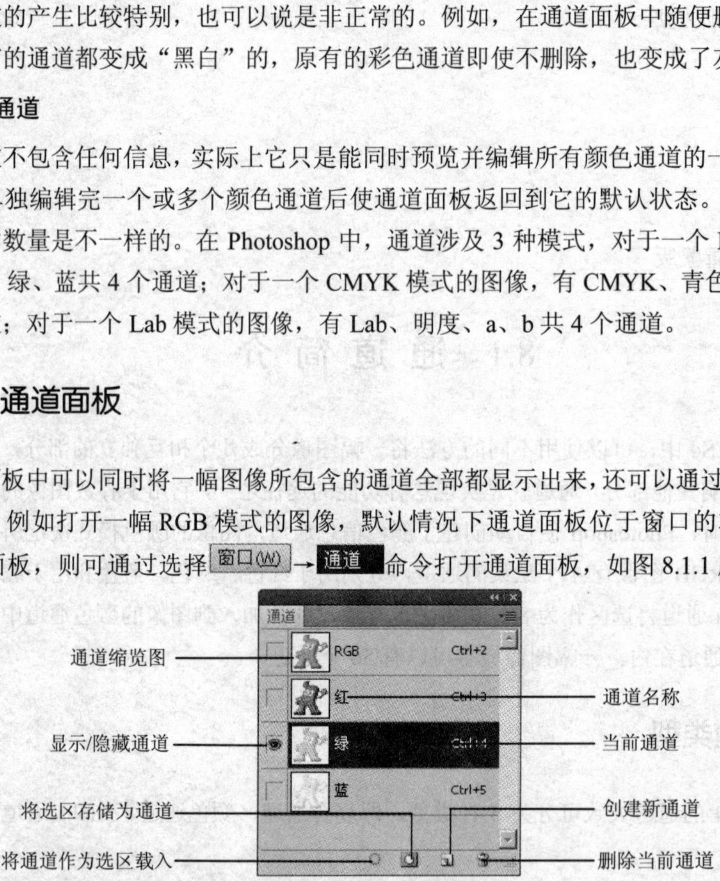

图 8.1.1　通道面板

下面主要介绍通道面板的各个组成部分及其功能：

：单击该图标，可在显示通道与隐藏通道之间进行切换，若显示有图标，则打开该通道的显示，反之则关闭该通道的显示。

：单击此按钮，可以将通道内容作为选区载入。

：单击此按钮，可以将图像中的选区存储为通道。

：单击此按钮，可以在通道面板中创建一个新的 Alpha 通道。

：单击此按钮，可以将不需要的通道删除。

单击通道面板右上角的按钮，可弹出如图 8.1.2 所示的通道面板菜单，其中包含了有关对通道的操作命令。此外，用户可以选择通道面板菜单中的 面板选项... 命令，在弹出的“通道面板选项”对话框中调整每个通道缩览图的大小，如图 8.1.3 所示。

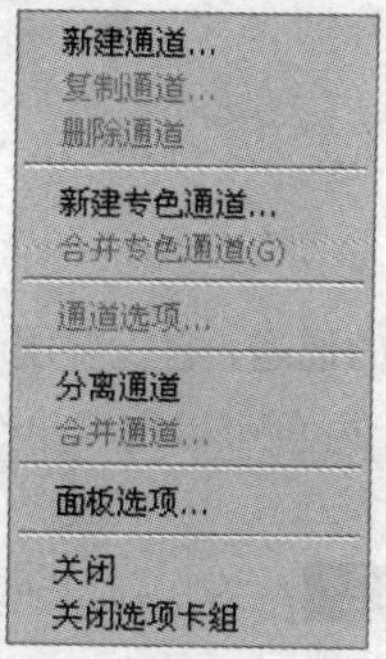

图 8.1.2 通道面板菜单

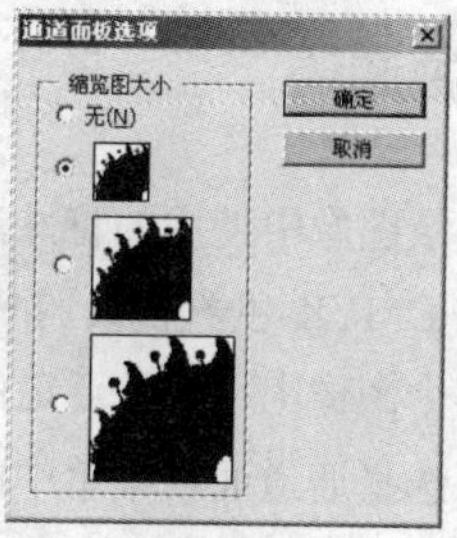

图 8.1.3 "通道面板选项"对话框

注意：在操作过程中，用户最好不要轻易修改原色通道，如果必须要修改，则可先复制原色通道，然后在其副本上进行修改。

8.2 创建通道

在 Photoshop CS4 中，利用通道面板可以创建 Alpha 通道和专色通道，Alpha 通道主要用于建立、保存和编辑选区，也可将选区转换为蒙版。专色通道是一种比较特殊的颜色通道，在印刷过程中会经常用到。

8.2.1 创建 Alpha 通道

在默认的情况下，用户所创建的新通道是指 Alpha 通道，该通道通常用来记录图像选区信息。其好处是能够方便地在图像中对于一个或多个选区进行编辑和存储。

Alpha 通道的创建方法有以下 3 种：

（1）单击通道面板底部的"创建新通道"按钮，即可在通道面板中创建一个新的 Alpha 通道，该通道在通道面板中显示为黑色，如图 8.2.1 所示。

（2）单击通道面板右上角的按钮，在弹出的通道面板菜单中选择新建通道...命令，将弹出如图 8.2.2 所示的"新建通道"对话框，在名称(N):文本框中输入新建通道的名称，在色彩指示:选项区中设置色彩的显示方式，在颜色选项区中设置填充的颜色和不透明度，设置完成后，单击确定按钮，即可创建一个新 Alpha 通道。

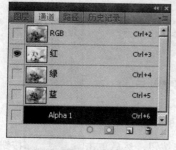

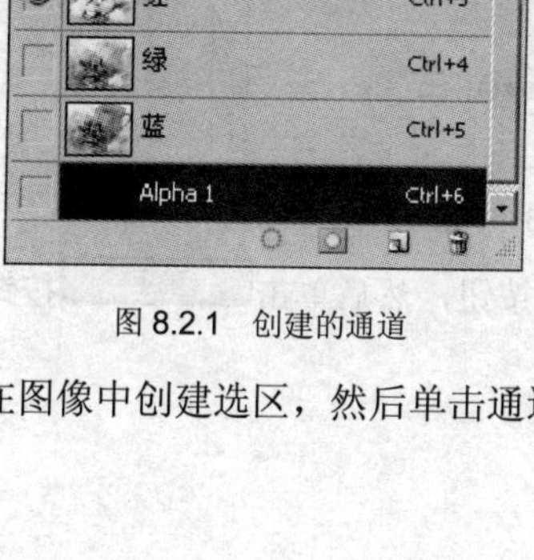

图 8.2.1 创建的通道

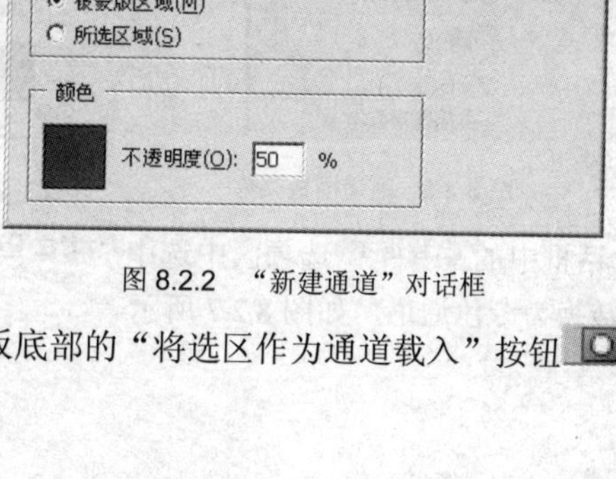

图 8.2.2 "新建通道"对话框

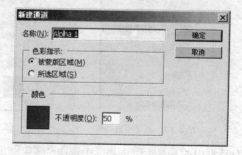

（3）在图像中创建选区，然后单击通道面板底部的"将选区作为通道载入"按钮，即可将

创建的选区保存为 Alpha 通道。

8.2.2 创建专色通道

专色通道是用来记录图像中使用的特殊油墨颜色分布的通道，它主要用于印刷。专色是特别混和的油墨色，和传统上以 CMYK 色彩模式调配的颜色不同。专色可以用于单个层，打印时它可作为一个单独的页面重印在整个图像上。专色通道的创建方法如下：

创建一个选区后，选择通道面板菜单中的 新建专色通道... 命令，弹出“新建专色通道”对话框，如图 8.2.3 所示。

在 名称: 文本框中输入专色通道的名称。单击 油墨特性 选项区中的 颜色: 右侧的■框，可以从弹出的对话框中选择需要的填充颜色；在 密度(S): 文本框中输入数值，设置模拟专色在屏幕上的纯白程度，取值范围为 0～100%。设置完成后，单击 确定 按钮，即可在通道面板中显示出新建的专色通道，如图 8.2.4 所示。

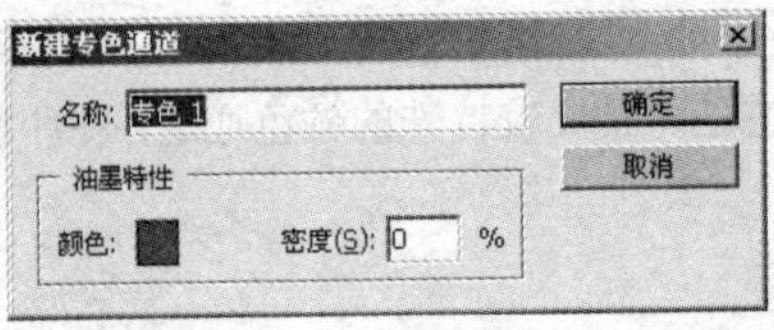

图 8.2.3 “新建专色通道”对话框

图 8.2.4 新建的专色通道

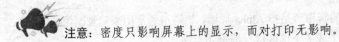

注意：密度只影响屏幕上的显示，而对打印无影响。

8.2.3 将 Alpha 通道转换为专色通道

在通道面板中选择需要转换的 Alpha 通道后，单击通道面板右上角的 按钮，在弹出的如图 8.2.5 所示的通道面板菜单中选择 通道选项... 命令，弹出“通道选项”对话框，如图 8.2.6 所示。

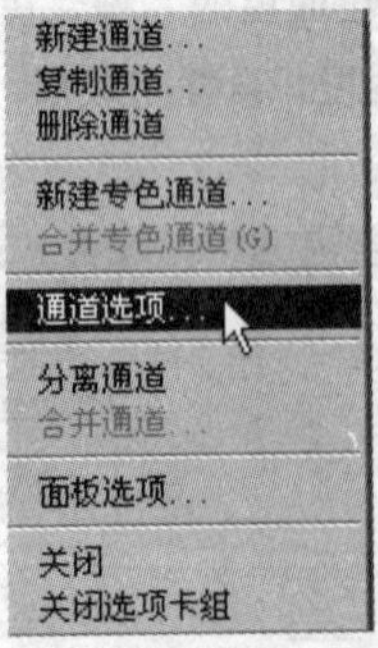

图 8.2.5 通道面板菜单

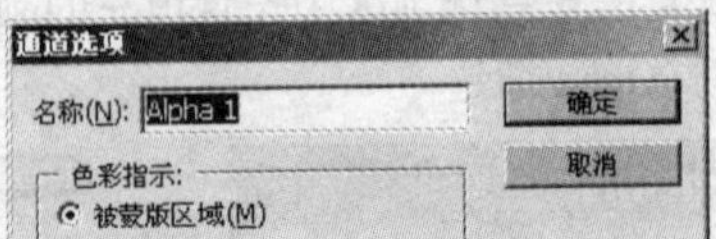

图 8.2.6 “通道选项”对话框

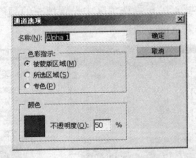

在其对话框中的 色彩指示: 选项区中选中 ⊙ 专色(P) 单选按钮，然后单击 确定 按钮，即可将 Alpha 通道转换为专色通道，如图 8.2.7 所示。

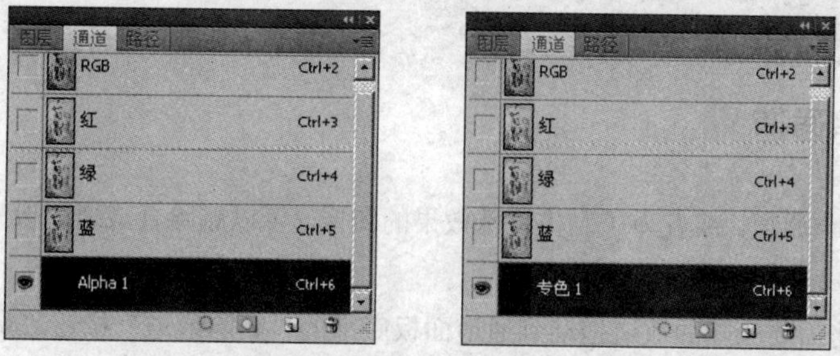

图 8.2.7　将 Alpha 通道转换为专色通道

8.3　编 辑 通 道

为了处理图像，有时需要对通道进行编辑操作，如通道的复制、删除、分离以及合并等，下面分别进行讲解。

8.3.1　复制通道

在 Photoshop 中，复制通道的功能只局限于复制合成通道以外的通道，并且不能复制位图模式图像中的通道。复制通道的方法有以下两种：

（1）用鼠标将需要复制的通道拖动到通道面板底部的“创建新通道”按钮上，释放鼠标，即可复制通道，如图 8.3.1 所示。

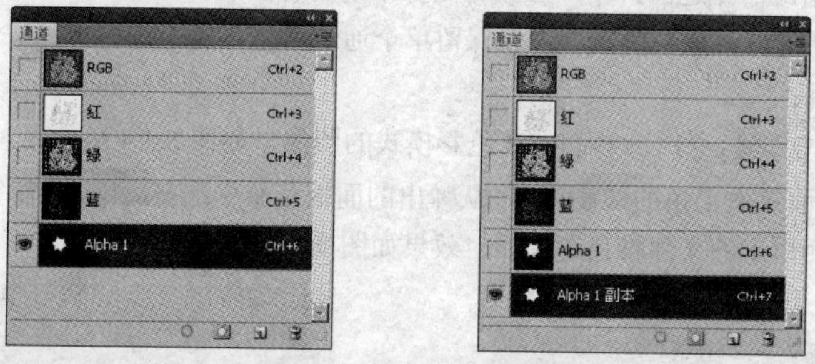

图 8.3.1　复制通道

（2）选中需要复制的通道，单击通道面板右上角的按钮，在弹出的通道面板菜单中选择 复制通道... 命令，然后在弹出的如图 8.3.2 所示的对话框中设置通道的名称和复制通道的目标位置（当前文件或新建文件中），如果需要，可选中 ☑ 反相(I) 复选框复制反相的通道。

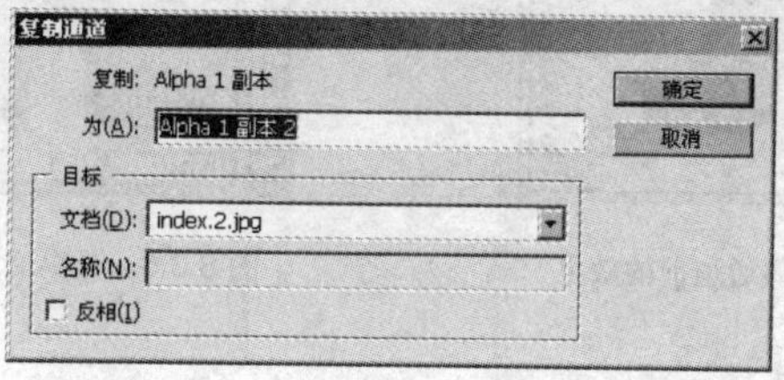

图 8.3.2　“复制通道”对话框

若要在不同的文件之间复制通道，则要求源文件和目标文件的大小一致。如果两个文件的大小不一致，可以在“图像大小”对话框中进行设置。

8.3.2 删除通道

如果不需要某个通道，或者为了制作特殊效果的图像，可以删除合成通道以外的某个通道。删除通道的方法有以下 2 种：

（1）用鼠标将需要删除的通道拖动到通道面板底部的“删除通道”按钮上，释放鼠标，即可删除通道。

（2）选中需要删除的通道，单击通道面板右上角的按钮，在弹出的通道面板菜单中选择删除通道命令，弹出如图 8.3.3 所示的提示框，单击是(Y)按钮，将删除所选通道；单击否(N)按钮，将放弃删除通道操作。

图 8.3.3 提示框

8.3.3 分离通道

在一幅图像中，如果包含的通道太多，就会导致文件太大而无法保存。利用通道面板中的分离通道命令（使用此命令之前，用户必须将图像中的所有图层合并，否则，此命令将不能使用），可以将图像的每个通道分离成灰度图像，以保留单个通道信息，每个图像可独立地进行编辑和存储。具体的操作方法如下：

（1）按“Ctrl+O”键，打开一幅 RGB 色彩模式的图像，如图 8.3.4 所示。

（2）单击通道面板右上角的按钮，从弹出的面板菜单中选择分离通道命令，即可将通道分离为灰度图像文件，而原来的文件将自动关闭，效果如图 8.3.5 所示。

图 8.3.4 分离通道前的效果

图 8.3.5 分离通道后的效果

8.3.4 合并通道

为了将分离的通道合并恢复为原来的图像，或者将来自于不同图像的通道合并制作特殊效果，用户可以单击通道面板右上角的按钮，在弹出的通道面板菜单中选择合并通道...命令，弹出“合并通道”对话框，如图 8.3.6 所示，在其中可以定义合并的通道数及采用的色彩模式。一般情况下，建议用户使用“多通道”模式，设置完成后，单击确定按钮，将会打开另一个随色彩模式而变化的设置对话框，例如，用户选择多通道色彩模式，系统将会打开“合并多通道”对话框，如图 8.3.7 所示，在该对话框中可以进行进一步设置，设置好一个通道后，单击下一步(N)按钮再进行另一通道的设置。

图 8.3.6　“合并通道”对话框

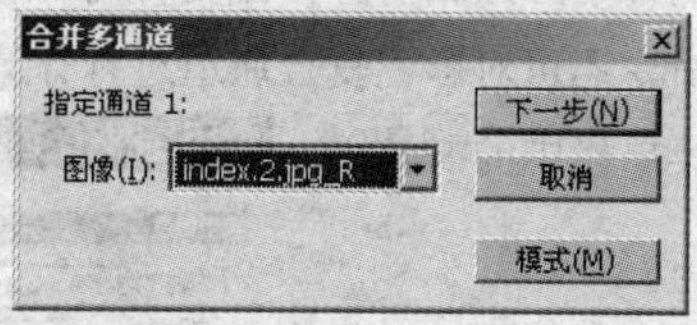

图 8.3.7　“合并多通道”对话框

最后在“合并多通道”对话框中单击确定按钮，当前选定的需要合并的图像文件将合并为一个文件，每个原始图像文件都以一个通道的模式存在于新文件中。另外，在不同的原图像文件之间合并通道时，要求合并的图像大小必须相同。

8.3.5　合成通道

利用图像(I)菜单中的计算(C)...和应用图像(Y)...命令可对图像中的通道进行合成操作，合成的通道可以来自同一个图像文件，也可以来自多个图像文件。当合成的通道来自两个或两个以上的图像时，这些含有通道的图像在 Photoshop 中必须全部打开，并且它们的尺寸和分辨率都必须相同。

1. 计算

计算命令可以合成两个来自一个或多个源图像的单一的通道，然后将结果应用到新图像或新通道中，或作为当前图像的选区。若要在不同的图像间计算通道，则所打开的两幅图像的像素尺寸、分辨率必须相同。

选择菜单栏中的图像(I)→计算(C)...命令，弹出“计算”对话框，如图 8.3.8 所示。

在源 1(S):选项区中可以选择第一个源文件及其图层和通道。

在源 2(U):选项区中可以选择第二个源文件及其图层和通道。

在混合(B):下拉列表中可以选择用于计算时的混合模式。

选中☑ 蒙版(K)...复选框，此时的“计算”对话框如图 8.3.9 所示，用户可为混合效果应用通道蒙版。

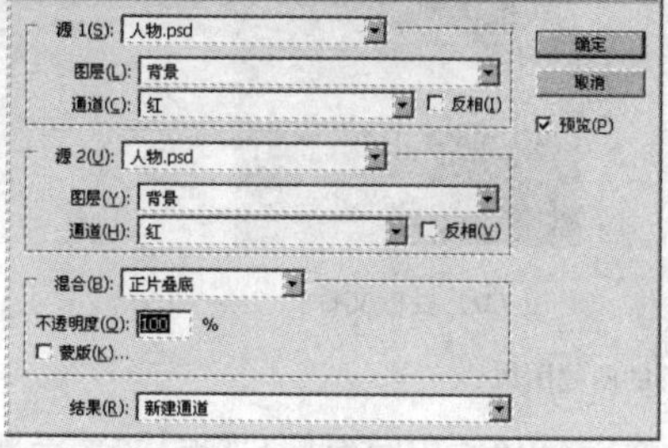

图 8.3.8　“计算”对话框

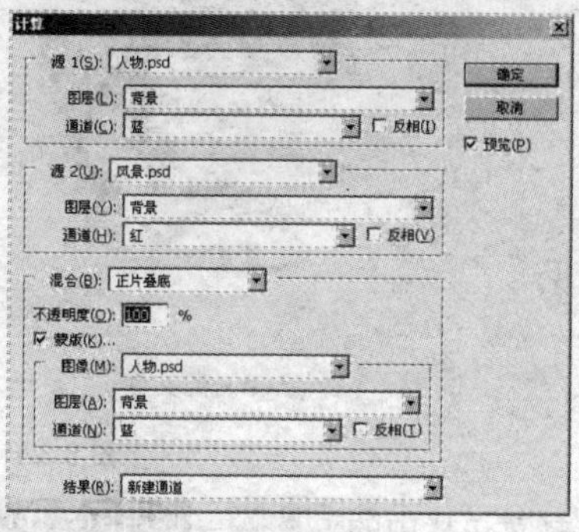

图 8.3.9　扩展后的“计算”对话框

选中☑ 反相(V)复选框，可使通道的被蒙版区域和未被蒙版区域反相显示。

在 结果(R): 下拉列表中可选择将混合后的结果置于新图像中，或置于当前图像的新通道或选区中。

注意： 计算命令不能用来计算复合通道，因此产生的图像只能是灰度效果。

2. 应用图像

应用图像命令可以将源图像中的图层和通道与当前图像中图层和通道进行计算。但用来计算的两个通道内的像素必须相对应，源文件与目标文件尺寸大小必须相等。与“计算”命令不同的是，“应用图像”命令还可对彩色复合通道进行计算。

选择菜单栏中的 图像(I) → 应用图像(Y)... 命令，弹出“应用图像”对话框，如图 8.3.10 所示。

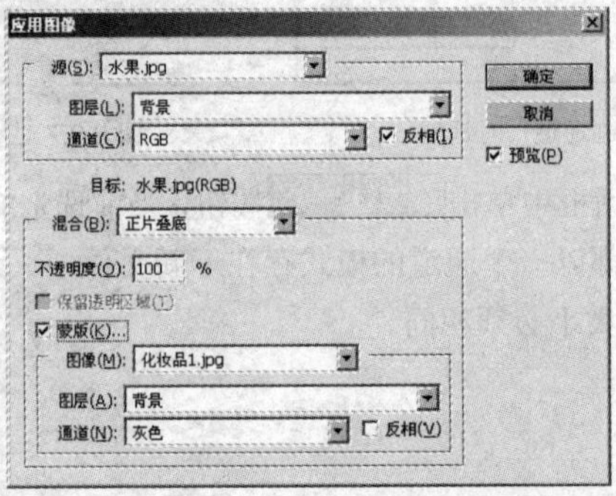

图 8.3.10 “应用图像”对话框

在 源(S): 下拉列表中可以选择一个与目标文件大小相同的文件（其中包括目标文件在内）。

在 图层(L): 下拉列表中可以选择源文件的图层。

在 通道(C): 下拉列表中可以选择源文件中的通道。

选中 ☑ 反相(I) 复选框后，在计算中使用通道内容的负片进行输出。

在 混合(B): 下拉列表中可以选择计算时的混合模式。不同的混合模式，效果也不相同。

在 不透明度(O): 文本框中输入数值可调整合成图像的不透明度。

除了以上选项外，☑ 蒙版(K)... 复选框的作用与前面介绍的“计算”对话框中的完全相同。

下面通过一个例子介绍应用图像命令的使用方法，具体的操作步骤如下：

（1）打开两幅大小相同的图像，如图 8.3.11 所示。

（a）源文件　　（b）目标文件

图 8.3.11 打开的两幅图像

（2）选择菜单栏中的 图像(I) → 应用图像(Y)... 命令，弹出“应用图像”对话框，设置参数如图 8.3.12 所示。

（3）设置完成后，单击 确定 按钮，效果如图 8.3.13 所示。

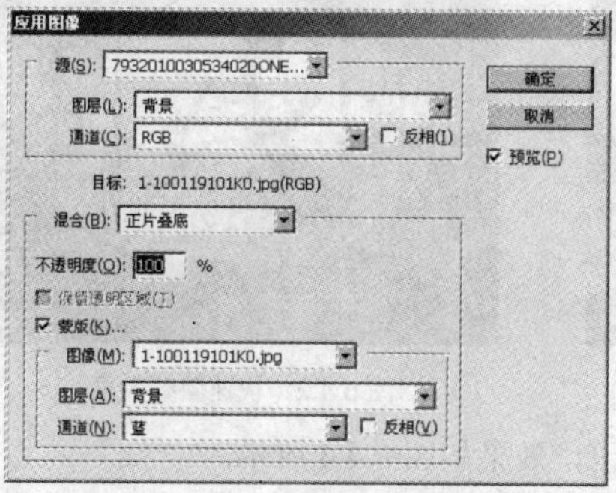

图 8.3.12　“应用图像”对话框

图 8.3.13　合成的图像效果

8.3.6　将通道作为选区载入

在通道面板中选择要载入选区的通道后，单击通道面板底部的“将通道作为选区载入”按钮，此时就会将所选通道中的浅色区域作为选区载入，如图 8.3.14 所示。

图 8.3.14　载入通道选区

8.4　创建与编辑蒙版

在 Photoshop CS4 中，蒙版的形式有 5 种，分别为快速蒙版、图层蒙版、矢量蒙版、剪贴蒙版以及通道蒙版。蒙版可以用来保护图像，使被蒙蔽的区域不受任何编辑操作的影响，以方便用户对其他部分的图像进行编辑调整。

8.4.1　快速蒙版

利用快速蒙版可以将创建的选区转换为蒙版并对其进行编辑。其具体的创建和编辑方法如下：

（1）打开一幅图像，使用椭圆选框工具在图像中绘制一个椭圆选区，如图 8.4.1 所示。

（2）单击工具箱中的“以快速蒙版模式编辑”按钮，此时图像中未被选择的区域将被蒙版保护起来，效果如图 8.4.2 所示。

（3）选择菜单栏中的 滤镜(T) → 扭曲 → 水波... 命令，弹出“水波”对话框，设置其对话框参数如图 8.4.3 所示。

图 8.4.1　创建的选区

图 8.4.2　快速蒙版效果

（4）设置完参数后，单击 确定 按钮，效果如图 8.4.4 所示。

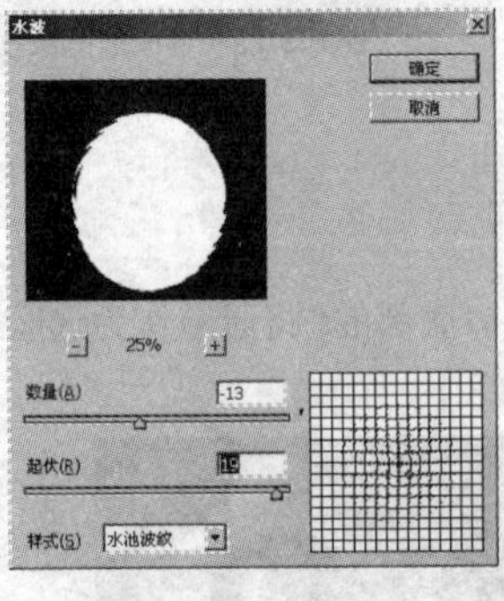

图 8.4.3　“水波”对话框

图 8.4.4　应用水波滤镜效果

（5）单击工具箱中的“以标准模式编辑”按钮，此时图像中未被蒙版的区域将转换成为选区，如图 8.4.5 所示。

（6）按“Ctrl+Shift+I”键反选选区，将背景色设为白色，再按“Delete”键删除选区中的内容，按“Ctrl+D”键取消选区，效果如图 8.4.6 所示。

图 8.4.5　以标准模式编辑图像效果

图 8.4.6　使用快速蒙版效果

8.4.2　图层蒙版

图层蒙版是应用最为广泛的蒙版，将它覆盖在某一个特定的图层或图层组上，可任意发挥想象力和创造力，而不会影响图层中的像素。

1．创建图层蒙版

创建图层蒙版的方法有以下两种：

（1）在图层面板中选中需要创建图层蒙版的图层，然后使用工具箱中的椭圆选框工具在图像中绘制选区，单击图层面板底部的“添加图层蒙版”按钮，即可为选择区域以外的图像添加蒙版，如图 8.4.7 所示。

图 8.4.7 创建的图层蒙版效果

（2）在图层面板中选中需要创建图层蒙版的图层，然后选择 图层(L) → 图层蒙版(M) 命令，弹出如图 8.4.8 所示的子菜单，在其中选择相应的命令即可为图层添加蒙版，添加蒙版后的图层面板如图 8.4.9 所示。

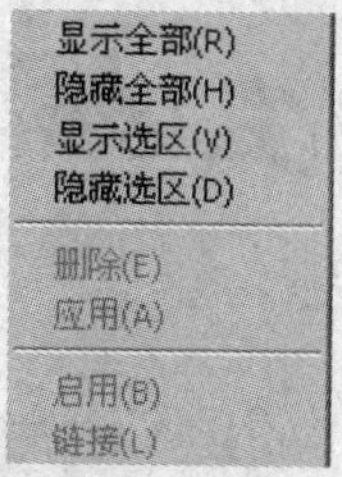

图 8.4.8 图层蒙版子菜单

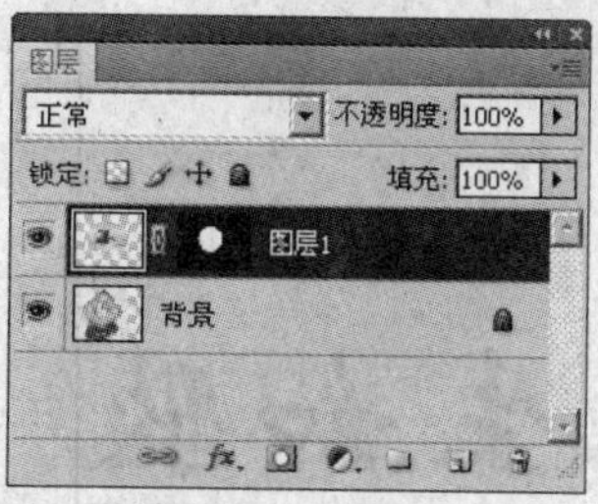

图 8.4.9 图层面板

提示：在 Photoshop CS4 中用户不能直接为背景图层添加蒙版，如果需要给背景图层添加蒙版，可以先将背景图层转换为普通图层，然后再为其创建图层蒙版。

2．编辑图层蒙版

为图像创建图层蒙版后，用户可以使用工具箱中的渐变工具和画笔工具组在图层蒙版中添加渐变颜色或进行擦拭，以达到融合图像的效果，处理的效果会在图层蒙版缩略图中显示出来。

8.4.3 剪贴蒙版

创建剪贴蒙版的具体操作方法如下：

（1）使用移动工具选择需要创建剪贴蒙版的图层，此处选择图层 1，如图 8.4.10 所示。

图 8.4.10 原图及选择的图层

（2）选择菜单栏中的 图层(L) → 创建剪贴蒙版(C) 命令，或按“Alt+Ctrl+G”键，即可将选择的图层与下面的图层创建一个剪贴蒙版，如图 8.4.11 所示。

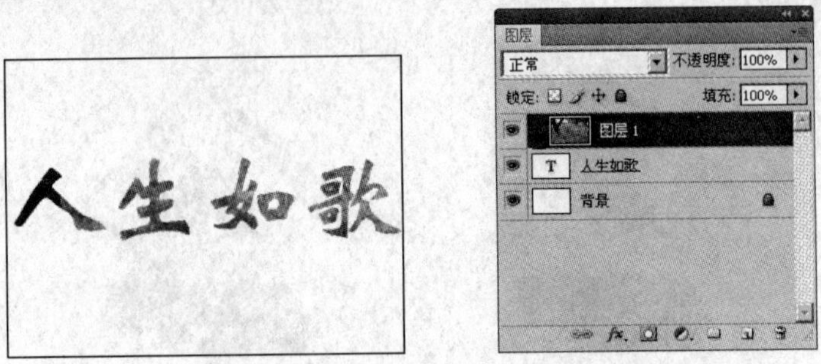

图 8.4.11　创建的剪贴蒙版及图层面板的变化

在剪贴蒙版中，上面的图层为内容图层，内容图层的缩览图是缩进的，并显示出一个剪贴蒙版图标；下面的图层为基底图层，基底图层的名称带有下画线，移动基底图层会改变内容图层的显示区域，如图 8.4.12 所示。

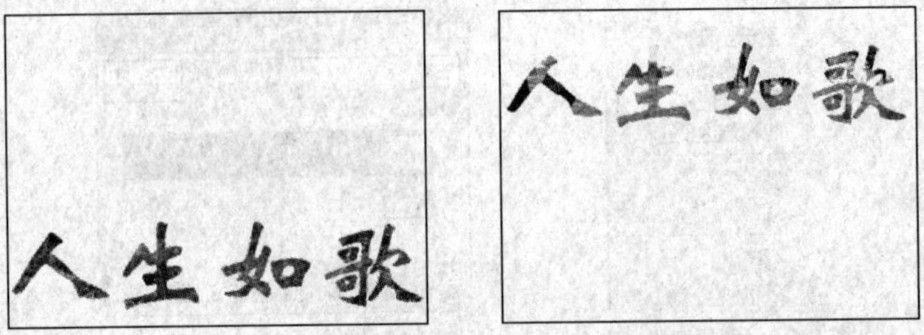

图 8.4.12　移动基底图层后的效果

要取消剪贴蒙版，只须选择菜单栏中的 图层(L) → 释放剪贴蒙版(C) 命令，或按“Ctrl+Alt+G”键即可。

8.4.4　矢量蒙版

矢量蒙版是通过钢笔工具或形状工具创建的路径来遮罩图像的，它与分辨率无关，因此在进行缩放时可保持对象边缘光滑无锯齿。

选择菜单栏中的 图层(L) → 矢量蒙版(V) 命令，可弹出其子菜单，如图 8.4.13 所示。从中选择相应的命令可创建矢量蒙版。

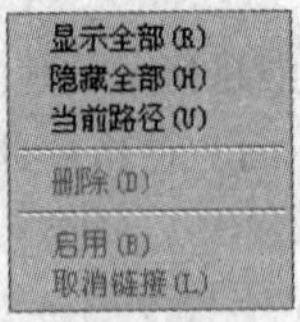

图 8.4.13　矢量蒙版子菜单

选择 显示全部(R) 命令，可为当前图层添加白色矢量蒙版，白色矢量蒙版不会遮罩图像。

选择 隐藏全部(H) 命令，可为当前图层添加黑色矢量蒙版，黑色矢量蒙版将遮罩当前图层中的图像。

选择 当前路径(U) 命令，可基于当前的路径创建矢量蒙版。

创建矢量蒙版后，可通过锚点编辑工具修改路径的形状，从而修改蒙版的遮罩区域，如要取消矢量蒙版，可选择 图层(L) → 矢量蒙版(V) → 删除(D) 命令进行删除。

8.4.5　通道蒙版

通道蒙版与快速蒙版的作用类似，都是为了存储选区以备下次使用。不同的是在一幅图像中只允许有一个快速蒙版存在，而通道蒙版则不同，在一幅图像中可以同时存在多个通道蒙版，分别存放不同的选区。此外，用户还可以将通道蒙版转换为专色通道，而快速蒙版则不能。

1．通道蒙版的创建

在 Photoshop CS4 中创建通道蒙版常用的方法有以下两种：

（1）首先在图像中创建一个选区，然后单击通道面板底部的“将选区存储为通道”按钮，即可将选区范围保存为通道蒙版，如图 8.4.14 所示。

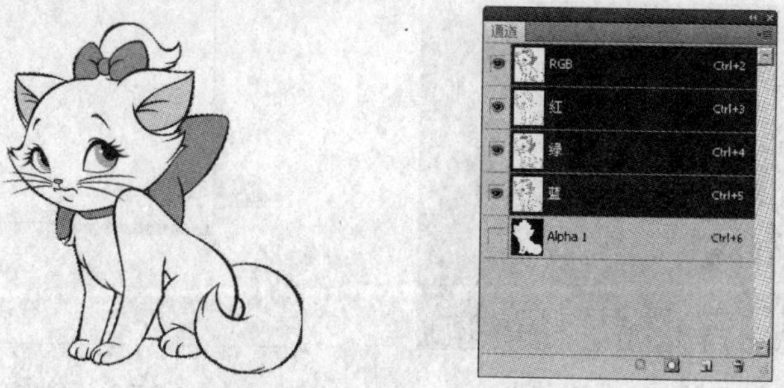

图 8.4.14　创建通道蒙版效果及通道面板

（2）首先在图像中创建一个选区，再选择菜单栏中的 选择(S) → 存储选区(V)... 命令，弹出“存储选区”对话框，如图 8.4.15 所示。在 名称(N): 文本框中输入通道蒙版的名称，再单击 确定 按钮即可将选区范围保存为通道蒙版。

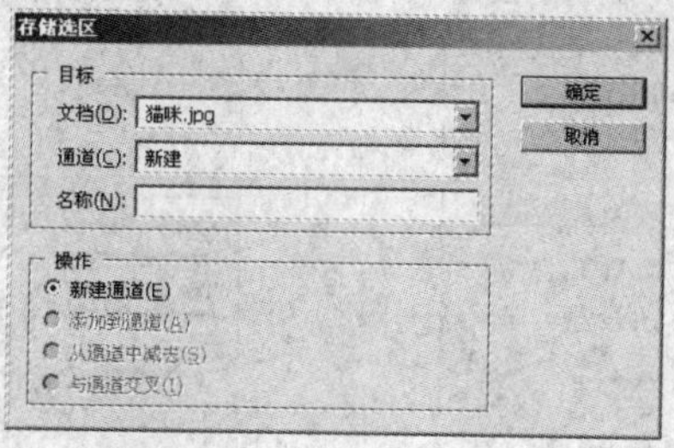

图 8.4.15　“存储选区”对话框

2．编辑通道蒙版

通道蒙版的编辑方法与快速蒙版相同，为图像创建通道蒙版后，可以使用 Photoshop CS4 工具箱中的绘图工具、调整命令和滤镜等对其进行编辑，为图像添加各种特殊效果。

8.5　上机实战——制作虚光效果

本节主要利用所学的知识制作虚光效果，最终效果如图 8.5.1 所示。

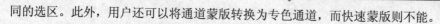

图 8.5.1　最终效果图

操作步骤

（1）按“Ctrl+O”键，打开一幅如图 8.5.2 所示的图片。

（2）按“Ctrl+M”键，弹出“曲线”对话框，设置参数如图 8.5.3 所示，单击 确定 按钮。

图 8.5.2　打开的图片

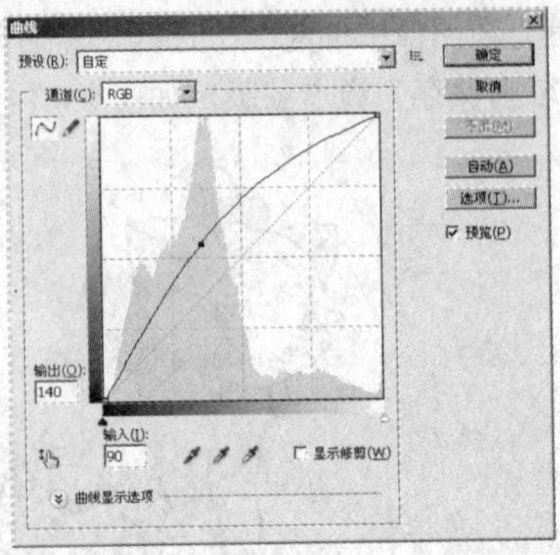

图 8.5.3　“曲线”对话框

（3）选择菜单栏中的 图层(L) → 新建调整图层(J) → 通道混合器(X)... 命令，打开通道混合器面板，设置参数如图 8.5.4 所示。

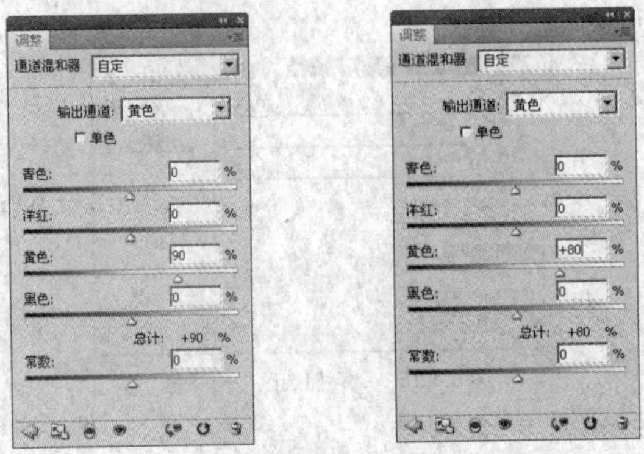

图 8.5.4　通道混合器面板

（4）在图层面板中将调整图层的图层模式设置为“柔光”，然后单击工具箱中的“渐变工具”按钮，从图片的中心到右下角拖曳出一个黑色到白色的径向渐变。

（5）设置前景色为黑色，单击工具箱中的“画笔工具”按钮，用画笔在桃花上进行涂抹，效果如图 8.5.5 所示。

图 8.5.5　使用通道混合器调整图层效果

（6）选择菜单栏中的 图层(L) → 新建调整图层(J) → 色彩平衡(B)... 命令，打开色彩平衡面板，设置参数如图 8.5.6 所示，调整图片后的效果如图 8.5.7 所示。

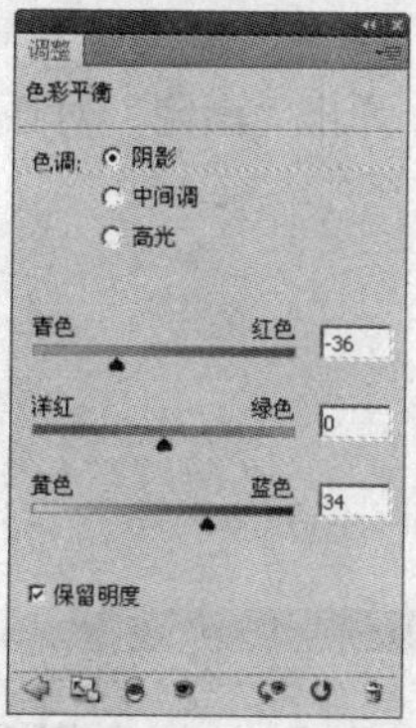

图 8.5.6 色彩平衡面板

图 8.5.7 调整色彩平衡效果

（7）按“Ctrl+Shift+Alt+E”键盖印图层，然后将图片转换为 RGB 模式。

（8）新建一个图层，在图层面板中设置图层混合模式为“正片叠底”，不透明度为“70%”。

（9）重复步骤（4）的操作，在图像中拖曳出一个白色到黑色的径向渐变，然后单击图层面板下方的“添加图层蒙版”按钮，使用画笔工具在桃花上进行涂抹，效果如图 8.5.8 所示。

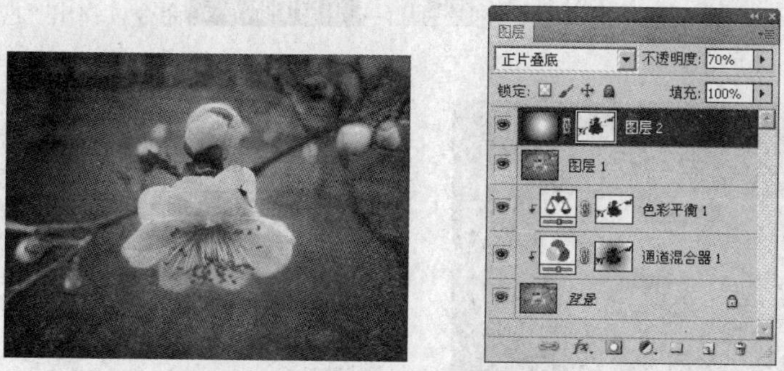

图 8.5.8 使用色彩平衡调整图层效果

（10）重复步骤（7）的操作，盖印可见图层，然后选择菜单栏中的 滤镜(T) → 渲染 → 光照效果... 命令，弹出“光照效果”对话框，设置参数如图 8.5.9 所示，单击 确定 按钮，关闭该对话框。

（11）单击图层面板下方的“添加图层蒙版”按钮，使用画笔工具在桃花上过亮的位置进行涂抹，效果如图 8.5.10 所示。

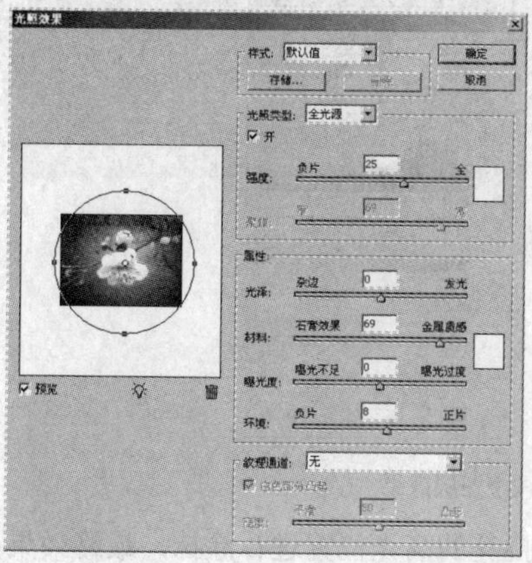

图 8.5.9 “光照效果”对话框

图 8.5.10 显示出过亮的桃花图案

（12）选择菜单栏中的 滤镜(T) → 模糊 → 高斯模糊... 命令，弹出“高斯模糊”对话框，设置参数如图 8.5.11 所示，单击 确定 按钮，关闭该对话框。

（13）选择菜单栏中的 编辑(E) → 渐隐高斯模糊(D)... 命令，弹出“渐隐”对话框，设置参数如图 8.5.12 所示。

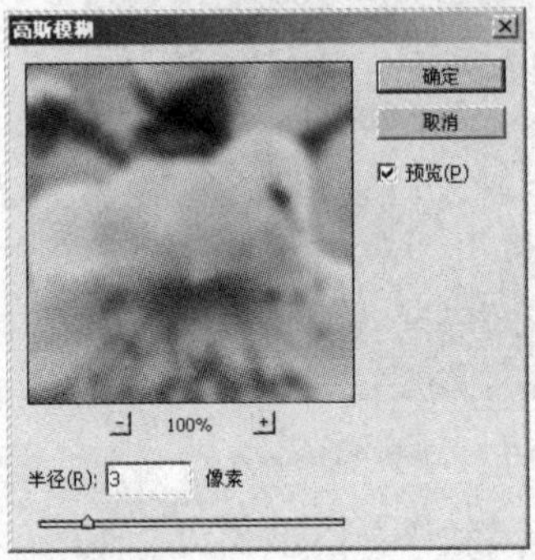

图 8.5.11 “高斯模糊”对话框

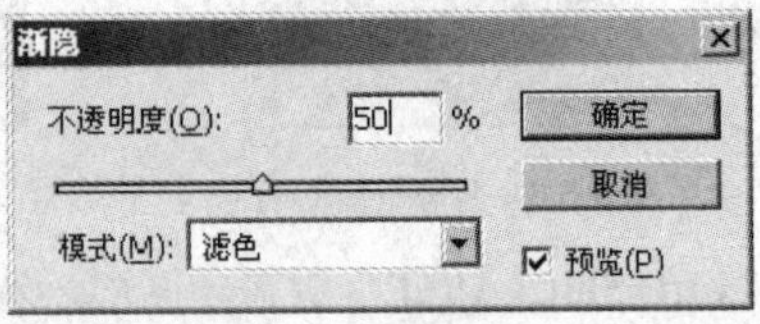

图 8.5.12 “渐隐”对话框

（14）单击 确定 按钮，然后单击图层面板下方的“添加图层蒙版”按钮，使用画笔工具在桃花上进行涂抹，以清楚地显示图片效果，如图 8.5.13 所示。

（15）盖印图层，然后选择菜单栏中的 图像(I) → 应用图像(Y)... 命令，弹出“应用图像”对话框，设置参数如图 8.5.14 所示。

图 8.5.13 清楚显示图片效果

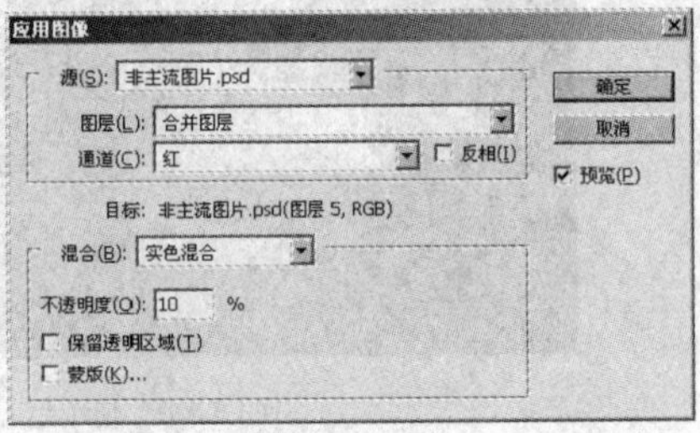

图 8.5.14 “应用图像”对话框

（16）选择菜单栏中的 图层(L) → 新建调整图层(J) → 色阶(L)... 命令，打开色阶面板，设置参数如图 8.5.15 所示。

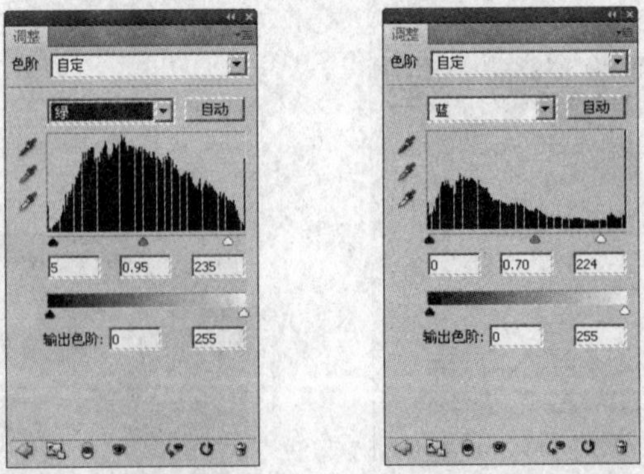

图 8.5.15 使用色阶调整图层效果

（17）增强图片的对比度后，使用黑色的画笔在挑花的高光位置进行涂抹，最终效果如图 8.5.1 所示。

本 章 小 结

本章主要介绍了通道的类型、通道面板、创建与编辑通道以及创建与编辑蒙版等内容。通过本章的学习，读者应了解 Photoshop CS4 在通道和蒙版方面的强大功能，并能应用通道和蒙版制作出精美的图像效果。

操 作 练 习

一、填空题

1．Photoshop 中通道主要用于________数据，一幅图像通过多个通道显示它的色彩，不同的色彩模式决定了不同的颜色通道数。

2．所有的通道都是________位________图像，一共能够显示________种灰度色。

3．打开一幅 CMYK 模式的图像时，在通道面板中有 5 个默认的通道，分别是________、________、________、________和________。

4．在 Photoshop CS4 中可通过________命令和________命令来合成图像。

二、选择题

1．按住（　）键依次单击需要选择的通道则可同时选中多个通道。

（A）Shift　　（B）Alt

（C）Shift+Alt　　（D）Ctrl

2．在通道面板中，（　）通道不能更改其名称。

（A）Alpha　　（B）专色

（C）复合　　（D）单色

3．利用分离通道命令可以将图像中的通道分离为几个大小相等且独立的（　）文件。

（A）灰度图像　　（B）位图图像

（C）黑白图像　　（D）彩色图像

4．在 Photoshop CS4 中，蒙版的形式有（　）种。

（A）2　　（B）3

（C）4　　（D）5

三、简答题

1．在 Photoshop CS4 中，如何创建专色通道与 Alpha 通道？

2．在 Photoshop CS4 中，如何创建通道蒙版与图层蒙版？

四、上机操作题

打开两幅大小相同的图像，练习使用本章所学的“应用图像”和“计算”命令来制作各种图像的混合效果。

第 9 章　使用文本工具

文字在作品设计中是不可或缺的元素，它衬托作品使其主题突出，起到画龙点睛的作用。本章主要介绍文本的创建、属性设置以及文本的使用等。

知识要点

- 创建文本
- 设置文本属性
- 编辑文本

9.1 创 建 文 本

文字是艺术作品中常用的元素之一，它不仅可以帮助大家快速了解作品所呈现的主题，还可以在整个作品中充当重要的修饰元素，增加作品的主题内容，烘托作品的气氛。

9.1.1 创建点文字

点文字是一个水平或垂直的文本行，它从图像中单击的位置开始，文字行的长度会随着输入文本长度的增加而增加，若要进行换行操作，可按“Enter”键。用鼠标右键单击工具箱中的“横排文字工具”按钮 T，可弹出隐藏的文字工具组，如图 9.1.1 所示。

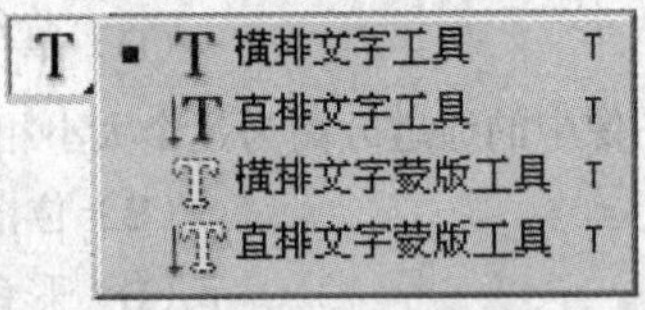

图 9.1.1 文字工具组

在 Photoshop CS4 中，可利用工具箱中的横排文字工具或直排文字工具来创建点文字，具体的操作方法如下：

（1）单击工具箱中的“横排文字工具”按钮 T，其属性栏如图 9.1.2 所示。

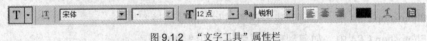

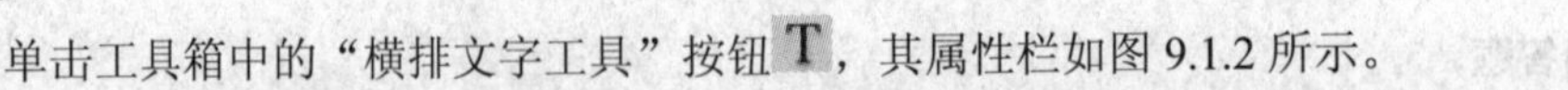

图 9.1.2 “文字工具”属性栏

其各选项的含义如下：

：单击此按钮，可以在横排文字和竖排文字之间进行相互切换。

在 宋体 下拉列表中可以设置字体样式，字体的选项取决于系统装载字体的类型。

在 12 点 下拉列表框中可以设置字体大小，也可以直接在文本框中输入要设置字体的大小。

在 锐利 下拉列表中可设置不同的消除锯齿方法。其中包括 无 、 锐利 、 犀利 、 浑厚 、 平滑 5 个选项。字号较大时效果比较明显。

：该组按钮可以设置文字的对齐方式。从左至右分别为左对齐文本、居中对齐文本、右对齐文本。

：单击此按钮，弹出“拾色器”对话框，在其中可以选择输入文字的颜色。

：单击此按钮，弹出“变形文字”对话框，在其中可以设置文字的不同变形效果。

：单击此按钮，可以显示或隐藏字符和段落面板。

（2）设置完成后，在图像中需要输入文字的位置单击鼠标，将出现一个闪烁的光标，然后输入所需的文字即可，效果如图 9.1.3 所示。

图 9.1.3 输入点文字效果

（3）输入完成后，单击其他工具，或按“Ctrl+Enter”键，可以退出文字的输入状态。

9.1.2 创建段落文字

段落文字最大的特点就是在段落文本框中创建，根据外框的尺寸在段落中自动换行，常用于输入画册、杂志和报纸等排版使用的文字。具体操作方法如下：

（1）单击工具箱中的“横排文字工具”按钮T或“直排文字工具”按钮IT，在其属性栏中设置相关的参数。

（2）设置完成后，在图像窗口中按下鼠标左键并拖曳出一个段落文本框，当出现闪烁的光标时输入文字，则可得到段落文字，效果如图 9.1.4 所示。

图 9.1.4 段落文字效果

与点文字相比，段落文字可设置更多的对齐方式，还可以通过调整文本框使段落文本倾斜排列或使文本框大小发生变化。将鼠标指针放在段落文本框的控制点上，当指针变成↗形状时，可以很方便地调整段落文本框的大小，效果如图 9.1.5 所示。当指针变成↻形状时，可以对段落文本进行旋转，如图 9.1.6 所示。

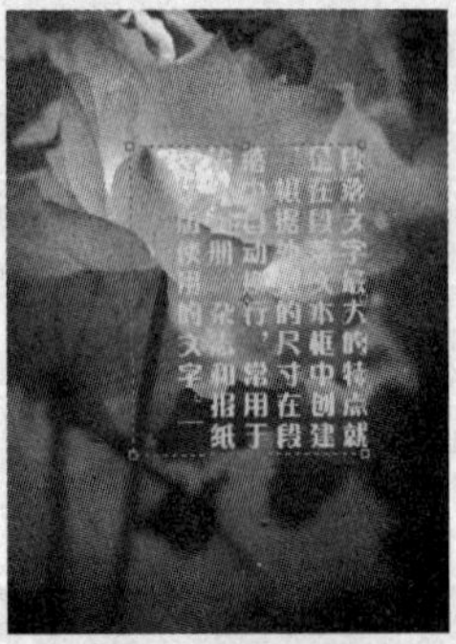

图 9.1.5　调整文本框的大小

图 9.1.6　旋转文本框

9.1.3　创建文字选区

利用工具箱中的横排文字蒙版工具和直排文字蒙版工具都可以在图像中创建文字形状的选区，并且可以对创建的选区进行相应的操作。下面通过一个例子来介绍文字选区的创建方法。

（1）单击工具箱中的“横排文字蒙版工具”按钮或“直排文字蒙版工具”按钮，在其属性栏中设置适当的参数。

（2）设置完成后，在图像窗口中单击鼠标，当出现闪烁的光标时输入文字即可，效果如图 9.1.7 所示。

（3）单击属性栏右侧的“提交所有当前编辑”按钮确认输入操作，即可得到文字选区，效果如图 9.1.8 所示。

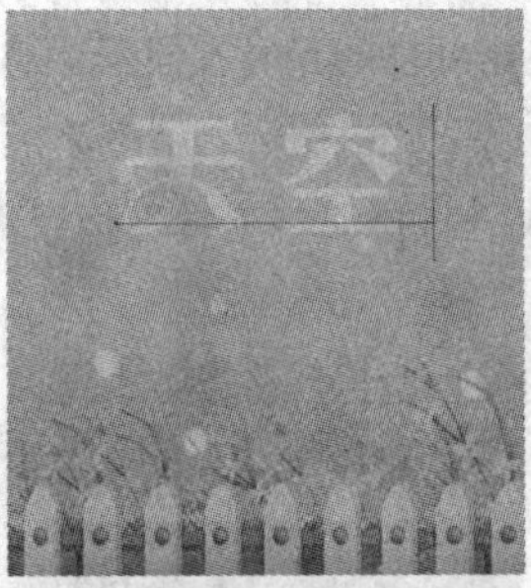

图 9.1.7　输入文字

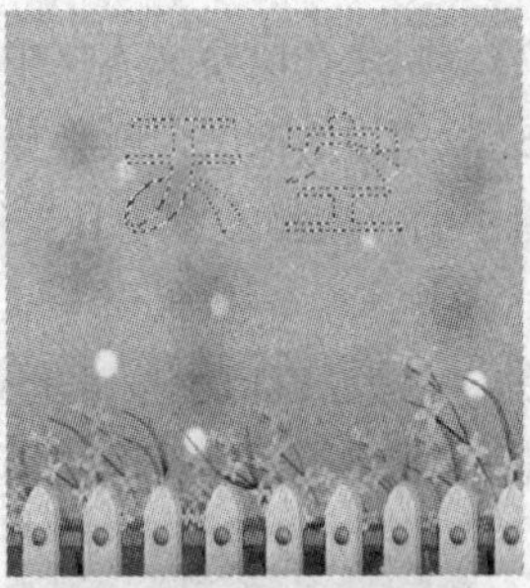

图 9.1.8　创建的文字选区

（4）利用文字蒙版工具输入文字时，图像窗口中显示一层红色，代表蒙版的内容，其中的文字将被显示为白色，并且使用文字蒙版工具输入文字时，不会生成单独的新图层。但是用户可以对所创建的选区进行相应的编辑操作。如图 9.1.9 所示为填充文字选区效果。

图 9.1.9　填充文字选区及其图层面板

9.1.4　创建路径文字

在 Photoshop CS4 中不仅可以输入点文字和段落文字，还可以沿着用钢笔或形状工具创建的工作路径的边缘排列所输入的文字。

1. 在路径上输入文字

在路径上输入文字是指在创建路径的外侧输入文字，可以利用钢笔工具或形状工具在图像中创建工作路径，然后再输入文字，使创建的文字沿路径排列。具体操作步骤如下：

（1）单击工具箱中的“钢笔工具”按钮，在图像中创建需要的路径，如图 9.1.10 所示。

（2）单击工具箱中的“横排文字工具”按钮，将鼠标指针移动到路径的起始锚点处，单击插入光标，然后输入需要的文字，效果如图 9.1.11 所示。

图 9.1.10　创建的路径

图 9.1.11　输入路径文字

（3）若要调整文字在路径上的位置，可单击工具箱中的“路径选择工具”按钮，将鼠标指针指向文字，当指针变为或形状时拖曳鼠标，即可改变文字在路径上的位置，如图 9.1.12 所示。

（4）若要对创建好的路径形状进行修改，路径上的文字将会一起被修改，如图 9.1.13 所示。

图 9.1.12　调整文字在路径上的位置

图 9.1.13　修改路径形状效果

（5）在路径面板空白处单击鼠标可以将路径隐藏。

2. 在路径内输入文字

在路径内输入文字是指在创建的封闭路径内添加文字，具体方法如下：

（1）单击工具箱中的“多边形工具”按钮，在页面中创建如图 9.1.14 所示的封闭路径。

（2）单击工具箱中的“横排文字工具”按钮，将鼠标指针移动到六边形路径内部，单击鼠标在如图 9.1.15 所示的状态下输入需要的文字，输入文字后的效果如图 9.1.16 所示。

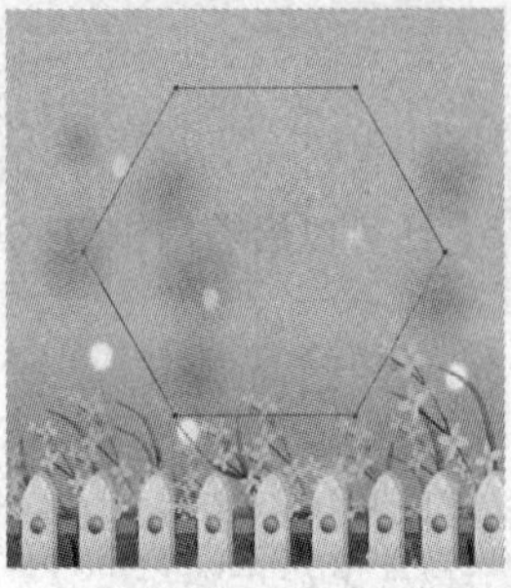

图 9.1.14　创建的路径

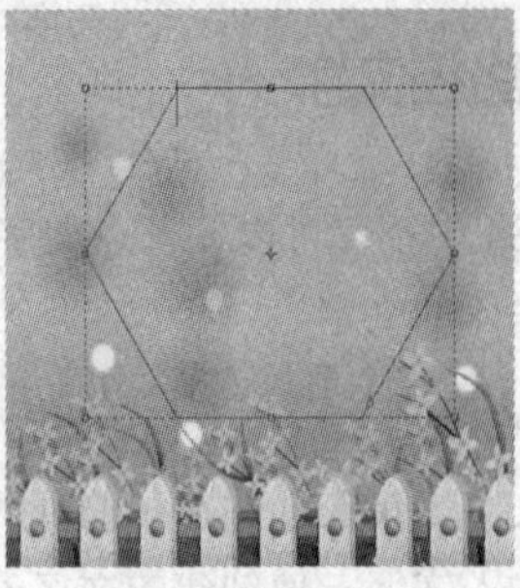

图 9.1.15　设置起点

（3）从输入的文字大家会看到文字按照路径形状自行更改位置，将路径隐藏即可完成输入，效果如图 9.1.17 所示。

图 9.1.16　输入文字

图 9.1.17　隐藏路径

9.2　设置文本属性

在 Photoshop 中，用户可以通过字符面板和段落面板来精确地控制文本的属性。字符面板主要用于控制文字本身的大小、行距、颜色、基线偏移等，而段落面板则用于控制文本的对齐方式、缩进等。

9.2.1　字符面板

在字符面板中可以设置文字的字体、字号、字符间距以及行间距等。选择窗口(W)→字符命令，或单击“文字工具”属性栏中的“切换字符和段落面板”按钮，打开字符面板，如图 9.2.1 所示。

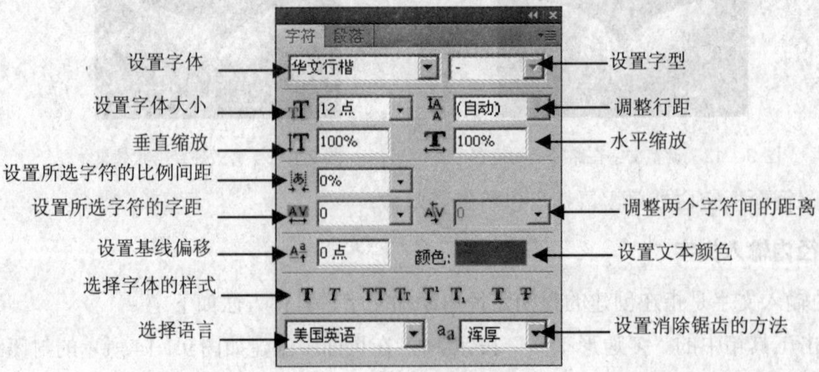

图 9.2.1　字符面板

在华文行楷下拉列表中，可以设置输入文字的字体。

在12点下拉列表中，可以设置输入文字的字体大小。

在(自动)下拉列表中，可以设置文字行与行之间的距离。

在100%文本框中输入数值，可以设置文字在垂直方向上缩小或放大。当输入的数值大于 100%时，文字会在垂直方向上放大；当输入的数值小于 100%时，文字会在垂直方向上缩小。

在100%文本框中输入数值，可以设置文字在水平方向上缩小或放大。当输入的数值大于 100%时，文字会在水平方向上放大；当输入的数值小于 100%时，文字会在水平方向上缩小。

在0%下拉列表中，可以调整所选择的字符的比例间距。

在0下拉列表中，可以调整两个相邻字符的距离，但在文字被选中时无效。

在0点文本框中输入数值，可设置文字相对于基线进行上下偏移。文本框内数值为正值时向上偏移，为负值时向下偏移。

T T TT Tr T¹ T₁ T T：该组按钮可用来设置字符的样式，从左至右分别为仿粗体、仿斜体、全部大写字母、小型大写字母、上标、下标、下画线、删除线 8 种预设的字符样式。如图 9.2.2 所示为 3 种不同字符样式效果。

（a）原图　　（b）仿斜体

（c）上标　　（d）下画线

图 9.2.2　不同字符样式效果

9.2.2　段落面板

选择菜单栏中的窗口(W)→段落命令，弹出段落面板如图 9.2.3 所示，在此面板中可以对段落文本进行格式编辑。

段落面板中的部分选项介绍如下：

在0点文本框中输入数值，可以调整文本相对于文本输入框左边的距离。

在0点文本框中输入数值，可以调整文本相对于文本输入框右边的距离。

在0点文本框中输入数值，可以调整段落中的第一行文本相对于文本输入框左边的距离。

在0点文本框中输入数值，可以设置当前段落与前一个段落之间的距离。

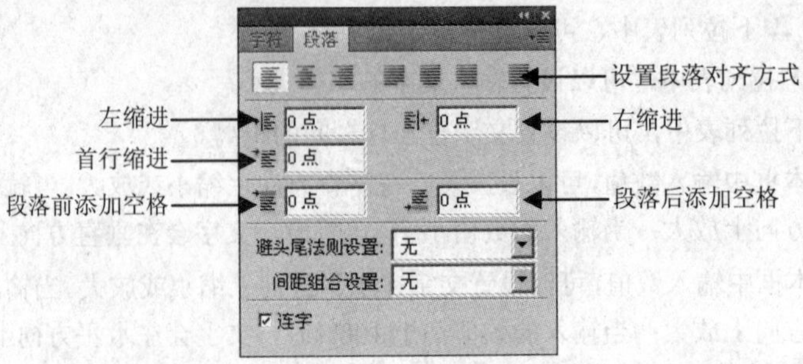

图 9.2.3　段落面板

在 0点 文本框中输入数值，可以设置当前段落与后一个段落之间的距离。

选中☑连字复选框，在输入英文时可以使用连字符连接单词。

9.3　编 辑 文 本

在设计作品时，可以对所输入的文字进行一些编辑操作，如对文字进行扭曲、斜切与变形等，使版面显得很活泼、生动，具有很强的视觉效果。

9.3.1　选择文字

在对文字作一些操作，如更改字体时，必须先指定操作的对象，即选择需要操作的文字，选中的文字呈反相显示，如图 9.3.1 所示。

使用鼠标可以方便地选择文字，其有以下 3 种方法：

（1）在需要选中的文字起始位置按住鼠标左键并拖动至终止位置，松开鼠标即可将拖动范围中的所有文字选中。

（2）先将光标定位在起始位置，按住“Shift”键的同时用鼠标单击终止位置，即可将起始位置和终止位置间的文字选中。

（3）连续三次单击某一行可选中该行中的所有文字，如图 9.3.2 所示。

图 9.3.1　选择文字

图 9.3.2　选中某行中的文字

9.3.2　更改文字的排列方式

在 Photoshop CS4 中可以将文字进行垂直排列或水平排列。当文字图层垂直时，文字行上下排列；

当文字图层水平时，文字行左右排列。

如果需要更改文字排列的垂直与水平方式，在选择需要更改的文字图层后，选择菜单栏中的 图层(L) → 文字 → 水平(H) 或 垂直(V) 命令，即可在垂直与水平方式之间互换，其效果如图 9.3.3 所示。

图 9.3.3　更改文字排列方式

9.3.3　变换文字

如果需要对创建的文字进行各种变换操作，选择菜单栏中的 编辑(E) → 变换(A) 命令，弹出其子菜单，如图 9.3.4 所示，从中选择相应的命令即可。

在图像中输入文字后，在该菜单中选择 斜切(K) 命令，即可为文字添加变换框，拖动变换框对文字进行变换，其效果如图 9.3.5 所示，按回车键可确认此变换操作。

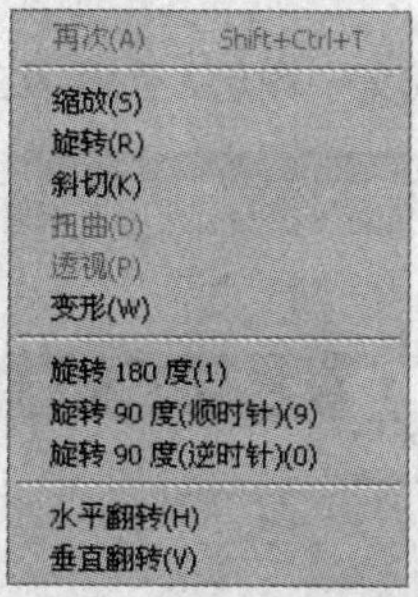

图 9.3.4　变换子菜单

图 9.3.5　斜切文本效果

在为文字添加了变换框之后，此时相应的属性栏如图 9.3.6 所示。

图 9.3.6　“变换工具”属性栏

在 0.0 度 输入框中输入数值，可直接旋转文字到一定的角度。

在 H: 0.0 度 输入框中输入数值，可设置文字的水平斜切角度。

在 V: 0.0 度 输入框中输入数值，可设置文字的垂直斜切角度。

9.3.4　变形文字

在 Photoshop CS4 中，还有一种非常方便的变形功能。使用此功能可以使所创建的点文字与段落文字产生各种各样的变形效果，也可对输入的字母进行弯曲变形。

如果需要对文字进行各种变形操作，可在“文字工具”属性栏中单击“创建变形文本”按钮，即可弹出“变形文字”对话框，如图 9.3.7 所示。

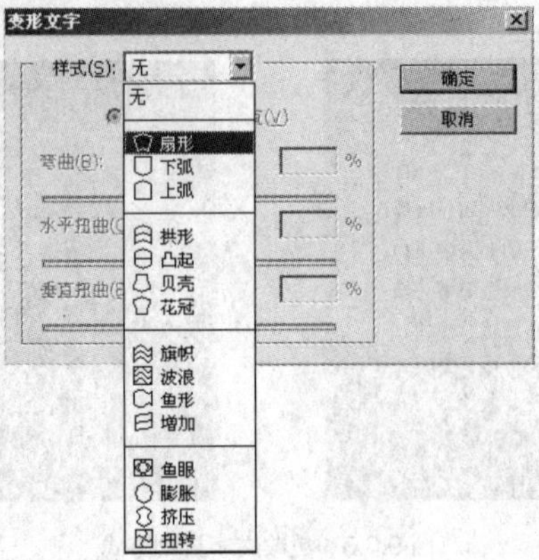

图 9.3.7 “变形文字”对话框

单击样式(S):下拉列表框扇形，可从弹出的下拉列表中选择不同的文字变形样式。

选中水平(H)单选按钮，可对文字进行水平方向变形；选中垂直(V)单选按钮，可对文字进行垂直方向变形。

在弯曲(B):输入框中输入数值，可设置文字的水平与垂直弯曲程度。

在水平扭曲(O):与垂直扭曲(E):输入框中输入数值或拖动相应的滑块，可设置文字的水平与垂直扭曲程度。

变形文字的具体操作步骤如下：

（1）打开一幅图像，在图像中输入文字，并自动生成文字图层，如图 9.3.8 所示。

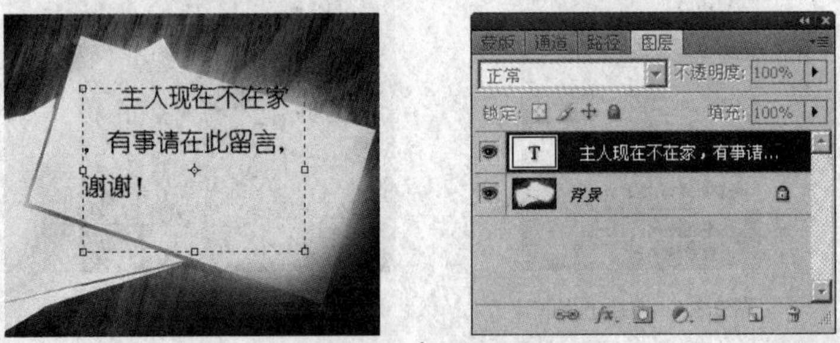

图 9.3.8 输入的文字

（2）在“文字工具”属性栏中单击按钮，在弹出的“变形文字”对话框中设置相关参数，如图 9.3.9 所示。

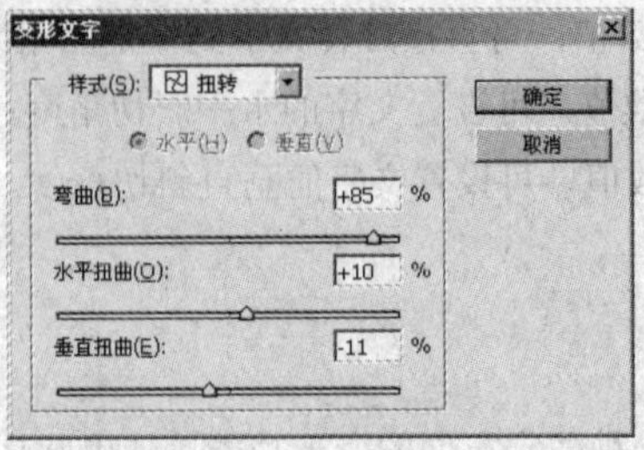

图 9.3.9 “变形文字”对话框

（3）单击确定按钮，变形后的文字效果如图 9.3.10 所示。

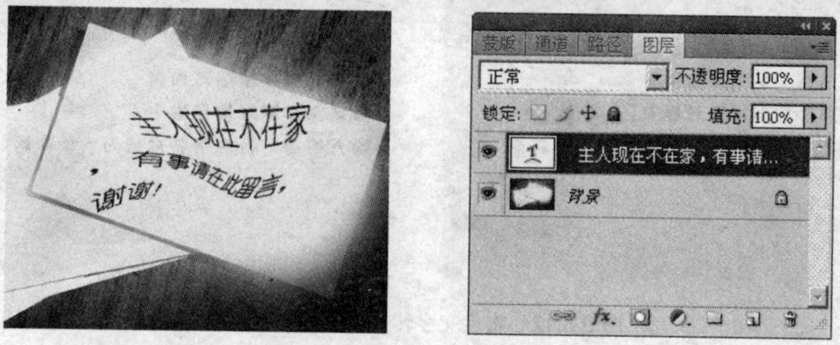

图 9.3.10　变形后的文字效果

提示： 如果需要取消文字的变形效果，选择应用变形的文字图层，在“文字工具”属性栏中单击“变形文本”按钮，在弹出的“变形文字”对话框中单击样式(S):下拉列表框扇形，从弹出的下拉列表中选择无选项即可。

9.3.5　栅格化文字

在 Photoshop 中，有些命令和工具（如滤镜效果和绘图工具）不能在文字图层中使用，所以需要在应用命令或使用工具前将文字图层栅格化，即将文字图层转换为普通图层，然后再对其进行编辑。

栅格化文字的常用方法有以下两种：

（1）在需要栅格化的文字图层上单击鼠标右键，在弹出的快捷菜单中选择栅格化文字命令来栅格化文字图层。如图 9.3.11 所示就是将文字图层转换为普通图层后的效果。

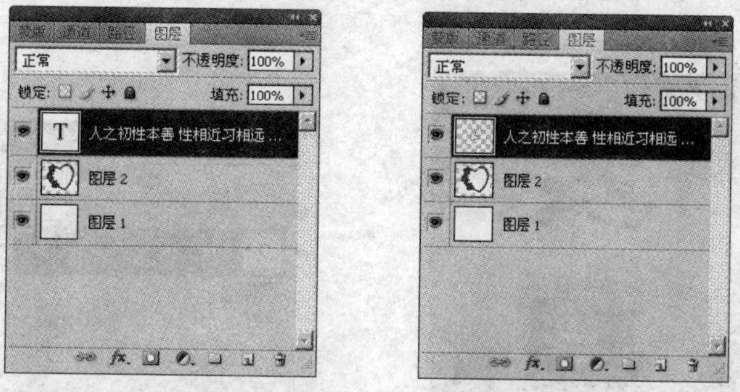

图 9.3.11　将文字图层转换为普通图层

（2）选择需要栅格化的文字图层，选择菜单栏中的图层(L)→栅格化(Z)→文字(T)命令即可。

9.3.6　点文字与段落文字之间的转换

在图像中创建文字图层后，用户可以根据需要将其在段落文字与点文字之间进行相互转换。

1. 将点文字转换为段落文字

在图层面板中选择需要转换的点文字图层，然后选择菜单栏中的图层(L)→文字→转换为段落文本(P)命令，即可将点文字图层转换为段落文字图层。在将点文字图层转换为段落文字图层的过程中，输入的每一行文字将会成为一个段落，如图 9.3.12 所示。

图 9.3.12　将点文字转换为段落文字效果

2. 将段落文字转换为点文字

在图层面板中选择用来转换的段落文字图层，然后选择菜单栏中的 图层(L) → 文字 → 转换为点文本(P) 命令，即可将段落文字图层转换为点文字图层。在将段落文字图层转换为点文字图层的过程中，系统将在每行文字的末尾添加一个换行符，使其成为独立的文本行。另外，在转换之前，如果段落文字图层中的某些文字超出文本框范围，没有被显示出来，则表示这部分文字在转换过程中已被删除。

9.3.7　将文字转换为选区

在 Photoshop CS4 中，有时候需要将文字转换为选区，再进行编辑处理，从而创作出特殊的文字效果。具体的操作方法如下：

（1）在图层面板中选择需要转换的文字图层。

（2）在按住“Ctrl”键的同时在图层面板中单击文字图层列表前的缩览图，即可将文字图层转换为选区，如图 9.3.13 所示。

图 9.3.13　将文字图层转换为选区

9.3.8　将文字转换为路径

在 Photoshop CS4 中，可以将文字转换为工作路径，转换后的工作路径可以像其他路径一样存储并进行其他的操作。另外，转换后的工作路径不会影响原来的文字图层。

选择文字图层后，选择菜单栏中的 图层(L) → 文字 → 创建工作路径(C) 命令，即可将文字转换为工作路径，如图 9.3.14 所示。

此时，利用各种路径工具对转换后的文字路径进行调整，如图 9.3.15 所示。

图 9.3.14　将文字转换为路径

图 9.3.15　调整后的效果

9.3.9　将文字转换为形状

Photoshop CS4 提供了将文字转换为形状的功能，利用该功能，用户可以制作一些特殊的文字效果。将文字转换为形状的具体操作如下：

（1）选择菜单栏中的 图层(L) → 文字 → 转换为形状(A) 命令，即可将文字图层转换为形状图层，效果及其图层面板如图 9.3.16 所示。

（2）对形状图层进行编辑，并为其添加图层样式，效果如图 9.3.17 所示。

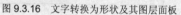

图 9.3.16　文字转换为形状及其图层面板

图 9.3.17　添加图层样式后的效果

9.4　上机实战——制作火光字

本节主要利用所学的知识制作火光字，最终效果如图 9.4.1 所示。

图 9.4.1　最终效果图

操作步骤

（1）启动 Photoshop CS4 应用程序，新建一个背景色为黑色的文档。

（2）单击工具箱中的“横排文字工具”按钮，设置字体为“华文琥珀”，字号为“200”，颜色为“红色”（R：255，G：0，B：0），输入文字“火光字”，如图 9.4.2 所示。

（3）单击图层面板底部的“创建新图层”按钮，新建“图层 1”。按“Ctrl”键的同时单击“火光字”层，将其载入选区。

（4）设置前景色为黑色，按“Alt+Delete”键填充选区，然后按“Ctrl+Shift+I”组合键进行反选，再用白色填充到反选后的选择区域内，最后按“Ctrl+D”键取消选区，效果如图 9.4.3 所示。

图 9.4.2　输入文字

图 9.4.3　填充选区

（5）选择菜单栏中的 滤镜(T) → 扭曲 → 极坐标... 命令，弹出“极坐标”对话框，其参数设置如图 9.4.4 所示。

（6）设置好参数后，单击 确定 按钮，应用极坐标滤镜效果如图 9.4.5 所示。

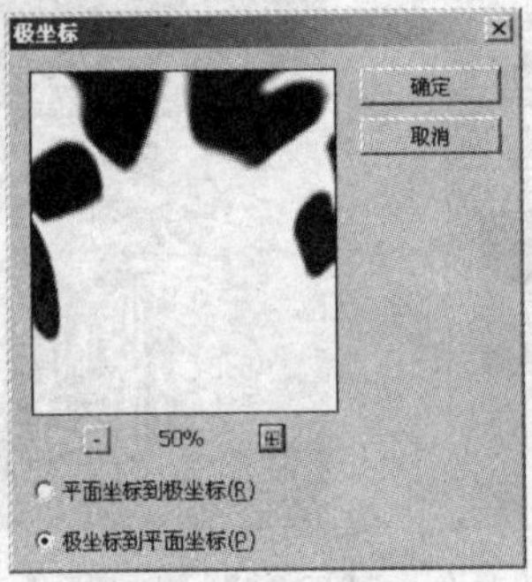

图 9.4.4　“极坐标”对话框

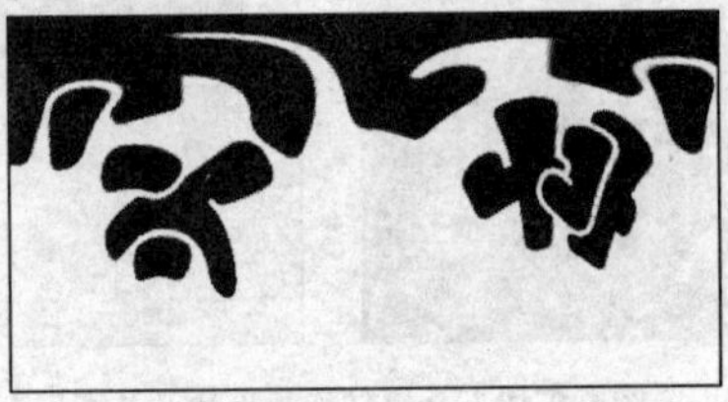

图 9.4.5　极坐标效果

（7）将画布顺时针旋转 90°，然后选择菜单栏中的 图像(I) → 调整(A) → 反相(I) 命令，效果如图 9.4.6 所示。

（8）选择菜单栏中的 滤镜(T) → 风格化 → 风... 命令，在弹出的“风”对话框中选择方法为“风”、方向为“从右”，再按两次“Ctrl+F”键重复此滤镜命令，效果如图 9.4.7 所示。

图 9.4.6　图层反相

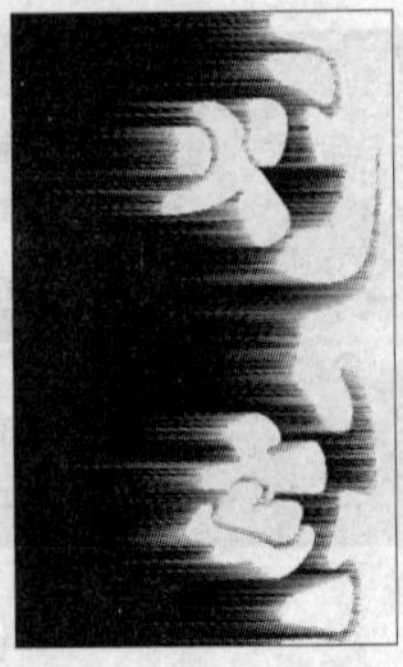

图 9.4.7　应用风滤镜效果

（10）将画布逆时针旋转 90 度，重复步骤（5）的操作，在弹出的“极坐标”对话框中选中 ⊙平面坐标到极坐标(R) 单选按钮，得到的效果如图 9.4.8 所示。

（11）在图层面板中更改图层混合模式为“强光”，然后选择菜单栏中的 图像(I) → 调整(A) → 亮度/对比度(C)... 命令调整文字的亮度，效果如图 9.4.9 所示。

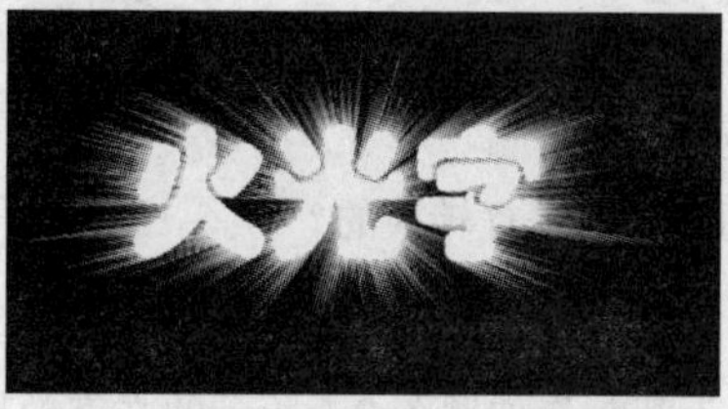

图 9.4.8　应用极坐标滤镜效果

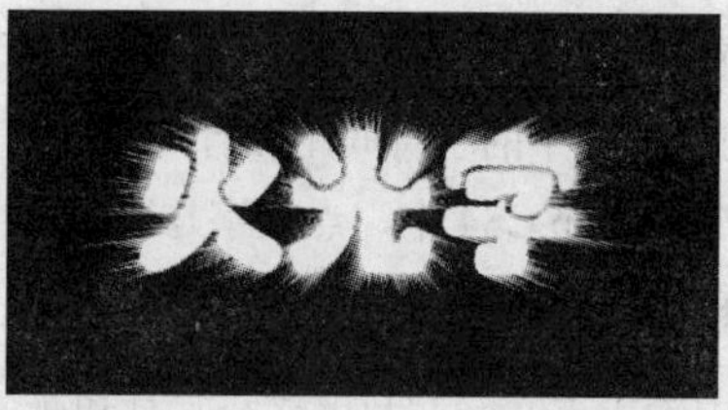

图 9.4.9　调整亮度与对比度后效果

（12）选择菜单栏中的 图像(I) → 调整(A) → 色相/饱和度(H)... 命令，调整文字的颜色，最终效果如图 9.4.1 所示。

本 章 小 结

本章主要介绍了 Photoshop CS4 的文本工具及文字图层的编辑功能。通过本章的学习，读者应该熟练掌握文字的各种编辑方法，并能灵活运用文字工具创建出特殊的文字效果。

操 作 练 习

一、填空题

1．文字工具包括______、______、______和______4 种。

2．文字属性和段落属性是通过______和______来完成的。

3．当输入______时，每行文字都是独立的，行的长度随着编辑增加或缩短，但不换行；输入______时，文字基于定界框的尺寸换行。

4．文字的排列方式有两种，即______和______排列。

5．栅格化文字图层，就是将文字图层转换为______。

6．段落缩进是指______文字与______之间的距离。

二、选择题

1．利用（　）可以在图像中直接创建选区文字。

（A）横排文字工具　　（B）横排文字蒙版工具

（C）直排文字工具　　（D）直排文字蒙版工具

2．在选中文字图层且启动文字工具的情况下，显示文字定界框的方法是（　）。

（A）在图像中的文本中单击　　（B）在图像中的文本中双击

（C）按 Ctrl 键　　（D）使用选择工具

3．在字符面板中，可以对文字属性进行设置，这些设置包括（　）。

（A）字体、大小　　（B）字间距和行距

（C）字体颜色　　　　　　　　　　（D）以上都正确

4．在段落面板中将整个段落文字左对齐，可以使用（　）按钮。

（A）　　　　　　　　　　（B）

（C）　　　　　　　　　　（D）

三、简答题

1．如何更改文字的字符间距和行间距？

2．在 Photoshop CS4 中，点文字与段落文字之间是如何进行转换的？

四、上机操作题

在图像中输入点文字，利用路径工具和画笔工具为其制作如题图 9.1 所示的文字效果。

题图 9.1　效果图

第 10 章　使用滤镜特效

滤镜是 Photoshop 软件中的特色工具之一，充分而适度地利用好滤镜，不仅可以改善图像效果、掩盖缺陷，还可以在原有图像的基础上产生许多特殊炫目的效果。本章将详细讲述这些滤镜的作用效果与使用技巧。

知识要点

- 滤镜简介
- 智能滤镜的应用
- 基本滤镜的应用
- 特殊滤镜的应用

10.1　滤 镜 简 介

滤镜主要是用来制作图像的各种特殊效果，它通过分析图像中各个像素的值，根据滤镜中各种不同功能的要求，调用不同的运算模块处理图像，以达到所需的效果。

10.1.1　滤镜的使用范围

Photoshop 的滤镜功能是该软件中用处最多、效果最奇妙的功能。Photoshop 提供了 100 多种不同效果的滤镜，使用这些滤镜可以模拟世界的事物及现象，也可以创造具有丰富想象力的作品。

滤镜可以应用于图像的选择区域，也可以应用于整个图层。Photoshop 中的滤镜从功能上基本分为矫正性滤镜与破坏性滤镜。矫正性滤镜包括模糊、锐化、视频、杂色以及其他滤镜，它们对图像处理的效果很微妙，可调整对比度、色彩等宏观效果。除这几种滤镜外，滤镜(T)菜单中的其他滤镜都属于破坏性滤镜，破坏性滤镜对图像的改变比较明显，主要用于构造特殊的艺术效果。

滤镜的处理以像素为单位，因此滤镜的处理效果与分辨率有关，同一幅图像如果分辨率不同，处理时所产生的效果也不同。

在为图像添加滤镜时，图像如果是在位图、索引图、48 位 RGB 图、16 位灰度图等色彩模式下，将不允许使用滤镜；在 CMYK、Lab 色彩模式下，将不允许使用艺术效果、画笔描边、素描、纹理以及视频等滤镜。

10.1.2　滤镜的使用方法

滤镜的使用方法与其他工具有一些差别，下面先对相关的事项进行介绍。

（1）上一次选取的滤镜将出现在菜单顶部，按“Ctrl+F”键，可以快速重复使用该滤镜，若要使用新的设置选项，需要在对话框中设置。

（2）按“Esc”键，可以放弃当前正在应用的滤镜。

（3）按“Ctrl+Z”键，可以还原滤镜的操作。

（4）按“Ctrl+Alt+F”键，可以显示出最近应用的滤镜对话框。

（5）滤镜可以应用于可视图层。

（6）不能将滤镜应用于位图模式或索引颜色的图像。

（7）有些滤镜只对 RGB 图像产生作用。

在为图像添加滤镜效果时，通常会占用计算机系统的大量内存，特别是在处理高分辨率的图像时就更加明显。用户可以使用如下方法进行优化：

（1）在处理大图像时，先在图像局部添加滤镜效果。

（2）如果图像很大，且有内存不足的问题时，可以将滤镜效果应用于图像的单个通道。

（3）关闭其他应用程序，以便为 Photoshop 提供更多的可用内存。

（4）如果要打印黑白图像，最好在应用滤镜之前，先将图像的一个副本转换为灰度图像。

如果将滤镜应用于彩色图像后再转换为灰度，则所得到的效果可能与该滤镜直接应用于此图像的灰度图的效果不同。

10.2 智能滤镜的应用

在 Photoshop CS4 中智能滤镜可以在不破坏图像本身像素的条件下为图层添加滤镜效果。

10.2.1 创建智能滤镜

图层面板中的普通图层应用滤镜后，原来的图像将会被取代；图层面板中的智能对象可以直接将滤镜添加到图像中，但是不破坏图像本身的像素。

首先选择 图层(L) → 智能对象 → 转换为智能对象(S) 命令，即可将普通图层的背景图层变成智能对象，或选择 滤镜(T) → 转换为智能滤镜 命令，此时会弹出如图 10.2.1 所示的提示对话框，单击 确定 按钮，即可将当前图层转换为智能对象图层，再执行相应的滤镜命令，就会在图层面板中看到该滤镜显示在智能滤镜的下方，如图 10.2.2 所示。

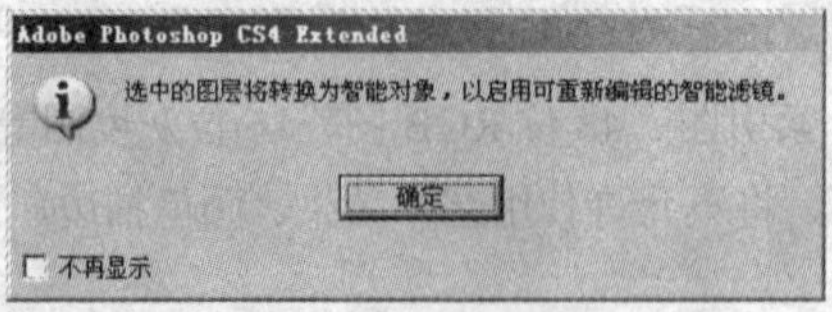

图 10.2.1 提示对话框

图 10.2.2 智能滤镜

10.2.2 停用/启用智能滤镜

在图层面板中应用智能滤镜后，选择菜单栏中的 图层(L) → 智能滤镜 → 停用智能滤镜 命令，即可将当前使用的智能效果隐藏，还原图像的原来品质，此时 智能滤镜 子菜单中的 停用智能滤镜 命令变成 启用智能滤镜 命令，执行此命令即可启用智能滤镜，如图 10.2.3 所示。

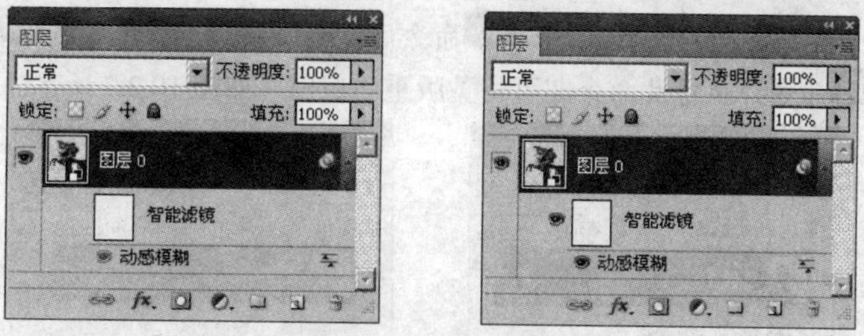

图 10.2.3 停用/启用智能滤镜

10.2.3 编辑智能滤镜混合选项

在应用的滤镜效果名称上单击鼠标右键，从弹出的如图 10.2.4 所示的菜单中选择 编辑智能滤镜混合选项... 选项，或在图层面板中的 按钮上双击鼠标，即可弹出“混合选项”对话框，在该对话框中可以设置该滤镜在图层中的 模式(M): 和 不透明度(O):，如图 10.2.5 所示。

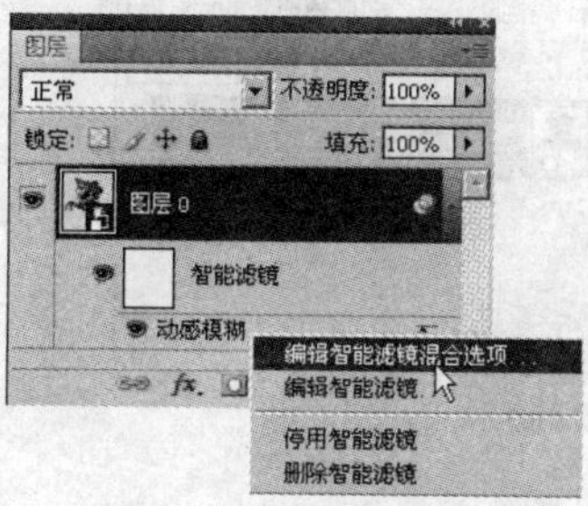

图 10.2.4 选择“编辑智能滤镜混合选项”选项

图 10.2.5 “混合选项”对话框

10.2.4 删除/添加滤镜蒙版

选择菜单栏中的 图层(L) → 智能滤镜 → 删除滤镜蒙版 命令，即可将智能滤镜中的蒙版从图层面板中删除，此时 智能滤镜 子菜单中的 删除滤镜蒙版 命令将变成 添加滤镜蒙版 命令，执行此命令即可将蒙版添加到滤镜后面，如图 10.2.6 所示。

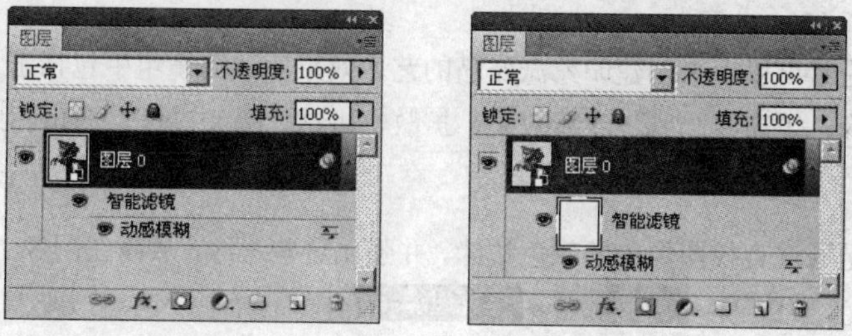

图 10.2.6 删除/添加滤镜蒙版

10.2.5 停用/启用滤镜蒙版

选择菜单栏中的 图层(L) → 智能滤镜 → 停用滤镜蒙版(B) 命令，即可将智能滤镜中的蒙版停用，此时会在蒙版上出现一个红叉。应用停用滤镜蒙版(B)命令后，智能滤镜子菜单中的停用滤镜蒙版(B)命令将变成启用滤镜蒙版(B)命令，执行此命令即可将蒙版重新启用，如图 10.2.7 所示。

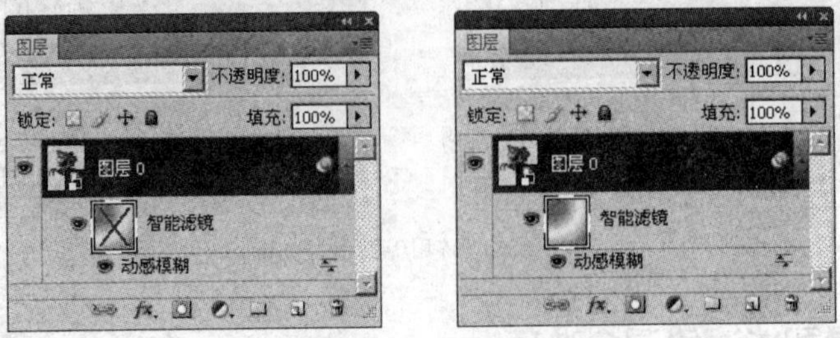

图 10.2.7　停用/启用滤镜蒙版

10.2.6　清除智能滤镜

选择菜单栏中的图层(L)→智能滤镜→清除智能滤镜命令，即可将应用的智能滤镜从“图层”面板中删除，如图 10.2.8 所示。

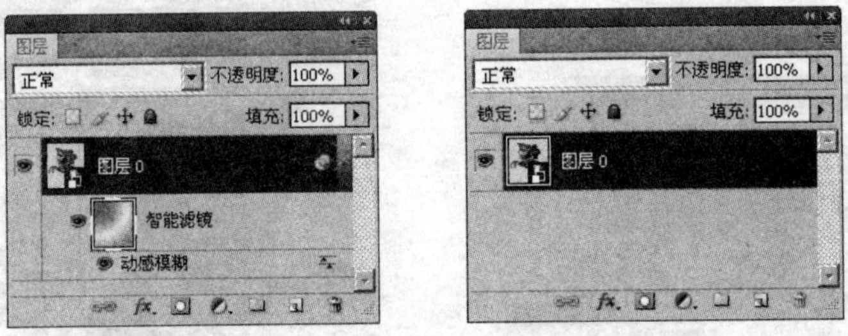

图 10.2.8　清除智能滤镜

10.3　基本滤镜的应用

基本滤镜是 Photoshop CS4 滤镜的主要组成部分，主要包括风格化、模糊、扭曲、杂色、渲染、素描等滤镜组，下面分别对其进行介绍。

10.3.1　风格化滤镜组

风格化滤镜组通常可以用来创建印象派作品的艺术效果。该滤镜组中包括了 9 种不同风格的滤镜，分别为查找边缘、等高线、风、浮雕效果、扩散、拼贴、曝光过度、凸出和照亮边缘。

1. 照亮边缘

照亮边缘滤镜是通过查找图像中的颜色边缘，并强化这些边缘，从而在图像上产生发光的轮廓效果。选择菜单栏中的滤镜(T)→风格化→照亮边缘...命令，弹出“照亮边缘”对话框。

在边缘宽度(E)文本框中输入数值，可以设置发光轮廓线的宽度，其取值范围为 1～14。

在边缘亮度(B)文本框中输入数值，可以设置发光轮廓线的亮度，其取值范围为 0～20。

在平滑度(S)文本框中输入数值，可以设置发光轮廓线的平滑程度，其取值范围为 1～15。

设置好参数后，单击确定按钮，效果如图 10.3.1 所示。

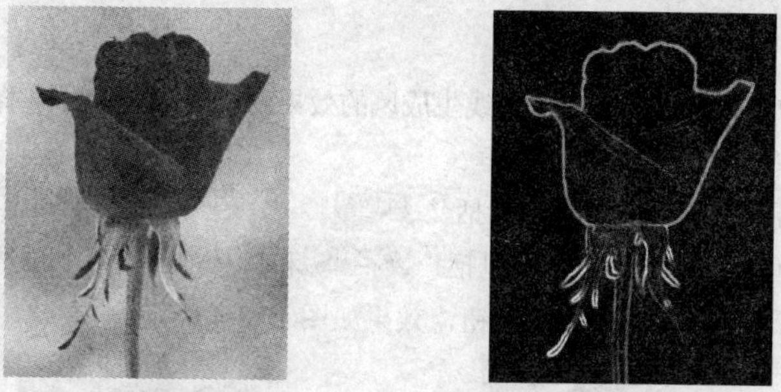

图 10.3.1　应用照亮边缘滤镜效果

2．浮雕效果

浮雕效果滤镜通过勾画图像或选区的轮廓和降低周围色值来生成浮雕图像效果。打开一幅图像，选择菜单栏中的 滤镜(T) → 风格化 → 浮雕效果... 命令，弹出“浮雕效果”对话框。

在 角度(A): 输入框中输入数值，可设置光线照射的角度值。

在 高度(H): 输入框中输入数值，可设置浮雕凸起的高度。

在 数量(M): 输入框中输入数值，可设置凸出部分细节的百分比。

设置相关的参数后，单击 确定 按钮，效果如图 10.3.2 所示。

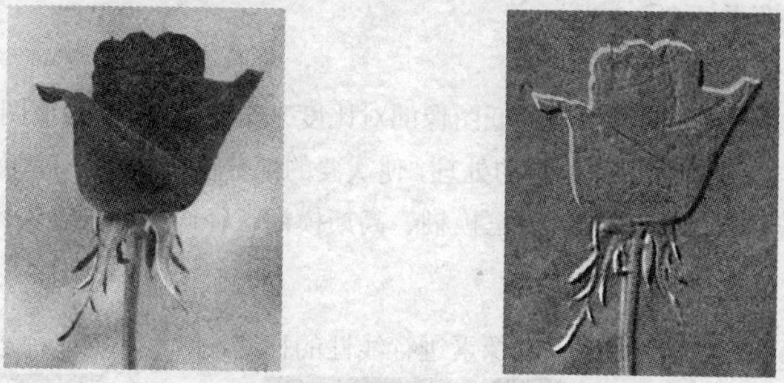

图 10.3.2　应用浮雕滤镜效果

3．拼贴

利用拼贴滤镜可以使图像产生类似用瓷砖拼贴的效果。打开一幅图像，选择菜单栏中的 滤镜(T) → 风格化 → 拼贴... 命令，弹出“拼贴”对话框。

在 拼贴数: 输入框中输入数值，可设置在图像中每行和每列显示的小方格数量。

在 最大位移: 输入框中输入数值，可设置小方格偏移的距离。

填充空白区域用: 选项区用于设置拼贴块之间空白区域的填充方式。

设置好相关的参数后，单击 确定 按钮，效果如图 10.3.3 所示。

图 10.3.3　应用拼贴滤镜前后的效果对比

4．风

风滤镜通过在图像中添加一些小的水平线生成风的效果。打开一幅图像，选择菜单栏中的滤镜(T)→风格化→风...命令，弹出“风”对话框。

在方法选项区中可设置风力的大小，包括⊙风(W)、⊙大风(B)和⊙飓风(S)3个单选按钮。

在方向选项区中可设置风吹的方向，包括⊙从右(R)和⊙从左(L)两个单选按钮。

设置相关的参数后，单击确定按钮，效果如图10.3.4所示。

图10.3.4　应用风滤镜前后的效果对比

10.3.2　模糊滤镜组

模糊滤镜组可以通过不同程度地降低图像的对比度来柔化图像。当强调图像中的主题或图像的边缘过渡太突然时，需要对图像进行一定的处理，使次要的部分变得模糊，或者使边缘的过渡变得柔和。该滤镜组包括表面模糊、动感模糊、方框模糊、高斯模糊、径向模糊、镜头模糊等11种滤镜。

1．动感模糊

动感模糊滤镜可在指定的方向上对像素进行线性的移动，使其产生一种运动模糊的效果。打开一幅图像，选择菜单栏中的滤镜(T)→模糊→动感模糊...命令，弹出动感模糊对话框。

在角度(A):输入框中输入数值，设置动感模糊的方向。

在距离(D):输入框中输入数值，设置处理图像的模糊强度，输入数值范围为1～999。

设置相关的参数后，单击确定按钮，效果如图10.3.5所示。

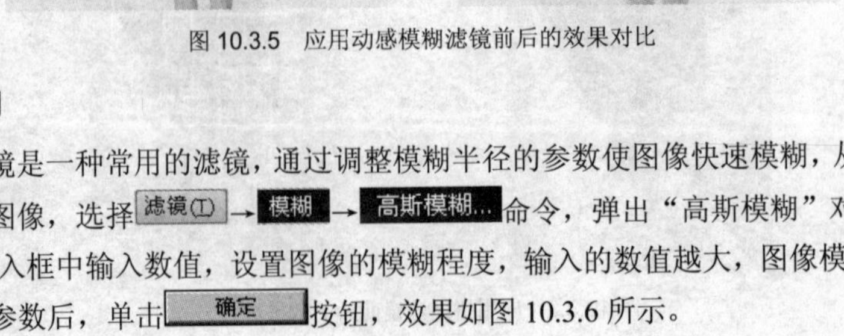

图10.3.5　应用动感模糊滤镜前后的效果对比

2．高斯模糊

高斯模糊滤镜是一种常用的滤镜，通过调整模糊半径的参数使图像快速模糊，从而产生一种朦胧效果。打开一幅图像，选择滤镜(T)→模糊→高斯模糊...命令，弹出“高斯模糊”对话框。

在半径(R):输入框中输入数值，设置图像的模糊程度，输入的数值越大，图像模糊的效果越明显。

设置相关的参数后，单击确定按钮，效果如图10.3.6所示。

图 10.3.6　应用高斯模糊滤镜前后的效果对比

3．径向模糊

径向模糊滤镜可对图像进行旋转模糊，也可将图像从中心向外缩放模糊。打开一幅图像，选择菜单栏中的 滤镜(T) → 模糊 → 径向模糊... 命令，弹出“径向模糊”对话框。

在 数量(A) 文本框中输入数值，可设置图像产生模糊效果的强度，输入数值范围为 1～100。

在 模糊方法: 选项区中可选择模糊的方法。

在 品质: 选项区中可选择生成模糊效果的质量。

设置相关的参数后，单击 确定 按钮，效果如图 10.3.7 所示。

图 10.3.7　应用径向模糊滤镜前后的效果对比

4．特殊模糊

利用特殊模糊滤镜可以使图像产生一种清晰边界的模糊效果。打开一幅图像，选择菜单栏中的 滤镜(T) → 模糊 → 特殊模糊... 命令，弹出“特殊模糊”对话框。

在 半径 输入框中输入数值，设置辐射的范围大小。

在 阈值 输入框中输入数值，设置模糊的阈值，输入数值范围为 0.1～100。

在 品质: 下拉列表中选择模糊效果的质量。

在 模式: 下拉列表中选择产生图像效果的模式。

设置相关的参数后，单击 确定 按钮，效果如图 10.3.8 所示。

图 10.3.8　应用特殊模糊滤镜前后的效果对比

10.3.3 扭曲滤镜组

扭曲滤镜可以对图像进行扭曲变形等操作，从而产生特殊的效果，此滤镜组是一组功能强大的滤镜。

1. 玻璃

使用玻璃滤镜可产生一种类似透过玻璃看图像的效果。可以在一幅图像上创建富有特色的玻璃透镜。选择菜单栏中的 滤镜(T) → 扭曲 → 玻璃... 命令，弹出“玻璃”对话框。

在 扭曲度(D) 文本框中输入数值设置图像的变形程度。

在 平滑度(M) 文本框中输入数值设置玻璃的平滑程度。

在 缩放(S) 文本框中输入数值设置纹理的缩放比例。

在 纹理(T): 下拉列表中选择表面纹理的变形类型，选项为 小镜头。

选中 ☑ 反相(I) 复选框，可以使图像中的纹理图进行反转。

设置好参数后，单击 确定 按钮，效果如图 10.3.9 所示。

图 10.3.9 应用玻璃滤镜前后效果对比

2. 切变

切变滤镜可使图像沿设置的曲线进行扭曲变形。选择菜单栏中的 滤镜(T) → 扭曲 → 切变... 命令，弹出“切变”对话框，在此对话框中调节直线的弯曲程度，可设置图像的扭曲程度，调整好后，单击 确定 按钮，效果如图 10.3.10 所示。

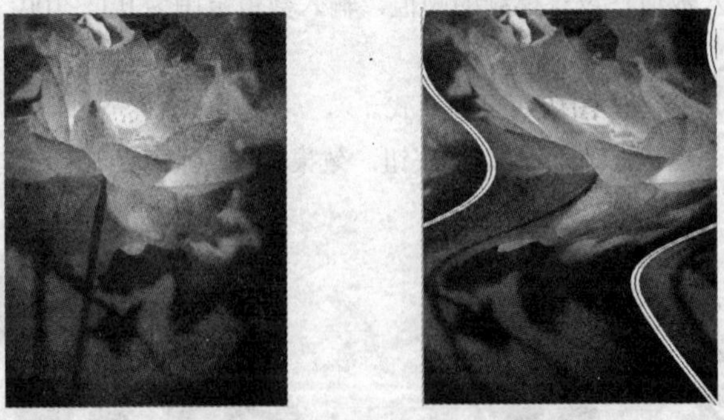

图 10.3.10 应用切变滤镜前后效果对比

3. 波纹

波纹滤镜可以使图像表面产生一些起伏的小波纹，其效果看上去像是水面上产生的波纹一样。打开一幅图像，选择菜单栏中的滤镜(T)→扭曲→波纹...命令，弹出“波纹”对话框。

在数量(A)文本框中输入数值设置产生波纹的数量，输入数值范围为−999～999。

在大小(S)下拉列表中选择波纹的大小。

设置相关的参数后，单击确定按钮，效果如图10.3.11所示。

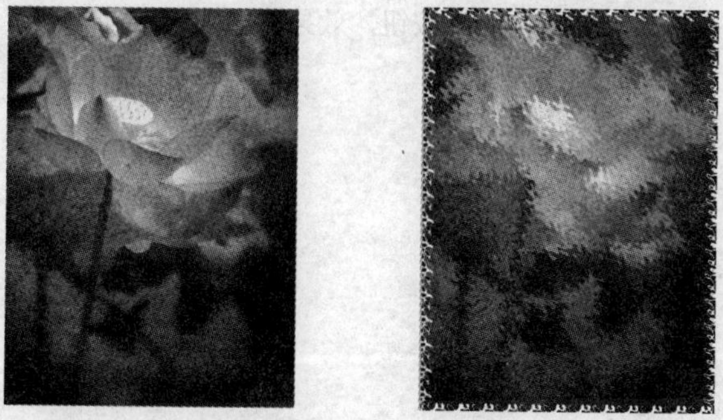

图10.3.11 应用波纹滤镜前后效果对比

4. 扩散亮光

扩散亮光滤镜可使图像产生一种弥漫着光热的效果。选择菜单栏中的滤镜(T)→扭曲→扩散亮光...命令，弹出“扩散亮光”对话框。

在粒度(G)文本框中输入数值，可以设置产生杂点颗粒的数量，其取值范围为0～10。

在发光量(L)文本框中输入数值，可以设置光线的照射强度，其取值范围为0～20。一般情况下，该参数不应设置得太大，在10以内的效果会比较好一些。

在清除数量(C)文本框中输入数值，可以设置图像效果的清晰度，其取值范围为0～20。

设置好参数后，单击确定按钮，效果如图10.3.12所示。

图10.3.12 应用扩散亮光滤镜前后效果对比

10.3.4 艺术效果滤镜组

艺术效果滤镜用于为美术或商业项目制作绘画效果或艺术效果。艺术效果滤镜组中共包含15种不同的滤镜，使用这些滤镜，可模仿不同风格的艺术绘画效果。

1. 塑料包装

塑料包装滤镜可以使图像如涂上一层光亮的塑料，以产生一种表面质感很强的塑料包装效果，使图像具有立体感。打开一幅图像，选择菜单栏中的滤镜(T)→艺术效果→塑料包装...命令，弹出“塑料包装”对话框。

在 高光强度(H) 输入框中输入数值，可设置塑料包装效果中高亮度点的亮度。

在 细节(D) 输入框中输入数值，可设置产生效果细节的复杂程度。

在 平滑度(S) 输入框中输入数值，可设置产生塑料包装效果的光滑度。

设置相关的参数后，单击 确定 按钮，效果如图 10.3.13 所示。

图 10.3.13　应用塑料包装滤镜前后的效果对比

2．海报边缘

使用海报边缘滤镜可以减少图像中的颜色数量，并用黑色勾画轮廓，使图像产生海报画的效果。打开一幅图像，选择菜单栏中的 滤镜(T) → 艺术效果 → 海报边缘... 命令，弹出“海报边缘”对话框。

在 边缘厚度(E) 输入框中输入数值，设置边缘的宽度。

在 边缘强度(I) 输入框中输入数值，设置边缘的可见程度。

在 海报化(P) 输入框中输入数值，设置颜色在图像上的渲染效果。

设置相关的参数后，单击 确定 按钮，效果如图 10.3.14 所示。

图 10.3.14　应用海报边缘滤镜前后的效果对比

3．彩色铅笔

彩色铅笔滤镜可以使图像产生类似用彩色铅笔在黑色、灰色、白色纸上作画的效果。该滤镜使用图像中的主要颜色，并把那些次要的颜色变为纸色（这取决于参数的设置）。打开一幅图像，选择菜单栏中的 滤镜(T) → 艺术效果 → 彩色铅笔... 命令，弹出“彩色铅笔”对话框。

在 铅笔宽度(P) 文本框中输入数值，可以设置笔画的宽度和密度，其取值范围为 1～24。该参数设置为 1 时，图像几乎全是彩色区，只显示出少量的背景色；该参数设置为 24 时，图像被打碎成以粗糙的背景色为主的画面，大小与原图像相等。

在 描边压力(S) 文本框中输入数值，可以设置图像中颜色的明暗度，其取值范围为 0～15。该参数设置为 0 时，无论其他参数如何调整，图像都不发生变化；设置为 15 时，则图像保持原有的亮度。

在 纸张亮度(B) 文本框中输入数值，可以设置图纸的亮度，其取值范围为 0～50。

设置好参数后，单击确定按钮，效果如图 10.3.15 所示。

图 10.3.15 应用彩色铅笔滤镜前后效果对比

4．海绵

海绵滤镜是使用颜色对比强烈、纹理较重的区域创建图像，使图像看上去好像是用海绵绘制的。打开一幅图像，选择菜单栏中的滤镜(T)→艺术效果→海绵...命令，弹出“海绵”对话框。

在画笔大小(B)输入框中输入数值，可以设置画笔笔刷的大小，其取值范围为 0～10。

在清晰度(D)输入框中输入数值，可以设置画笔的粗细程度，其取值范围为 0～25。

在平滑度(S)输入框中输入数值，可以设置效果的平滑程度，其取值范围为 1～15。

设置相关的参数后，单击确定按钮，效果如图 10.3.16 所示。

图 10.3.16 应用海绵滤镜前后的效果对比

10.3.5 像素化滤镜组

像素化滤镜组主要用来将图像分块或将图像平面化，将图像中颜色相近的像素连接，形成相近颜色的像素块。

1．铜版雕刻

铜版雕刻滤镜是用点、线条或画笔重新生成图像。选择菜单栏中的滤镜(T)→像素化→铜版雕刻...命令，弹出“铜版雕刻”对话框。在其对话框中的类型下拉列表中选择铜版雕刻的类型，设置完成后，单击确定按钮。使用铜版雕刻滤镜前后的效果对比如图 10.3.17 所示。

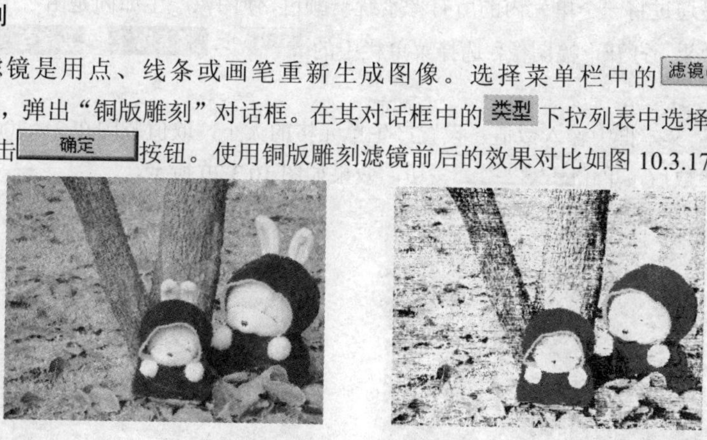

图 10.3.17 应用铜版雕刻滤镜前后效果对比

2．点状化

点状化滤镜可将图像中的颜色分散为随机分布的网点，且用背景色来填充网点之间的区域，从而实现点描画的效果。打开一幅图像，选择菜单栏中的滤镜(T)→像素化→点状化...命令，弹出“点状化”对话框。在其对话框中设置单元格大小(C)数值，设置好参数后，单击确定按钮。使用点状化滤镜前后的效果对比如图 10.3.18 所示。

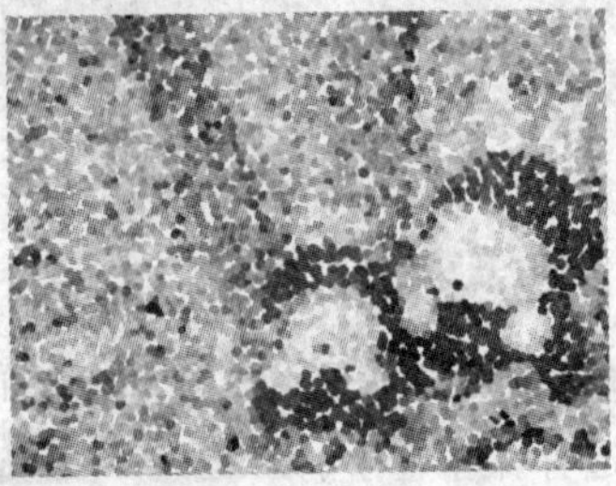

图 10.3.18　应用点状化滤镜前后效果对比

3．彩色半调

彩色半调滤镜模拟在图像的每个通道上使用放大的半调网屏效果。打开一幅图像，选择菜单栏中的滤镜(T)→像素化→彩色半调...命令，弹出“彩色半调”对话框。

在最大半径(R):文本框中输入数值，设置网格的大小；在网角(度):选项区中设置屏蔽的度数，其中的 4 个通道分别代表填入的颜色之间的角度，每一个通道的取值范围在－360～360 之间。

设置相关的参数后，单击确定按钮，效果如图 10.3.19 所示。

图 10.3.19　应用彩色半调滤镜前后效果对比

4．马赛克

马赛克滤镜是通过将一个单元内的所有像素统一颜色，使图像产生如同是由一个个单一色彩小方块组成的马赛克效果。打开一幅图像，选择菜单栏中的滤镜(T)→像素化→马赛克...命令，弹出“马赛克”对话框。

在单元格大小(C):文本框中输入数值，设置产生单元格的大小，取值范围在 2～200 之间。

设置相关的参数后，单击确定按钮，效果如图 10.3.20 所示。

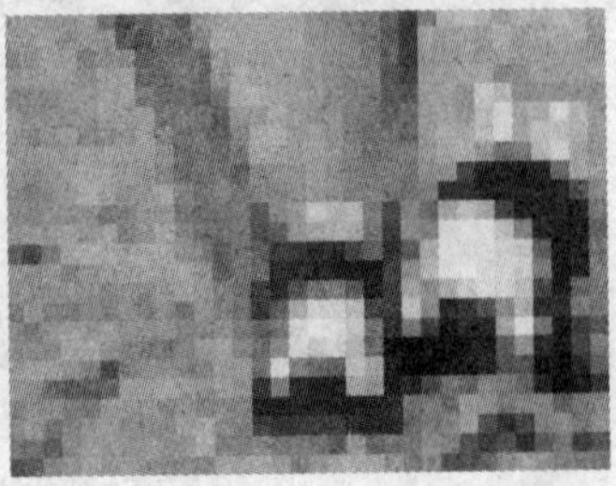

图 10.3.20　应用马赛克滤镜前后效果对比

10.3.6　画笔描边滤镜组

画笔描边滤镜可使用不同的画笔和油墨描边效果创造出绘画效果的外观。此滤镜组中的滤镜可为图像添加喷溅、喷色描边、成角的线条以及烟灰墨，从而获得点状化效果。

1．成角的线条

成角的线条滤镜命令是利用两种角度的线条来描绘图像，使图像产生具有方向性的线条效果。选择 滤镜(T) → 画笔描边 → 成角的线条... 命令，弹出“成角的线条”对话框。

在 方向平衡(D) 文本框中输入数值，可设置描边线条的方向角度；在 描边长度(L) 文本框中输入数值，可设置描边线条的长度；在 锐化程度(S) 文本框中输入数值，可设置图像效果的锐化程度。

设置完成后，单击 确定 按钮，效果如图 10.3.21 所示。

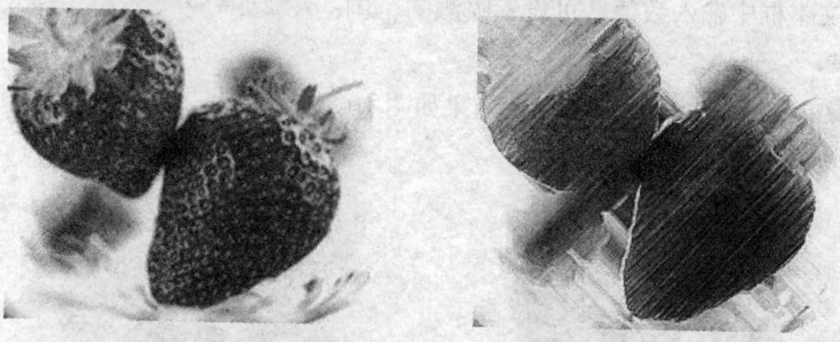

图 10.3.21　应用成角的线条滤镜效果

2．墨水轮廓

利用墨水轮廓滤镜可在图像中建立黑色油墨的喷溅效果。选择 滤镜(T) → 画笔描边 → 墨水轮廓... 命令，弹出“墨水轮廓”对话框。

在 描边长度(S) 文本框中输入数值，可设置画笔描边的线条长度；在 深色强度(D) 文本框中输入数值，可设置黑色油墨的强度；在 光照强度(L) 文本框中输入数值，可设置图像中浅色区域的光照强度。

设置完成后，单击 确定 按钮，效果如图 10.3.22 所示。

图 10.3.22　应用墨水轮廓滤镜效果

3．强化的边缘

利用强化的边缘滤镜命令可以强化勾勒图像的边缘，使图像边缘产生荧光效果。选择 滤镜(T) → 画笔描边 → 强化的边缘... 命令，弹出“强化的边缘”对话框。

在 边缘宽度(W) 文本框中输入数值，可以设置需要强化的边缘宽度；在 边缘亮度(B) 文本框中输入数值，可以设置边缘的明亮程度；在 平滑度(S) 文本框中输入数值，可以设置图像效果的平滑程度。

设置完成后，单击 确定 按钮，效果如图 10.3.23 所示。

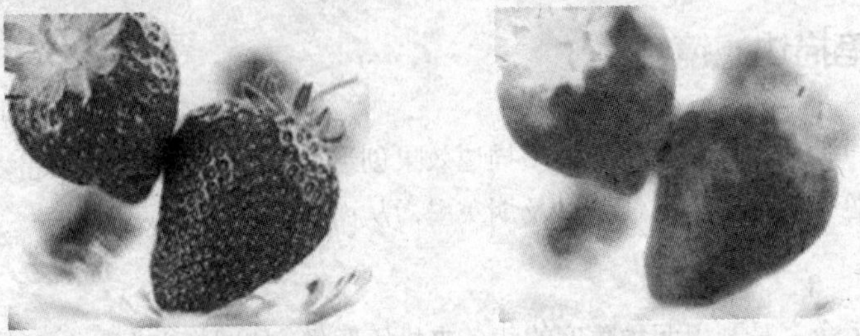

图 10.3.23　应用强化的边缘滤镜效果

4．喷溅

喷溅滤镜命令是利用图像本身的颜色来产生喷溅效果的，类似于用水在画面上喷溅、浸润的效果。选择滤镜(T)→画笔描边→喷溅...命令，弹出“喷溅”对话框。

在喷色半径(R)文本框中输入数值，可设置喷溅的范围；在平滑度(S)文本框中输入数值，可设置喷溅效果的平滑程度。

设置完成后，单击确定按钮，效果如图 10.3.24 所示。

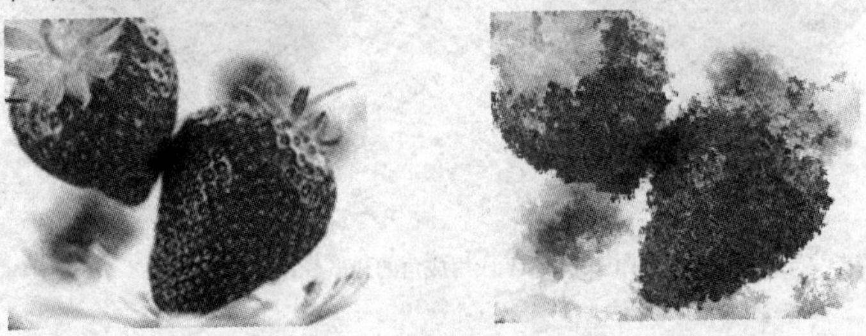

图 10.3.24　应用喷溅滤镜效果

10.3.7　素描滤镜组

素描滤镜主要通过模拟素描、速写等绘画手法使图像产生不同的艺术效果。该滤镜可以在图像中添加底纹从而使图像产生三维效果。素描滤镜组中的大部分滤镜都要配合前景色与背景色使用。

1．网状

利用网状滤镜命令可使图像产生一种胶片感光剂失效后的效果。选择滤镜(T)→素描→网状...命令，弹出“网状”对话框。

在浓度(D)文本框中输入数值，可以设置产生网点的密度；在前景色阶(F)文本框中输入数值，可以设置前景色的色彩层次；在背景色阶(B)文本框中输入数值，可以设置背景色的色彩层次。

设置完成后，单击确定按钮，效果如图 10.3.25 所示。

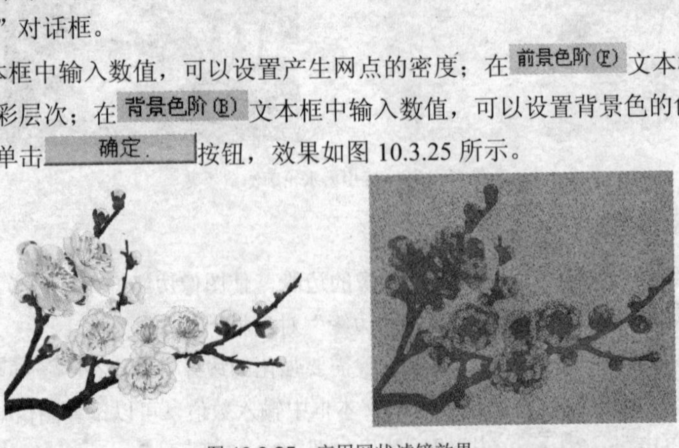

图 10.3.25　应用网状滤镜效果

2．撕边

利用撕边滤镜可以将图像撕成碎纸片状，使图像产生粗糙的边缘，并以前景色与背景色渲染图像。打开一幅图像，选择菜单栏中的 滤镜(T) → 素描 → 撕边... 命令，弹出“撕边”对话框。

在 图像平衡(I) 输入框中输入数值，设置前景色与背景色之间的平衡比例。

在 平滑度(S) 输入框中输入数值，设置撕破边缘的平滑程度。

在 对比度(C) 输入框中输入数值，设置图像的对比度。

设置相关的参数后，单击 确定 按钮，效果如图 10.3.26 所示。

图 10.3.26　应用撕边滤镜前后的效果对比

3．影印

影印滤镜可用前景色与背景色来模拟影印图像效果，图像中较暗的区域显示为背景色，较亮的区域显示为前景色。打开一幅图像，选择菜单栏中的 滤镜(T) → 素描 → 影印... 命令，弹出“影印”对话框。

在 细节(D) 输入框中输入数值，可设置图像影印效果细节的明显程度。

在 暗度(A) 输入框中输入数值，可设置图像较暗区域的明暗程度，输入数值越大，暗区越暗。

设置相关的参数后，单击 确定 按钮，效果如图 10.3.27 所示。

图 10.3.27　应用影印滤镜前后的效果对比

4．水彩画纸

水彩画纸滤镜可以使图像产生类似在潮湿的纸上绘图而产生画面浸湿的效果。打开一幅图像，选择菜单栏中的 滤镜(T) → 素描 → 水彩画纸... 命令，弹出“水彩画纸”对话框。

在 纤维长度(F) 输入框中输入数值，可设置扩散的程度与画笔的长度。

在 亮度(B) 输入框中输入数值，可设置图像的亮度。

在 对比度(C) 输入框中输入数值，可设置图像的对比度。

设置相关的参数后，单击 确定 按钮，效果如图 10.3.28 所示。

图 10.3.28 应用水彩画纸滤镜前后的效果对比

5. 半调图案

半调图案滤镜使用前景色和背景色在当前图像中重新添加颜色，使图像产生网状图案效果。打开一幅图像，选择菜单栏中的 滤镜(T) → 素描 → 半调图案... 命令，弹出“半调图案”对话框。

在 大小(S) 输入框中输入数值，设置图案的大小。

在 对比度(C) 输入框中输入数值，设置图像中前景色和背景色的对比度。

在 图案类型(P): 下拉列表中可选择产生的图案类型，包括圆形、网点和直线 3 种类型。

设置相关的参数后，单击 确定 按钮，效果如图 10.3.29 所示。

图 10.3.29 应用半调图案滤镜前后的效果对比

10.3.8 锐化滤镜组

锐化滤镜通过增加相邻像素间的对比度来使本来比较模糊的图像显得较为清楚。

1. 锐化

利用锐化滤镜可以增加图像像素之间的对比度，使图像清晰化。打开一幅图像，选择菜单栏中的 滤镜(T) → 锐化 → 锐化 命令，系统会自动对图像进行调整，效果如图 10.3.30 所示。

图 10.3.30 应用锐化滤镜前后效果对比

2．进一步锐化

进一步锐化滤镜可以产生强烈的锐化效果，用于提高图像的对比度和清晰度。此滤镜处理的图像效果比 USM 锐化滤镜更强烈。如图 10.3.31 所示为应用进一步锐化滤镜前后效果对比。

图 10.3.31　应用进一步锐化滤镜前后效果对比

3．USM 锐化

使用 USM 锐化滤镜可以在图像边缘的两侧分别制作一条明线或暗线，以调整其边缘细节的对比度，最终使图像的边缘轮廓锐化。打开一幅图像，选择菜单栏中的 滤镜(T) → 锐化 → USM 锐化... 命令，弹出“USM 锐化”对话框。

在 数量(A): 文本框中输入数值设置锐化的程度。

在 半径(R): 文本框中输入数值设置边缘像素周围影响锐化的像素数。

在 阈值(T): 文本框中输入数值设置锐化的相邻像素之间的最低差值。

设置相关的参数后，单击 确定 按钮，效果如图 10.3.32 所示。

图 10.3.32　应用 USM 锐化滤镜前后效果对比

10.3.9　渲染滤镜组

渲染滤镜组可以对图像产生照明、云彩以及特殊的纹理效果。在需要对一幅图像的整体进行处理时，常常用到该滤镜组。

1．光照效果

光照效果滤镜是 Photoshop CS4 中较复杂的滤镜，可对图像应用不同的光源、光类型和光的特性，也可以改变基调、增加图像深度和聚光区。打开一幅图像，选择菜单栏中的 滤镜(T) → 渲染 → 光照效果... 命令，弹出“光照效果”对话框。

在 样式: 下拉列表中，可以选择光照样式。

在 光照类型: 下拉列表中，可以选择灯光类型，包括平行光、全光源、点光。

强度: 选项用于控制光源的强度，还可以在右边的颜色框中选择一种灯光的颜色。

使用 聚焦: 选项可以调节光线的宽窄。此选项只有在使用点光时可用。

在 属性: 选项区中 光泽: 后面的滑块可用于调节图像的反光效果； 材料: 后面的滑块可用于控制光线或光源所照射的物体是否产生更多的折射； 曝光度: 用于控制光线明暗度； 环境: 可用于设置光照范围的大小。

在 纹理通道: 下拉列表中可以选择一个通道，即将一个灰色图像当做纹理来使用。

设置完参数后，单击 确定 按钮，最终效果如图 10.3.33 所示。

图 10.3.33　应用光照效果滤镜效果

2．镜头光晕

镜头光晕滤镜用于在图像上添加各种光晕效果，产生的效果类似于照相机镜头拍摄时所产生的光晕效果。打开一幅图像文件，选择菜单栏中的 滤镜(T) → 渲染 → 镜头光晕... 命令，弹出“镜头光晕”对话框。

在 亮度(B): 文本框中输入数值可设置炫光的亮度大小。

拖动 光晕中心: 显示框中的十字光标可以设置炫光的位置。

在 镜头类型 选项区中选择镜头的类型。

设置完参数后，单击 确定 按钮，效果如图 10.3.34 所示。

图 10.3.34　应用镜头光晕滤镜效果

3．纤维

纤维滤镜命令可使图像产生一种纤维化的图案效果，其颜色与前景色和背景色有关。打开一幅图像，选择 滤镜(T) → 渲染 → 纤维... 命令，弹出“纤维”对话框。

在差异输入框中输入数值，可设置纤维的变化程度。

在强度输入框中输入数值，可设置图像效果中纤维的密度。

单击随机化按钮，可生成随机的纤维效果。

设置相关的参数后，单击确定按钮，效果如图 10.3.35 所示。

图 10.3.35　应用纤维滤镜前后的效果对比

4．云彩

云彩滤镜是在前景色和背景色之间随机地抽取像素值并转换为柔和的云彩效果。打开一幅图像，选择菜单栏中的滤镜(T)→渲染→云彩命令，系统会自动对图像进行调整，效果如图 10.3.36 所示。

图 10.3.36　应用云彩滤镜效果

技巧：在选择云彩滤镜时按下“Shift”键可产生低漫射云彩。如果需要一幅对比强烈的云彩图像，在选择“云彩”命令时按“Alt”键即可。

10.3.10　纹理滤镜组

纹理滤镜可以使图像中各部分之间产生过渡变形的效果，其主要的功能是在图像中加入各种纹理以产生图案效果。使用纹理滤镜可以使图像的表面具有深度感或物质覆盖表面的感觉。

1．染色玻璃

利用染色玻璃滤镜命令可以制作彩色的玻璃效果，像是透过彩色玻璃看图像的效果。打开一幅图像，选择滤镜(T)→纹理→染色玻璃...命令，弹出“染色玻璃”对话框。

在单元格大小(C)输入框中输入数值，可设置产生的玻璃格的大小。

在边框粗细(B)输入框中输入数值，可设置玻璃边框的粗细。

在光照强度(L)输入框中输入数值，可设置光线照射的强度。

设置相关的参数后，单击确定按钮，效果如图 10.3.37 所示。

图 10.3.37　应用染色玻璃滤镜前后的效果对比

2．马赛克拼贴

马赛克拼贴滤镜通过将图像分割为不同形状的小块，并加深在这些小块交界处的颜色，使之产生缝隙的效果。打开一幅图像，选择滤镜(T)→纹理→马赛克拼贴...命令，弹出“马赛克拼贴”对话框。在该对话框中，用户可设置马赛克的尺寸、缝隙宽度以及缝隙亮度。如图 10.3.38 所示为应用马赛克拼贴滤镜前后的效果对比。

图 10.3.38　应用马赛克拼贴滤镜前后的效果对比

3．龟裂缝

利用龟裂缝滤镜命令可使图像产生干裂的浮雕纹理效果。打开一幅图像，选择滤镜(T)→纹理→龟裂缝...命令，弹出“龟裂缝”对话框。

在裂缝间距(S)输入框中输入数值，可设置产生的裂纹之间的距离。

在裂缝深度(D)输入框中输入数值，可设置产生裂纹的深度。

在裂缝亮度(B)输入框中输入数值，可设置裂缝的亮度。

设置相关的参数后，单击确定按钮，效果如图 10.3.39 所示。

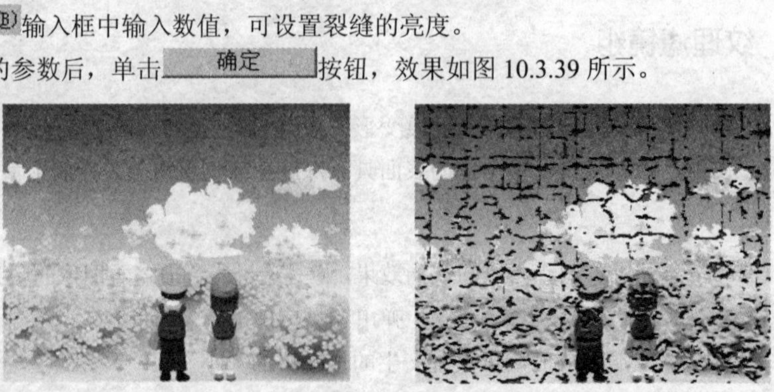

图 10.3.39　应用龟裂缝滤镜前后的效果对比

4. 拼缀图

利用拼缀图滤镜命令可将图像拆分为不同颜色的小方块，类似于拼贴图的效果。打开一幅图像，选择 滤镜(T) → 纹理 → 拼缀图... 命令，弹出“拼缀图”对话框。

在 方形大小(S) 输入框中输入数值，可设置生成方块的大小。

在 凸现(R) 输入框中输入数值，可设置方块的凸现程度。

设置相关的参数后，单击 确定 按钮，效果如图 10.3.40 所示。

图 10.3.40 应用拼缀图滤镜前后的效果对比

10.3.11 杂色滤镜组

应用杂色滤镜可以在图像中随机地添加或减少杂色，这有利于将选区混合到周围的像素中。使用杂色滤镜可创建与众不同的纹理，如灰尘或划痕。

1. 添加杂色

利用添加杂色滤镜命令可给图像添加杂点。打开一幅图像，选择 滤镜(T) → 杂色 → 添加杂色... 命令，弹出“添加杂色”对话框。

在 数量(A): 输入框中输入数值，可设置添加杂点的数量。

在 分布 选项区中可设置杂点的分布方式，包括 ⊙ 平均分布(U) 和 ⊙ 高斯分布(G) 两个单选按钮。

选中 ☑ 单色(M) 复选框，可增加图像的灰度，设置杂点的颜色为单色。

设置相关的参数后，单击 确定 按钮，效果如图 10.3.41 所示。

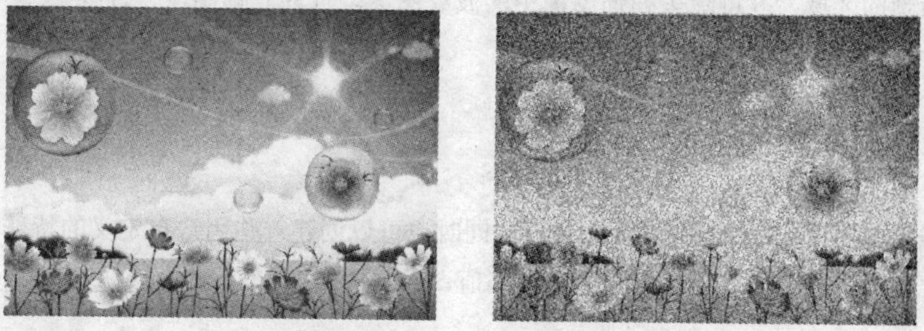

图 10.3.41 应用添加杂色滤镜前后的效果对比

2. 中间值

利用中间值滤镜命令可消除或减少图像中动感效果，使图像变得平滑。打开一幅图像，选择 滤镜(T) → 杂色 → 中间值... 命令，弹出“中间值”对话框。

在 半径(R): 输入框中输入数值，可设置图像中像素的色彩平均化。

设置相关的参数后，单击 确定 按钮，效果如图 10.3.42 所示。

图 10.3.42　应用中间值滤镜前后的效果对比

3．蒙尘与划痕

蒙尘与划痕滤镜命令是通过不同的像素来减少图像中的杂色。打开一幅图像，选择 滤镜(T) → 杂色 → 蒙尘与划痕... 命令，弹出“蒙尘与划痕”对话框。

在 半径(R): 输入框中输入数值，可设置清除缺陷的范围。

在 阈值(T): 输入框中输入数值，可设置进行处理的像素的阈值。

设置相关的参数后，单击 确定 按钮，效果如图 10.3.43 所示。

图 10.3.43　应用蒙尘与划痕滤镜前后的效果对比

4．去斑

去斑滤镜可以保留图像边缘而轻微模糊图像，从而去除较小的杂色。用户可以利用它来减少干扰或模糊过于清晰的区域，并可除去扫描图像中的波纹图案。打开一幅图像，选择 滤镜(T) → 杂色 → 去斑 命令，系统会自动对图像进行调整。

10.3.12　其他滤镜组

其他滤镜组主要用于修饰图像的部分细节，同时也可以创建一些用户自定义的特殊效果。此滤镜组包括高反差保留、位移、自定、最大值和最小值 5 种。

1．最大值

最大值滤镜可以在指定的搜索区域中，用像素的亮度最大值替换其他像素的亮度值，因此可以扩大图像中的亮区，缩小图像中的暗区。打开一幅图像，选择菜单栏中的 滤镜(T) → 其它 → 最大值... 命令，弹出“最大值”对话框。

在 半径(R): 文本框中输入数值，可以设置选取较暗像素的距离，

设置相关的参数后，单击 确定 按钮，效果如图 10.3.44 所示。

图 10.3.44　应用最大值滤镜效果

2．最小值

“最小值”与“最大值”滤镜刚好相反，最小值滤镜主要用来减弱图像的亮度色调。选择菜单栏中的 滤镜(T) → 其它 → 最小值... 命令，弹出“最小值”对话框。

在 半径(R): 文本框中输入数值，可以设置选取较亮像素的距离。

设置相关的参数后，单击 确定 按钮，效果如图 10.3.45 所示。

图 10.3.45　应用最小值滤镜效果

3．高反差保留

高反差保留滤镜可以删除图像中亮度逐渐变化的部分，并保留色彩变化最大的部分。该滤镜可以使图像中的阴影消失而亮点部分更加突出。打开一幅图像，选择菜单栏中的 滤镜(T) → 其它 → 高反差保留... 命令，弹出“高反差保留”对话框。

在 半径(R): 文本框中输入数值设置像素周围的距离，输入数值范围为 0.1～250。

设置相关的参数后，单击 确定 按钮，效果如图 10.3.46 所示。

图 10.3.46　应用高反差保留滤镜效果

4．位移

位移滤镜将根据设定值对图像进行移动，可以用来创建阴影效果。打开一幅图像，选择菜单栏中的 滤镜(T) → 其它 → 位移... 命令，弹出“位移”对话框。

在 水平(H): 文本框中输入数值，图像将以指定的数值水平移动；在 垂直(V): 文本框中输入数值，图像将以指定的数值垂直移动。

在 未定义区域 选项区中选择移动后空白区域的填充方式，包括 设置为背景(B)、 重复边缘像素(R) 和 折回(W) 3 个单选按钮。

设置相关的参数后，单击 确定 按钮，效果如图 10.3.47 所示。

图 10.3.47　应用位移滤镜效果

10.4　特殊滤镜的应用

Photoshop CS4 中的特殊滤镜主要包括滤镜库、液化和消失点 3 种滤镜。下面逐一对其进行介绍。

10.4.1　滤镜库

滤镜库可以将常用的滤镜组拼嵌到一个面板中，以折叠菜单的方式显示出来，以直接预览其效果。选择菜单栏中的 滤镜(T) → 滤镜库(G)... 命令，弹出“滤镜库”对话框，如图 10.4.1 所示。

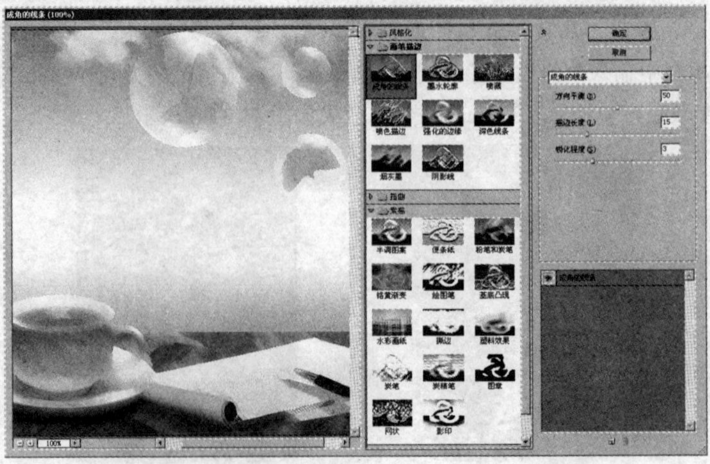

图 10.4.1　“滤镜库”对话框

在“滤镜库”对话框中，系统集中放置了一些比较常用的滤镜，并将它们分别放置在不同的滤镜组中。例如，要使用“便条纸”滤镜，可首先单击“素描”滤镜组名，展开滤镜文件夹，然后单击“便条纸”滤镜。同时，选中某个滤镜后，系统会自动在右侧设置区显示该滤镜的相关参数，用户可根据需要进行调整。

此外，在对话框右下角的设置区中，用户还可通过单击“新增效果图层”按钮添加滤镜层，从而可对一幅图像一次应用多个滤镜效果。要删除某个滤镜，在选中要删除的滤镜后单击“删除效果图层”按钮即可。

10.4.2　液化

液化滤镜可用于推、拉、旋转、反射、折叠和膨胀图像的任意区域，是修饰图像和创建艺术效果的强大工具。选择菜单栏中的 滤镜(T) → 液化(L)... 命令，弹出“液化”对话框，如图 10.4.2 所示。

图 10.4.2　“液化”对话框

其对话框中的各选项含义介绍如下：

（1）单击“向前变形”按钮，在图像上拖动，会使图像向拖动方向产生弯曲变形效果。

（2）单击“重建工具”按钮，在已发生变形的区域单击或拖动，可以使已变形图像恢复为原始状态。

（3）单击“顺时针旋转扭曲工具”按钮，在图像上按住鼠标时，可以使图像中的像素顺时针旋转。按住“Alt”键，在图像上按住鼠标时，可以使图像中的像素逆时针旋转。

（4）单击“褶皱工具”按钮，在图像上单击或拖动时，会使图像中的像素向画笔区域的中心移动，使图像产生收缩效果。

（5）单击“膨胀工具”按钮，在图像上单击或拖动时，会使图像中的像素从画笔区域的中心向画笔边缘移动，使图像产生膨胀效果。该工具产生的效果正好与“褶皱工具”产生的效果相反。

（6）单击“左推工具”按钮，在图像上拖动鼠标时，图像中的像素会以相对于拖动方向左垂直的方向在画笔区域内移动，使其产生挤压效果；按住“Alt”键拖动鼠标时，图像中的像素会以相对于拖动方向右垂直的方向在画笔区域内移动，使其产生挤压效果。

（7）单击“镜像工具”按钮，在图像上拖动时，图像中的像素会以相对于拖动方向右垂直的方向上产生镜像效果；按住“Alt”键拖动鼠标时，图像中的像素会以相对于拖动方向左垂直的方向上产生镜像效果。

（8）单击“湍流工具”按钮，在图像上拖动时，图像中的像素会平滑地混和在一起，可以十分轻松地在图像上产生与火焰、波浪或烟雾相似的效果。

（9）单击“冻结蒙版工具”按钮，将图像中不需要变形的区域涂抹进行冻结，使涂抹的区域不受其他区域变形的影响；使用“向前变形”在图像上拖动，经过冻结的区域图像不会被变形。

（10）单击“解冻蒙版工具”按钮，在图像中冻结的区域涂抹，可以解除冻结。

（11）单击“抓手工具”按钮，当图像放大到超出预览框时，使用抓手工具可以移动图像查看。

（12）单击“缩放工具”按钮，可以将预览区的图像放大，按住“Alt”键单击鼠标会将图像按比例缩小。

10.4.3 消失点

使用消失点功能可以在图像中指定平面进行绘画、仿制、拷贝、粘贴、变换等编辑操作。所有编辑操作都将采用所处理平面的透视，因此，使用消失点来修饰、添加或移去图像中的内容，效果将更加逼真。选择菜单栏中的 滤镜(T) → 消失点(V)... 命令，弹出“消失点”对话框，如图 10.4.3 所示。

图 10.4.3 “消失点”对话框

对话框中各选项的含义如下：

（1）“创建平面工具”按钮：可以在预览编辑区的图像中单击并创建平面的 4 个点，节点之间会自动连接成透视平面，在透视平面边缘上按住“Ctrl”键拖动时，就会产生另一个与之配套的透视平面。

（2）“编辑平面工具”按钮：可以对创建的透视平面进行选择、编辑、移动和调整大小，存在两个平面时，按住“Alt”键拖动控制点可以改变两个平面的角度。

（3）“选框工具”按钮：在平面内拖动即可在平面内创建选区；按住“Alt”键拖动选区可以将选区内的图像复制到其他位置，复制的图像会自动生成透视效果；按住“Ctrl”键拖动选区可以将选区停留的图像复制到创建的选区内。

（4）“图章工具”按钮：与软件工具箱中的“仿制图章工具”用法相同，只是多出了修复透视区域效果，按住“Alt”键在平面内取样，松开键盘，移动鼠标到需要仿制的地方按下鼠标拖动即可复制，复制的图像会自动调整所在位置的透视效果。

（5）“画笔工具”按钮：使用画笔工具可以在图像内绘制选定颜色的画笔，在创建的平面内绘制的画笔会自动调整透视效果。

（6）“变换工具”按钮：使用变换工具可以对选区复制的图像进行调整变换，还可以将复制“消失点”对话框中的其他图像拖动到多维平面内，并可以对其进行移动和变换。

（7）“吸管工具”按钮：在图像中采集颜色，选取的颜色可作为画笔的颜色。

（8）“缩放工具”按钮：用来缩放预览区的视图，在预览区内单击会将图像放大，按住“Alt”键单击鼠标会将图像按比例缩小。

（9）“抓手工具”按钮：单击并拖动可在预览窗口中查看局部图像。

10.5　上机实战——制作水墨画

本节主要利用所学的知识制作水墨画，最终效果如图 10.5.1 所示。

图 10.5.1　最终效果图

操作步骤

（1）按“Ctrl+O”键，打开一幅荷花图片，效果如图 10.5.2 所示。

（2）按“Ctrl+J”键，复制图层 1，然后选择菜单栏中的 图像(I) → 调整(A) → 去色(D) 命令，去除图像的颜色，效果如图 10.5.3 所示。

图 10.5.2　打开的图片

图 10.5.3　去除图像颜色

（3）选择菜单栏中的 图像(I) → 调整(A) → 反相(I) 命令，效果如图 10.5.4 所示。

（4）选择菜单栏中的滤镜(T)→模糊→高斯模糊...命令，弹出“高斯模糊”对话框，设置其对话框参数如图 10.5.5 所示，设置好参数后，单击确定按钮。

图 10.5.4　反相图像效果

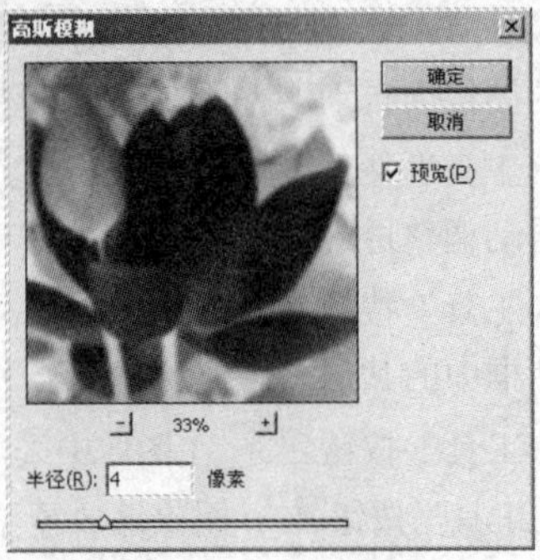

图 10.5.5　“高斯模糊”对话框

（5）选择菜单栏中的滤镜(T)→画笔描边→喷溅...命令，弹出“喷溅”对话框，设置其对话框参数如图 10.5.6 所示。

（6）设置好参数后，单击确定按钮，应用喷溅滤镜后的图像效果如图 10.5.7 所示。

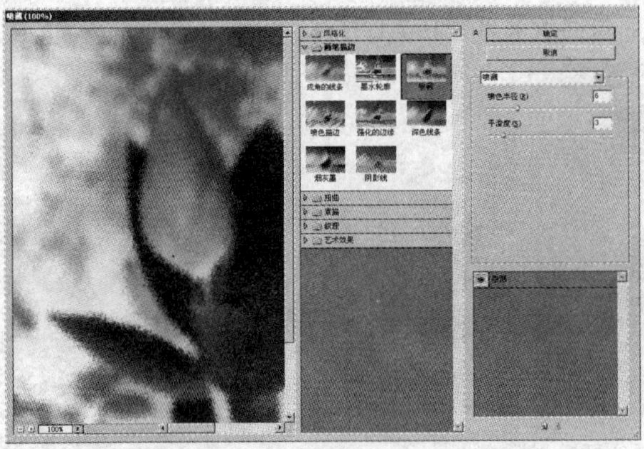

图 10.5.6　“喷溅”对话框

图 10.5.7　图像应用喷溅滤镜效果

（7）在图层面板中将背景图层副本的图层混合模式设置为“明度”。

（8）按“Ctrl+M”键，使用“曲线”对话框将荷花图片调暗一些，效果如图 10.5.8 所示。

（9）选择菜单栏中的图像(I)→调整(A)→亮度/对比度(C)...命令，弹出“亮度/对比度”对话框，设置其参数如图 10.5.9 所示。

图 10.5.8　调整图像明暗效果

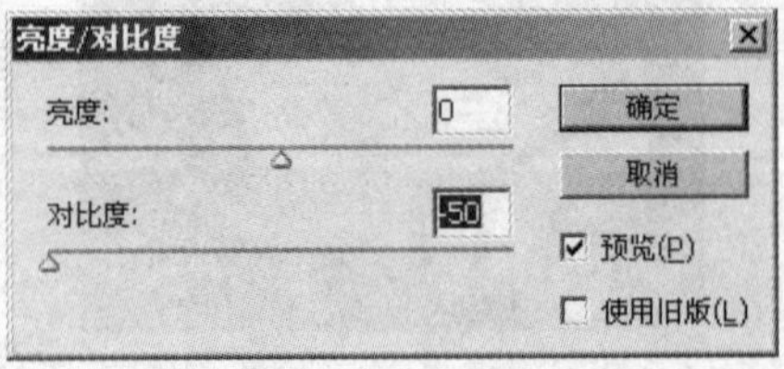

图 10.5.9　“亮度/对比度”对话框

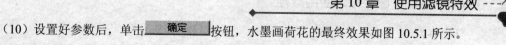

（10）设置好参数后，单击 确定 按钮，水墨画荷花的最终效果如图 10.5.1 所示。

本 章 小 结

本章主要介绍了 Photoshop CS4 中滤镜的使用方法与技巧，包括滤镜的使用规则、智能滤镜的使用、基本滤镜的应用以及特殊滤镜的应用等内容。通过本章的学习，读者应掌握滤镜的用途和使用技巧，并通过反复的实践学习，合理地搭配应用各种滤镜创作出优秀的平面作品。

操 作 练 习

一、填空题

1．大部分滤镜命令只能用于__________的图像，所有滤镜命令都可应用在__________。

2．在__________、__________和__________模式下的图像不能使用滤镜。

3．在 Photoshop CS4 中，__________滤镜可使处理后的图像看上去好像是用彩色铅笔绘制的图案一样。

4．在 Photoshop CS4 中通过为图像增加色斑、颗粒、杂色、边缘细节或纹理等使图像产生各种各样的绘画效果的滤镜是__________。

5．要使一幅图像按照另一幅图像的纹理进行变形，最终产生的图像是利用了第一幅图像的颜色和第二幅图像的纹理综合出来的图像组合效果，需要使用的滤镜是__________。

6．使用__________滤镜可以对图像进行各种扭曲和变形处理。

7．使用__________滤镜能够产生旋转模糊或放射模糊的效果。

二、选择题

1．在 Photoshop CS4 中，按（　）键可以还原滤镜的操作。

（A）Ctrl+Alt+F　　（B）Ctrl+F

（C）Ctrl+Alt+Z　　（D）Ctrl+Z

2．在 Photoshop CS4 中，按（　）键则会重新弹出上一次执行的滤镜对话框。

（A）Ctrl+Z　　（B）Ctrl+F

（C）Ctrl+Alt+F　　（D）Ctrl+Q

3．利用模糊滤镜中的（　）命令可使图像产生任意角度的动态模糊效果。

（A）动感模糊　　（B）高斯模糊

（C）特殊模糊　　（D）径向模糊

4．（　）滤镜是通过不同的像素来减少图像中的杂色。

（A）蒙尘与划痕　　（B）去斑

（C）中间值　　（D）最小值

5．Photoshop CS4 包含了一些不合适与其他滤镜放在一起分组的滤镜，将其列在一起放置于其他滤镜中，其中属于其他滤镜的是（　）。

（A）马赛克　　（B）高反差保留

（C）水波　　　　（D）镜头光晕

6. 使用（　）可以去除在使用数码相机拍摄时，由于 ISO 数值设置不当而出现的大量红绿杂点。

（A）添加杂色　　　　（B）MSU 锐化

（C）减少杂色　　　　（D）锐化

三、简答题

1. 简述滤镜的使用范围和方法。

2. 在 Photoshop CS4 中，如何创建与编辑智能滤镜？

四、上机操作题

1. 打开一个图像文件，使用本章所学的知识创建不同的滤镜效果，并比较它们的特点及用途。

2. 使用本章所学的滤镜，制作如题图 10.1 所示的雪景图像。

题图 10.1　效果图

第 11 章　综合应用实例

为了更好地了解并掌握 Photoshop CS4 的应用，本章准备了一些具有代表性的综合应用实例。所举实例由浅入深地贯穿本书的知识点，使读者能够深入了解该软件的相关功能和具体应用。

知识要点

- 手提袋设计
- 手机设计
- 网页设计
- 台历设计

综合实例 1　手提袋设计

实例内容

本例主要进行手提袋设计，最终效果如图 11.1.1 所示。

图 11.1.1　最终效果图

设计思想

在制作过程中，将用到椭圆选框工具、矩形选框工具、文本工具、画笔工具、钢笔工具、渐变工具、多边形套索工具以及变换命令等。

操作步骤

（1）启动 Photoshop CS4 应用程序，按“Ctrl+N”键，弹出“新建”对话框，设置其对话框参数如图 11.1.2 所示。设置好参数后，单击 确定 按钮，新建一个空白文档。

（2）按“Ctrl+O”键，打开一个如图 11.1.3 所示的图像文件，并使用移动工具将其拖曳到新建图像中。

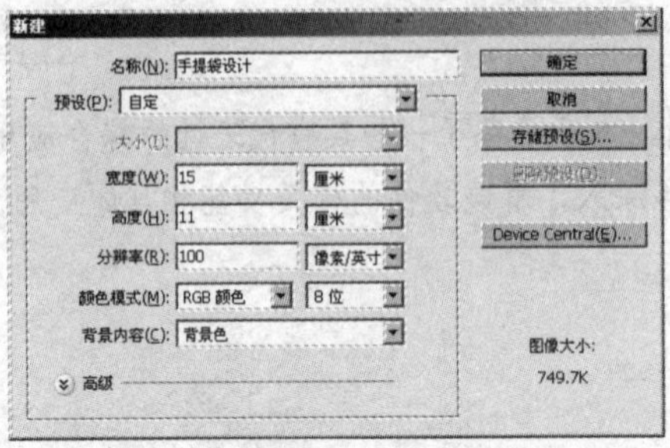

图 11.1.2 “新建”对话框

图 11.1.3 复制图像文件

（3）打开一个文字图像文件，使用移动工具将其拖曳到新建图像中，并在图层面板中设置图层混合模式为 正片叠底，效果如图 11.1.4 所示。

（4）再打开一个心形花朵图像文件，然后重复步骤（3）的操作，将其拖曳到新建图像中，并设置其图层混合模式，效果如图 11.1.5 所示。

图 11.1.4 图层正片叠底效果

图 11.1.5 复制并设置图层混合模式效果

（5）按“Ctrl+E”键合并除背景层以外的所有图层为“正面”图层，然后按“Ctrl+T”键调整图像的大小及位置。

（6）选择菜单栏中的 编辑(E) → 变换 → 斜切(K) 命令，对合并后的图像文件进行斜切，效果如图 11.1.6 所示。

（7）新建一个名称为“侧面”的图层，单击工具箱中的“矩形选框工具”按钮，在新建图像中绘制一个矩形选区，然后将选区填充为白色，按“Ctrl+D”键取消选区，效果如图 11.1.7 所示。

图 11.1.6 斜切图像效果

图 11.1.7 绘制并填充矩形选区

（8）重复步骤（6）的操作，对绘制的矩形进行斜切，然后使用工具箱中的钢笔工具在新建图像中绘制一个如图 11.1.8 所示的路径。

（9）按“Ctrl+Enter”键将路径转换为选区，然后将选区填充为深绿色到淡绿色的线性渐变，效果如图 11.1.9 所示。

图 11.1.8　绘制的路径

图 11.1.9　渐变填充选区效果

（10）单击工具箱中的“直排文字工具”按钮，在图像中输入如图 11.1.10 所示的红色字母。

（11）合并文字图层和侧面图层，然后重复步骤（6）的操作，对图层中的图像进行斜切，效果如图 11.1.11 所示。

图 11.1.10　输入字母

图 11.1.11　斜切图像效果

（12）单击工具箱中的“多边形套索工具”按钮，在新建图像中绘制一个如图 11.1.12 所示的多边形选区。

（13）新建一个名称为“内侧”的图层，并将其拖曳到“正面”图层的上方，然后设置前景色为灰色（R：173，G：173，B：181），按“Alt+Delete”键填充选区，效果如图 11.1.13 所示。

图 11.1.12　绘制的多边形选区

图 11.1.13　填充选区效果

（14）单击工具箱中的“矩形选框工具”按钮，在新建图像中绘制一个如图 11.1.14 所示的矩形选区。

（15）将图层 3 作为当前图层，然后选择菜单栏中的 图像(I) → 调整(A) → 亮度/对比度(C)... 命令，弹出“亮度/对比度”对话框，设置参数如图 11.1.15 所示。

（16）单击 确定 按钮，效果如图 11.1.16 所示。

图 11.1.14　绘制的矩形选区

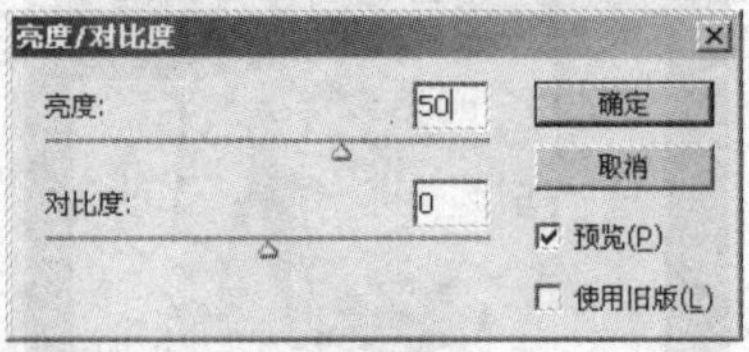

图 11.1.15　“亮度/对比度”对话框

（17）使用多边形套索工具在新建图像中绘制手提袋右侧的折叠效果，如图 11.1.17 所示。

图 11.1.16　调整后的图像效果

图 11.1.17　绘制的选区

（18）将“侧面”图层作为当前图层，然后将选区填充为白色，效果如图 11.1.18 所示。

（19）按“Ctrl+R”键显示标尺，然后在新建图像中拖曳出一个参考线，并使用多边形套索工具在新建图像中绘制一个三角形的选区，效果如图 11.1.19 所示。

图 11.1.18　填充选区效果

图 11.1.19　绘制三角形选区

（20）使用工具箱中的渐变工具，将其填充为灰色到白色的线性渐变，效果如图 11.1.20 所示。

（21）重复步骤（19）和（20）的操作，制作手提袋侧面的阴影效果，如图 11.1.21 所示。

图 11.1.20　渐变填充选区效果

图 11.1.21　制作手提袋侧面阴影效果

（22）将“内侧”图层作为当前图层，使用多边形套索工具在新建图像中绘制一个三角形选区，然后按“Delete”键删除选区内图像，效果如图 11.1.22 所示。

图 11.1.22　制作手提袋折叠效果

（23）按“Ctrl+D”键取消选区，然后单击工具箱中的“椭圆选框工具”按钮，设置其属性栏参数如图 11.1.23 所示。

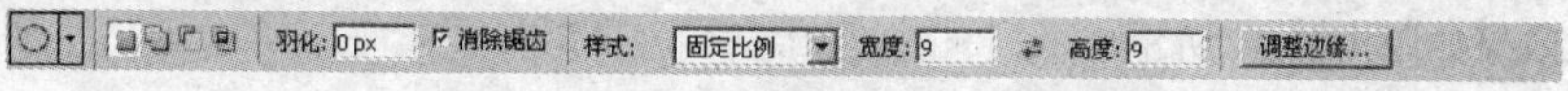

图 11.1.23　“椭圆选框工具”属性栏

（24）设置完成后，在新建图像中绘制一个圆形选区，然后按“Delete”键删除选区内图像。

（25）选择菜单栏中的 编辑(E) → 描边(S)... 命令，弹出“描边”对话框，设置参数如图 11.1.24 所示。

（26）单击 确定 按钮，再按“Ctrl+D”键取消选区，效果如图 11.1.25 所示。

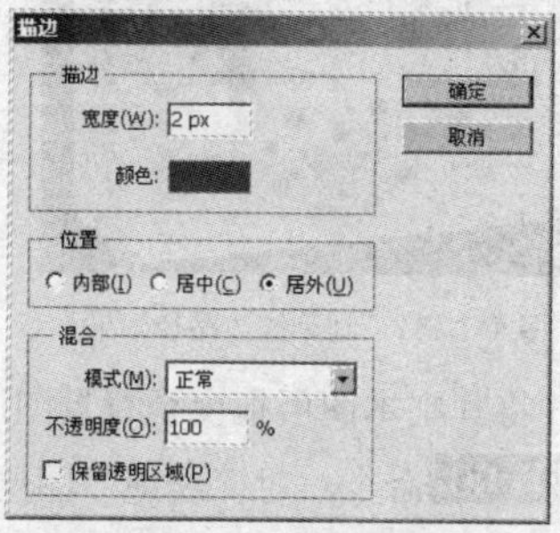

图 11.1.24　“描边”对话框

图 11.1.25　描边选区效果

（27）用同样的方法绘制其他 3 个圆形小孔，效果如图 11.1.26 所示。

（28）使用矩形选框工具在新建图像中绘制两个黑色的长条矩形，效果如图 11.1.27 所示。

图 11.1.26　绘制其他圆形小孔

图 11.1.27　绘制长条矩形

（29）使用工具箱中的椭圆选框工具在新建图像中绘制两个小圆形，并将其填充为红色，效果如图 11.1.28 所示。

（30）新建一个名称为“线绳”的图层，然后单击工具箱中的“钢笔工具”按钮，在新建图像中绘制一个如图 11.1.29 所示的路径。

图 11.1.28 绘制两个红色小圆形

图 11.1.29 绘制路径

（31）单击“画笔工具”属性栏中的按钮，在打开的画笔面板中设置其参数如图 11.1.30 所示。

（32）设置前景色为红色，单击路径面板底部的“用画笔描边路径”按钮，对绘制的路径进行描边，效果如图 11.1.31 所示。

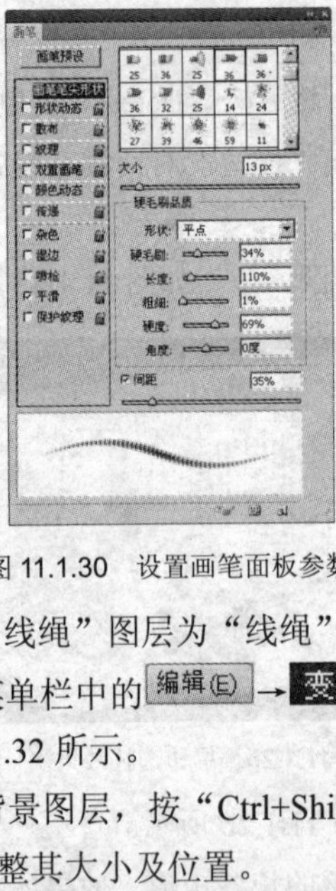

图 11.1.30 设置画笔面板参数

图 11.1.31 画笔描边路径效果

（33）复制“线绳”图层为“线绳”图层副本，并将其副本图层拖曳至背景图层的上方。

（34）选择菜单栏中的 编辑(E) → 变换 → 水平翻转(H) 命令，对“线绳”图层副本进行水平翻转，效果如图 11.1.32 所示。

（35）隐藏背景图层，按“Ctrl+Shift+Alt+E”键，盖印所有显示的图层为“手提袋”图层，并按“Ctrl+T”键调整其大小及位置。

（36）复制一个“手提袋”图层副本，按“Ctrl+T”键对其进行变换，效果如图 11.1.33 所示。

图 11.1.32 水平翻转线绳效果

图 11.1.33 变换手提袋副本效果

（37）使用工具箱中的渐变工具对背景进行渐变填充，最终效果如图 11.1.1 所示。

综合实例 2　手机外观设计

实例内容

本例主要进行手机外观设计，最终效果如图 11.2.1 所示。

图 11.2.1　最终效果图

设计思想

在制作过程中，将用到圆角矩形工具、渐变工具、加深工具、减淡工具、文本工具、直线工具、滤镜以及图层样式等。

操作步骤

（1）启动 Photoshop CS4 应用程序，按“Ctrl+N”键，弹出“新建”对话框，设置参数如图 11.2.2 所示，单击 确定 按钮，新建一个图像文件。

（2）新建图层 1，单击工具箱中的“圆角矩形工具”按钮，在新建图像中绘制一个圆角半径为“20”像素的圆角矩形，效果如图 11.2.3 所示。

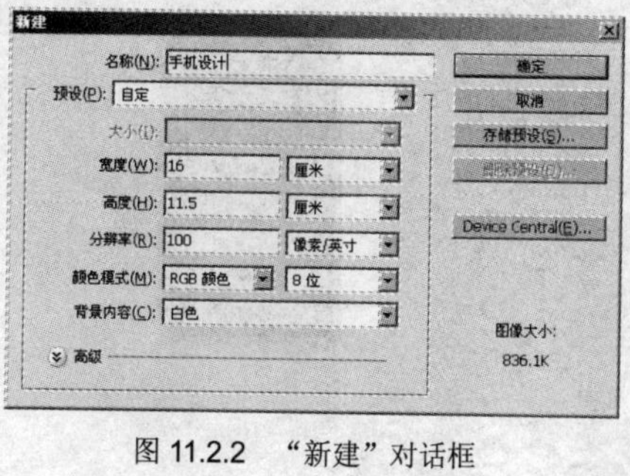

图 11.2.2　“新建”对话框

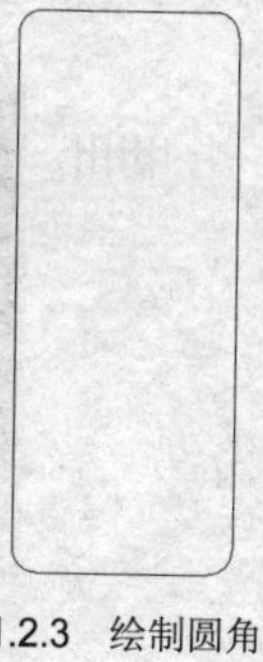

图 11.2.3　绘制圆角矩形

（3）单击工具箱中的“渐变工具”按钮，设置其属性栏参数如图 11.2.4 所示。

（4）在绘制的圆角矩形上方从左向右拖曳鼠标填充渐变，效果如图 11.2.5 所示。

（5）复制图层 1 为图层 1 副本，按“Ctrl+T”键出现变形调节点，然后按住“Shift+Alt”键将其以中心为基点缩小一定的大小。

图 11.2.4　“渐变工具”属性栏

（6）重复步骤（5）的操作，创建图层 1 副本 2 并对其进行变形和填充，如图 11.2.6 所示。

图 11.2.5　渐变填充效果

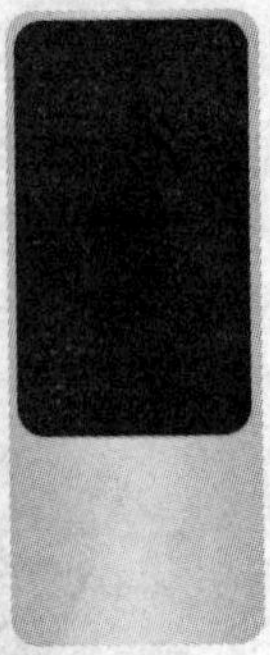

图 11.2.6　复制并更改圆角矩形属性

（7）双击图层 1 副本的缩略图，弹出“图层样式”对话框，设置参数如图 11.2.7 所示。

（8）单击 确定 按钮，添加描边图层样式后的效果如图 11.2.8 所示。

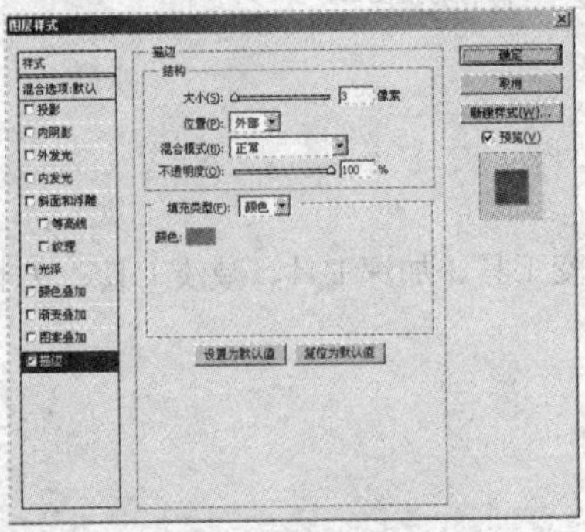

图 11.2.7　设置“描边”选项

图 11.2.8　添加描边图层样式效果

（9）单击工具箱中的“加深工具”按钮，在添加描边后的圆角矩形下方进行涂抹，以加深颜色的显示效果，如图 11.2.9 所示。

（10）新建图层 2，设置前景色为深灰色“#4e4e4d”，单击工具箱中的“矩形选框工具”按钮，在新建图像中绘制一个矩形选区，然后按“Alt+Delete”键填充选区，效果如图 11.2.10 所示。

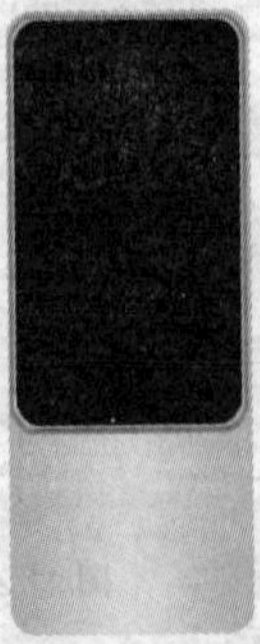

图 11.2.9　加深局部颜色效果

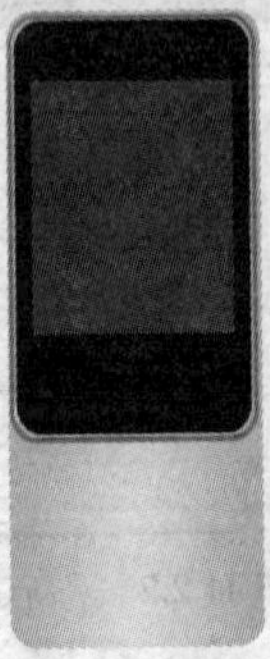

图 11.2.10　绘制手机屏幕

（11）选择菜单栏中的 滤镜(T) → 杂色 → 添加杂色... 命令，弹出“添加杂色”对话框，设置参数如图 11.2.11 所示。

（12）选择菜单栏中的 滤镜(T) → 杂色 → 中间值... 命令，弹出“中间值”对话框，设置参数如图 11.2.12 所示。

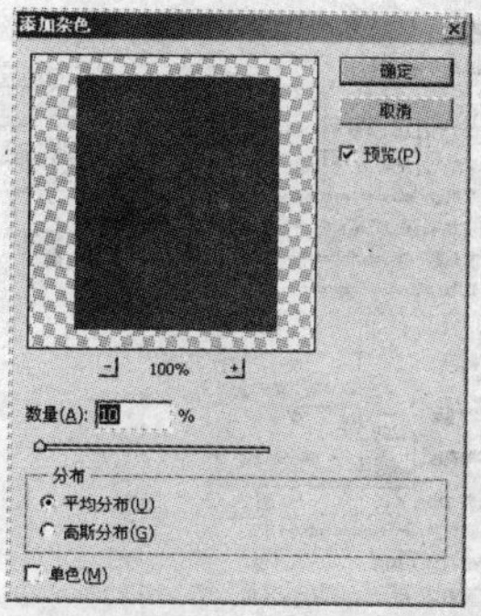

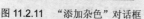

图 11.2.11　“添加杂色”对话框

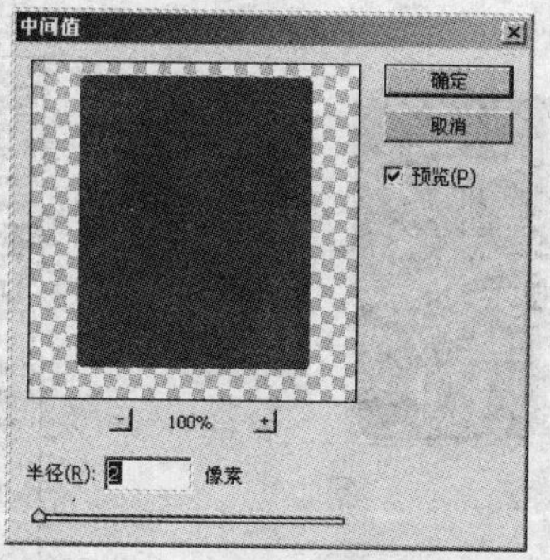

图 11.2.12　“中间值”对话框

（13）单击 确定 按钮，应用滤镜后的效果如图 11.2.13 所示。

（14）设置前景色为银灰色，单击工具箱中的“圆角矩形工具”按钮，在其属性栏中选中“路径填充”按钮，在新建图像中绘制出手机听筒的外形，效果如图 11.2.14 所示。

图 11.2.13　应用滤镜效果

图 11.2.14　绘制手机听筒外形

（15）单击工具箱中的“横排文字工具”按钮 T，在其属性栏中设置文本字体为“方正粗倩简体”，字号为“8”，文本颜色为“白色”，然后在绘制的听筒下方输入文本“NOKIA”，效果如图 11.2.15 所示。

（16）新建图层 3，按住“Shift”键，使用工具箱中的圆角矩形工具在新建图像中绘制一个填充色为机身颜色的圆角矩形，效果如图 11.2.16 所示。

图 11.2.15　输入文本

图 11.2.16　绘制并填充圆角矩形

（17）复制图层 3 为图层 3 副本，按住“Shift+Alt”键，将复制的圆角矩形以中心缩小，然后将其转换为选区后填充为黑色，效果如图 11.2.17 所示。

（18）再复制一个图层 3 副本，重复步骤（17）的操作将其缩小一定的大小，然后双击该层，弹出“图层样式”对话框，为其添加斜面和浮雕效果，设置其对话框参数如图 11.2.18 所示。

图 11.2.17　复制并填充圆角矩形

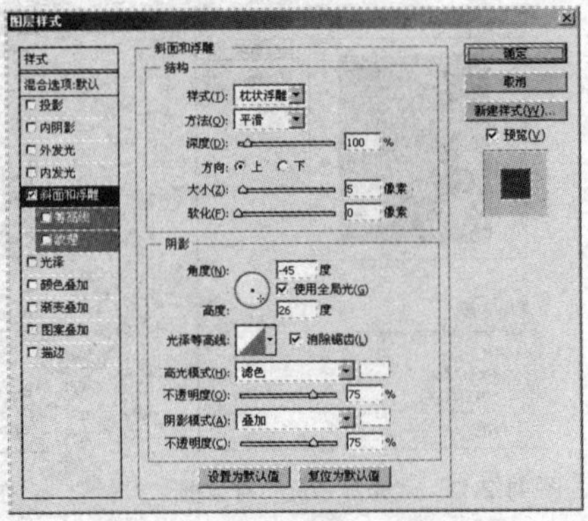

图 11.2.18　设置“斜面和浮雕”参数

（19）单击 确定 按钮，添加斜面和浮雕图层样式后的效果如图 11.2.19 所示。

（20）按“Ctrl+E”键向下合并图层 3 的所有图层，然后单击工具箱中的“减淡工具”按钮，对图层 3 中的图形表面进行涂抹，以突出显示手机菜单按钮的立体感，效果如图 11.2.20 所示。

图 11.2.19　添加斜面和浮雕效果

图 11.2.20　绘制手机菜单按钮

（21）新建图层 4，使用圆角矩形工具绘制一个圆角半径为“6”像素、填充色为“黑色”的圆角矩形，然后重复步骤（7）和（8）的操作，为图层 4 添加斜面和浮雕效果，如图 11.2.21 所示。

（22）复制图层 4 为图层 4 副本，然后重复步骤（17）的操作，缩小并更改圆角矩形的颜色，效果如图 11.2.22 所示。

图 11.2.21　为圆角矩形添加斜面和浮雕效果

图 11.2.22　复制并更改小圆角矩形效果

（23）按住“Ctrl”键分别选中图层 4 和图层 4 副本，然后单击图层面板下方的“链接图层”按

钮 ，链接两个图层。

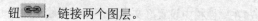

（24）将链接后的图层复制 3 次，分别更改小圆角矩形的颜色并排列其位置，如图 11.2.23 所示。

（25）新建图层 5，使用圆角矩形工具绘制一个圆角半径为“10”像素、填充色为机身颜色的圆角矩形，并对其进行描边，效果如图 11.2.24 所示。

图 11.2.23　复制并排列矩形

图 11.2.24　绘制并描边圆角矩形

（26）复制图层 5 为图层 5 副本，然后重复步骤（17）的操作，以中心缩小复制的圆角矩形，并使用减淡工具 在圆角矩形的周围进行涂抹，效果如图 11.2.25 所示。

（27）新建图层 6，单击工具箱中的“直线工具”按钮 ，按住“Shift”键，在圆角矩形上方绘制 5 条直线，效果如图 11.2.26 所示。

图 11.2.25　绘制并涂抹圆角矩形

图 11.2.26　绘制直线

（28）新建图层 7，重复步骤（27）的操作，在新建图像中绘制一条短直线，并为其添加斜面和浮雕效果，如图 11.2.27 所示。

（29）复制两个图层 7 副本并调整其位置，效果如图 11.2.28 所示。

图 11.2.27　绘制并编辑直线效果

图 11.2.28　复制并移动直线

（30）单击工具箱中的“横排文字工具”按钮 T，在属性栏中设置好文本后，分别在绘制的按键上方输入文字，效果如图 11.2.29 所示。

（31）隐藏背景图层，按“Ctrl+Alt+Shift+E”键盖印所有可见图层为图层 8，然后双击该图层，弹出“图层样式”对话框，设置参数如图 11.2.30 所示。

图 11.2.29　输入文本

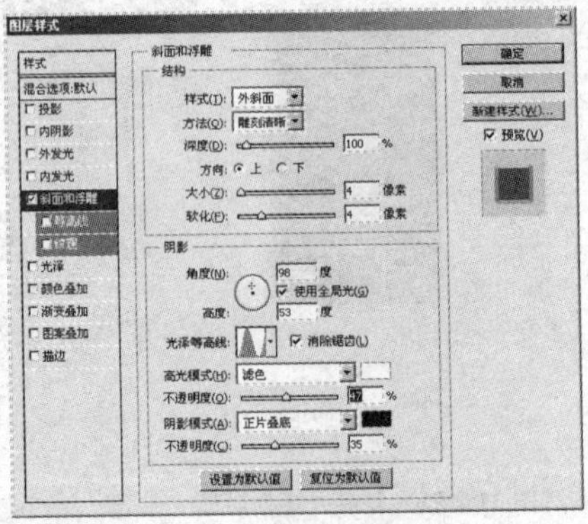

图 11.2.30　设置“斜面和浮雕”参数

（32）单击 确定 按钮，添加斜面和浮雕图层样式后的效果如图 11.2.31 所示。

（33）复制两个图层 8 副本，并按“Ctrl+T”键分别将其旋转一定的角度，如图 11.2.32 所示。

图 11.2.31　绘制手机立体感效果

图 11.2.32　复制并旋转手机

（34）按“Ctrl+O”键打开一幅图片将其复制到新建图像中，并移至图层 8 的下方，效果如图 11.2.33 所示。

（35）合并所有图层为手机图层，然后选择菜单栏中的 滤镜(T) → 渲染 → 镜头光晕... 命令，弹出“镜头光晕”对话框，设置参数如图 11.2.34 所示。

图 11.2.33　添加背景

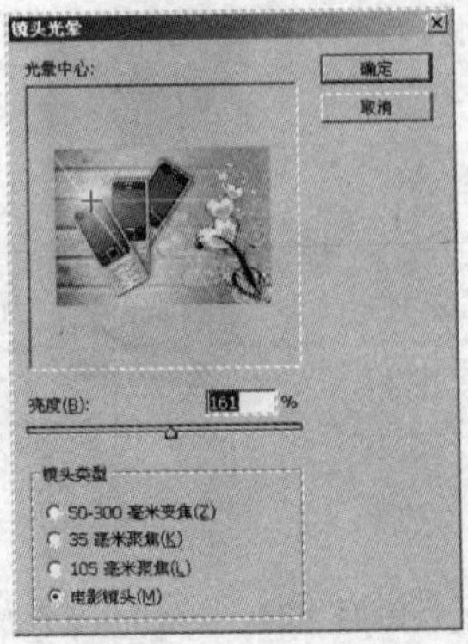

图 11.2.34　“镜头光晕”对话框

（36）单击确定按钮，最终效果如图 11.2.1 所示。

综合实例 3　网 页 设 计

实例内容

本例主要进行网页设计，最终效果如图 11.3.1 所示。

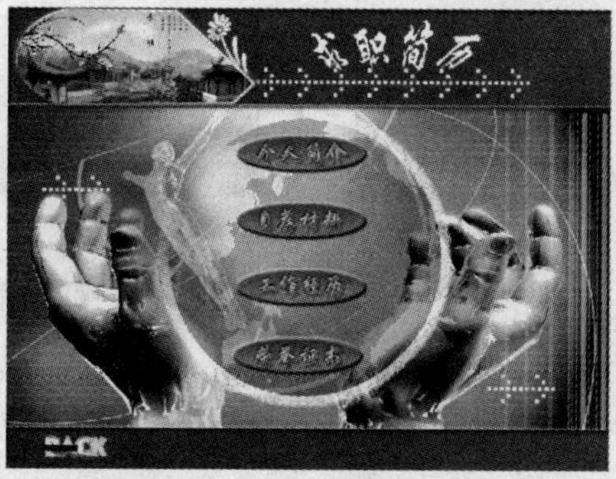

图 11.3.1　最终效果图

设计思想

在制作过程中，主要用到矩形选框工具、渐变工具、画笔工具、文本工具、钢笔工具、阴影线路径、图层样式命令以及添加图层蒙版等命令。

操作步骤

（1）启动 Photoshop CS4 应用程序，按“Ctrl+N”键，弹出“新建”对话框，设置参数如图 11.3.2 所示。设置完成后，单击确定按钮，即可新建一个图像文件。

（2）新建图层 1，单击工具箱中的“矩形选框工具”按钮，在新建图像中绘制一个如图 11.3.3 所示的矩形选区。

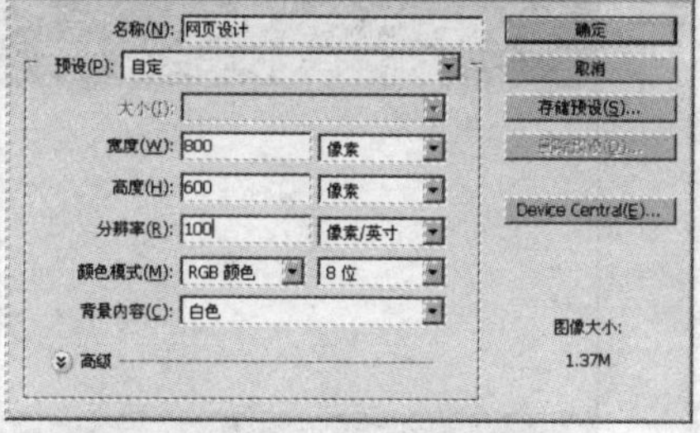

图 11.3.2　“新建”对话框

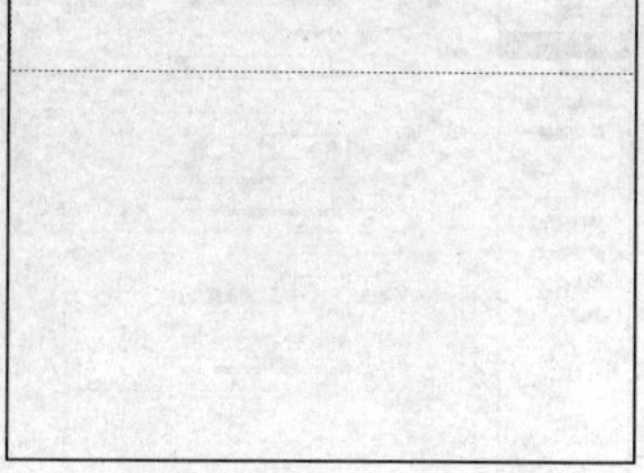

图 11.3.3　创建矩形选区

（3）单击工具箱中的“渐变工具”按钮，设置其属性栏参数如图 11.3.4 所示。

图 11.3.4 “渐变工具”属性栏

（4）在新建图像中从左向右拖曳鼠标填充渐变，效果如图 11.3.5 所示。

（5）新建图层 2，重复步骤（2）～（4）的操作，在新建图像中再绘制一个矩形，并对其进行渐变填充，效果如图 11.3.6 所示。

图 11.3.5 填充渐变效果

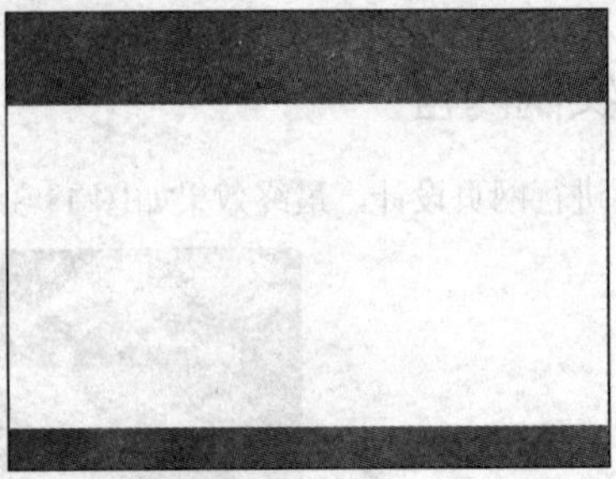

图 11.3.6 绘制并填充矩形

（6）选中图层 1，选择菜单栏中的 图层(L) → 图层样式(Y) → 投影(D)... 命令，弹出“图层样式”对话框，设置参数如图 11.3.7 所示。

（7）选中“图层样式”对话框左侧的 内阴影 复选框，设置参数如图 11.3.8 所示。

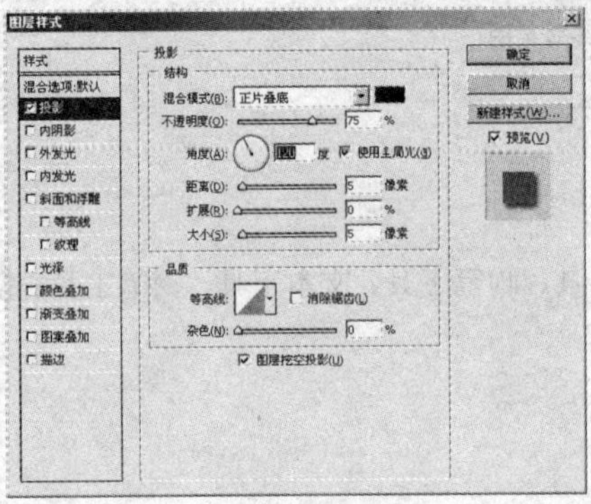

图 11.3.7 设置“投影”选项

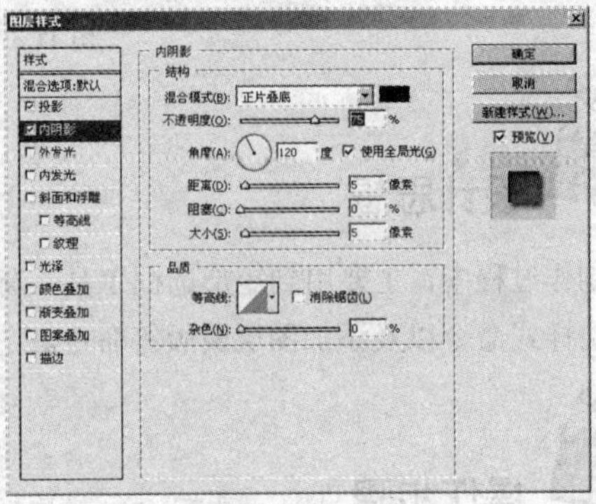

图 11.3.8 设置“内阴影”选项

（8）在“图层样式”对话框的左侧选中 外发光 复选框，设置参数如图 11.3.9 所示。

（9）单击 确定 按钮，效果如图 11.3.10 所示。

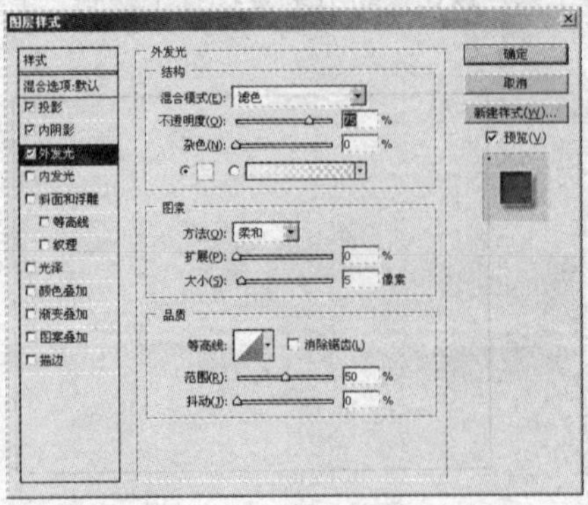

图 11.3.9 设置“外发光”选项

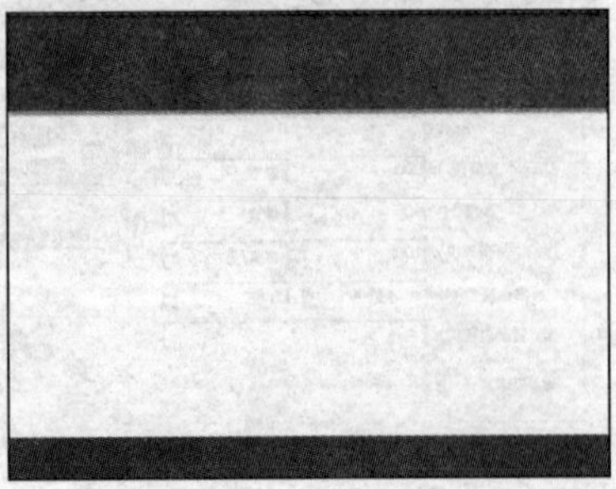

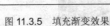

图 11.3.10 添加图层样式效果

（10）在图层面板中的图层 1 上单击鼠标右键，从弹出的快捷菜单中选择 拷贝图层样式 命令，然后在图层 2 上单击鼠标右键，从弹出的快捷菜单中选择 粘贴图层样式 命令，效果如图 11.3.11 所示。

（11）按“Ctrl+O”键，打开一幅图像文件，使用移动工具将其拖曳到新建图像中，并按“Ctrl+T”键，调整其大小及位置，效果如图 11.3.12 所示。

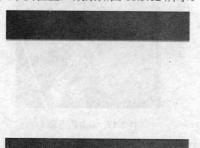

图 11.3.11　拷贝图层样式效果

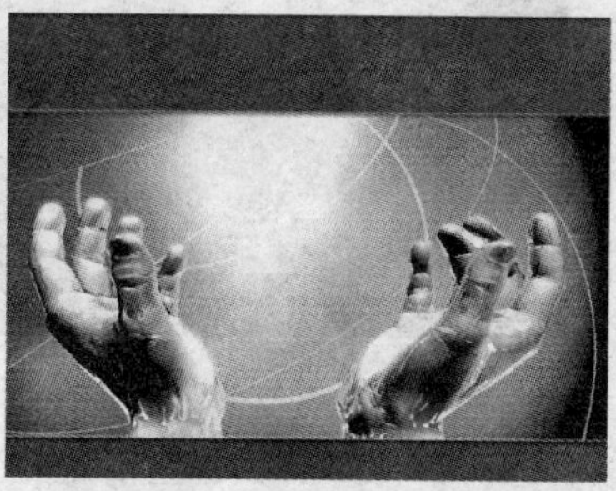

图 11.3.12　复制并调整图像的位置

（12）按“Ctrl+O”键，打开一幅地球图像，使用移动工具将其拖曳到新建图像中，效果如图 11.3.13 所示。

（13）选中地球图层，在图层面板中设置其颜色模式和填充效果参数，如图 11.3.14 所示。

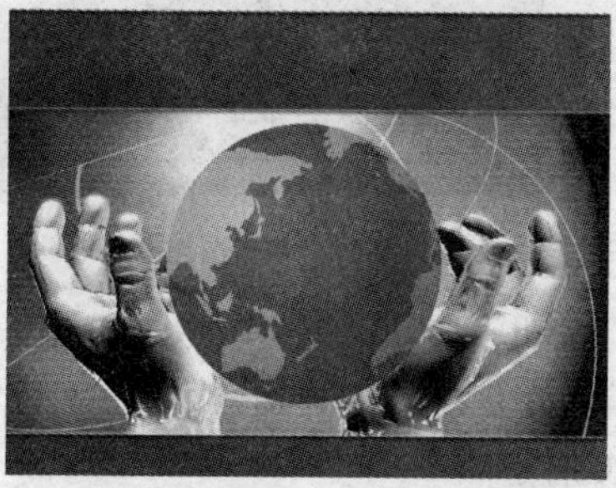

图 11.3.13　复制图像效果

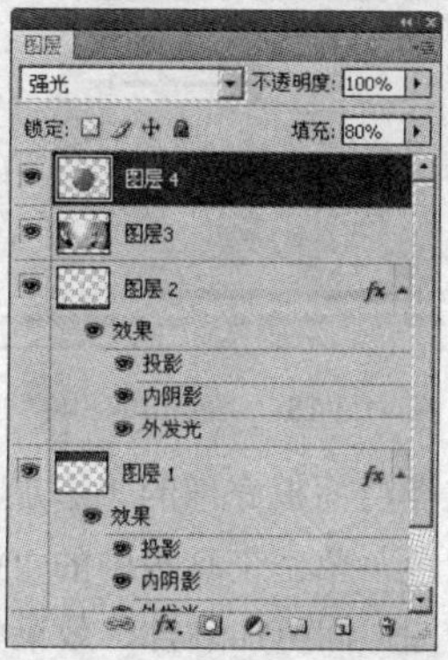

图 11.3.14　设置图层面板参数

（14）单击图层面板底部的“添加图层样式”按钮 fx，为图层添加内阴影和外发光效果，设置其对话框参数如图 11.3.15 所示。

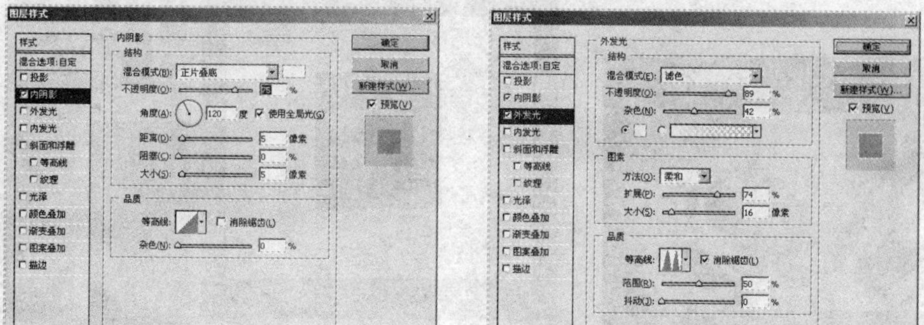

图 11.3.15　设置“内阴影”和“外发光”选项

（15）单击 确定 按钮，效果如图 11.3.16 所示。

（16）按“Ctrl+O”键，打开一幅如图 11.3.17 所示的人物图像，使用移动工具将其拖曳到新建图像中。

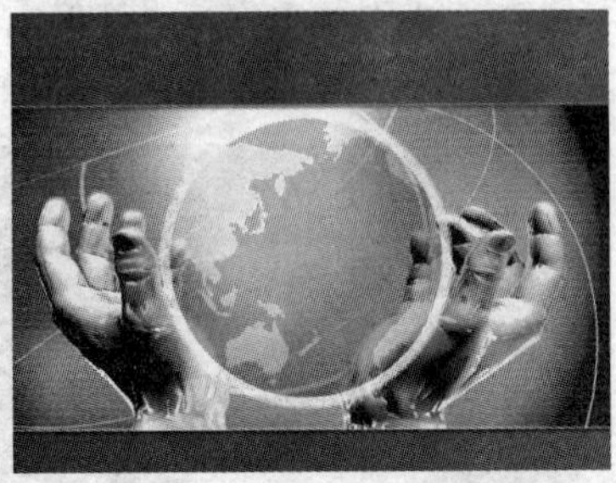

图 11.3.16　添加图层样式效果

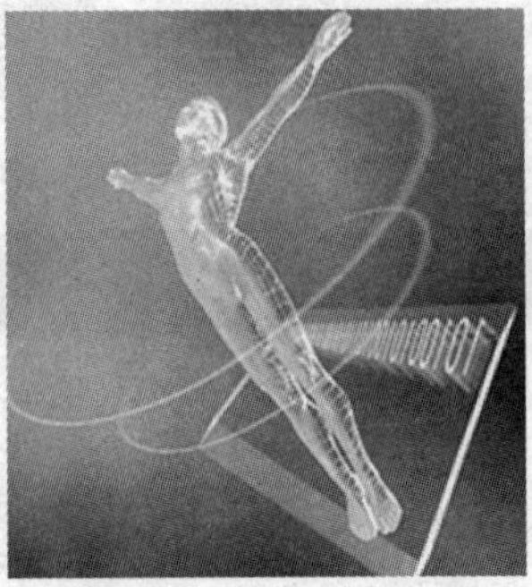

图 11.3.17　打开的图像文件

（17）按“Ctrl+U”键，弹出“色相/饱和度”对话框，设置参数如图 11.3.18 所示。

（18）单击 确定 按钮，效果如图 11.3.19 所示。

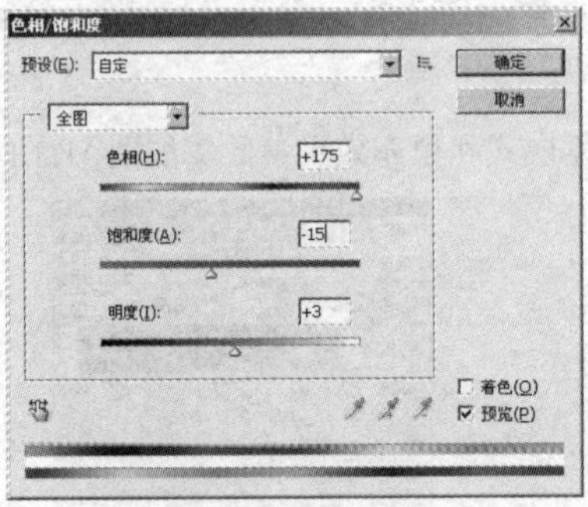

图 11.3.18　“色相/饱和度”对话框

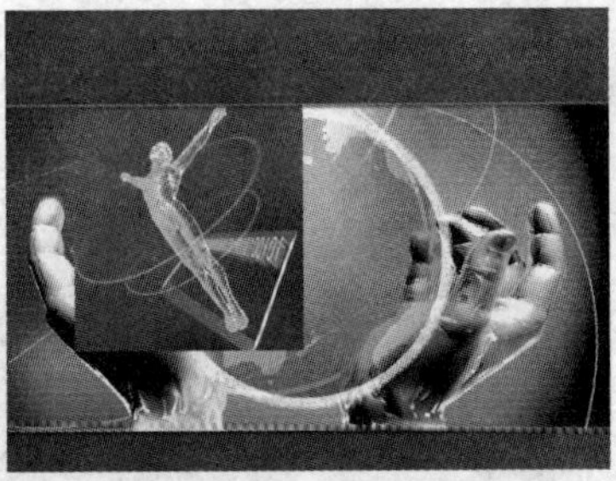

图 11.3.19　调整图像颜色效果

（19）单击图层面板底部的“添加图层蒙版”按钮，为人物图像添加一个图层蒙版，然后设置前景色为黑色，单击工具箱中的“画笔工具”按钮，在新建图像中拖曳鼠标擦除人物图像中的部分图像，使图像间更加融合，效果如图 11.3.20 所示。

（20）选择菜单栏中的 滤镜(T) → 画笔描边 → 阴影线... 命令，弹出“阴影线”对话框，设置参数如图 11.3.21 所示。

图 11.3.20　融合图像效果

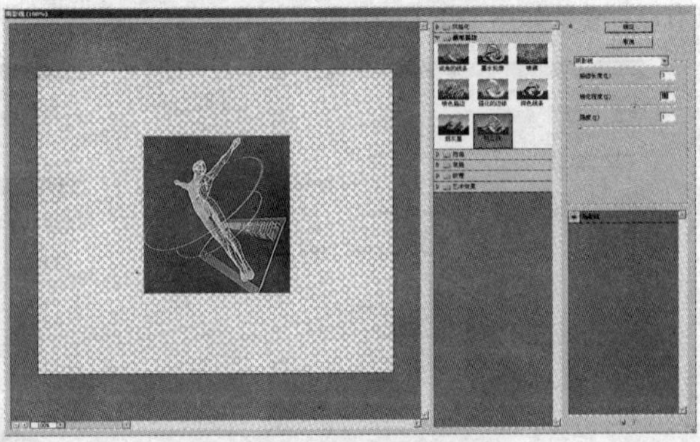

图 11.3.21　“阴影线”对话框

（21）单击 确定 按钮，效果如图 11.3.22 所示。

（22）选择菜单栏中的 滤镜(T) → 模糊 → 动感模糊... 命令，弹出“动感模糊”对话框，设置参数如图 11.3.23 所示。

图 11.3.22　添加阴影线滤镜效果

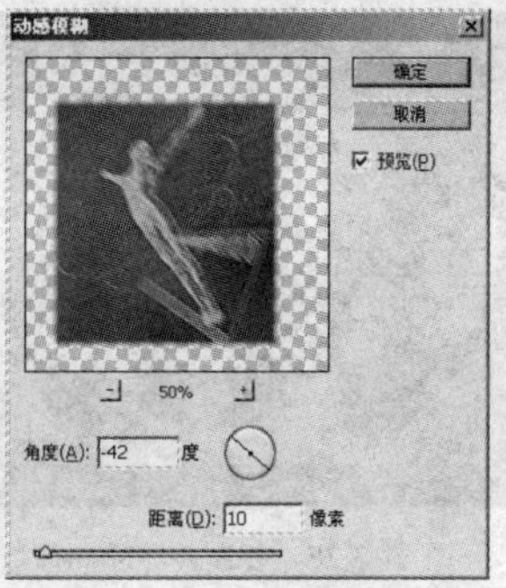

图 11.3.23　“动感模糊”对话框

（23）单击 确定 按钮，效果如图 11.3.24 所示。

（24）新建一个图层，单击工具箱中的“椭圆选框工具”按钮，在新建图像中绘制一个椭圆选区，然后单击图层面板底部的“添加图层样式”按钮 fx，为新建图层添加渐变叠加效果，设置其对话框参数如图 11.3.25 所示。

图 11.324　“色相/饱和度”对话框

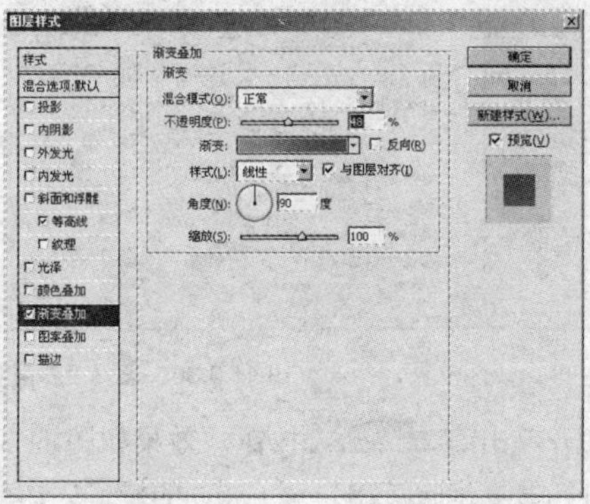

图 11.3.25　设置“渐变叠加”选项

（25）在“图层样式”对话框左侧选中 斜面和浮雕 复选框，设置其参数如图 11.3.26 所示。

（26）单击 确定 按钮，效果如图 11.3.27 所示。

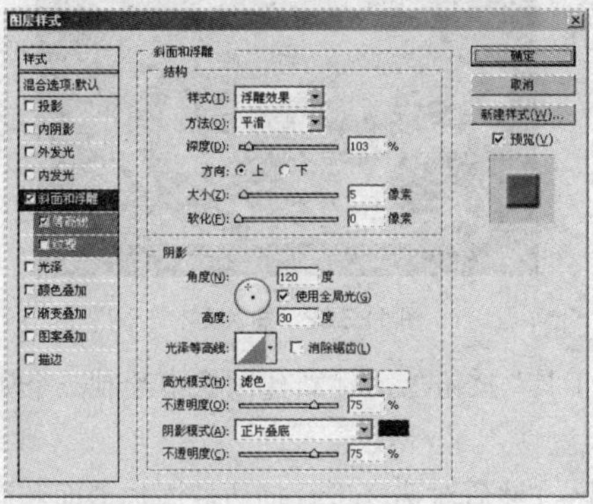

图 11.3.26　设置“斜面和浮雕”选项

图 11.3.27　添加图层样式效果

（27）在图层面板中复制 3 个椭圆图层的副本，然后使用移动工具将其拖曳到合适的位置，效果如图 11.3.28 所示。

（28）单击工具箱中的“文本工具”按钮 T，在其属性栏中设置文本的字体为“方正行楷简体”，字号为“30”，然后在新建图像中输入文本“个人简介”，效果如图 11.3.29 所示。

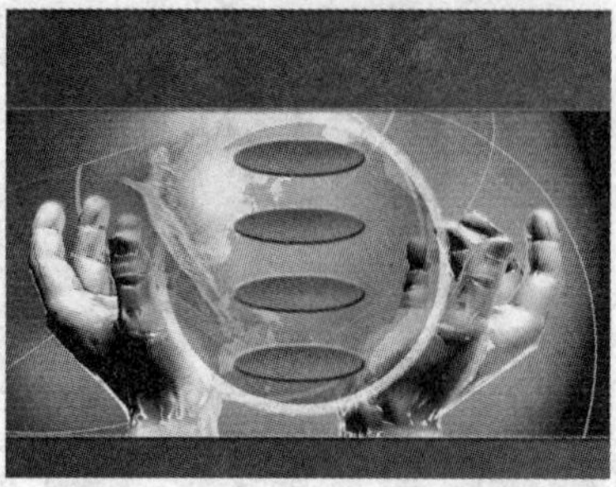

图 11.3.28　复制并移动图像效果

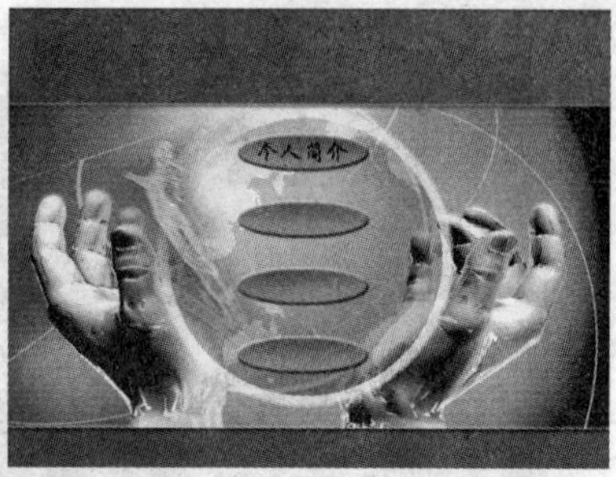

图 11.3.29　输入文本

（29）选择菜单栏中的 图层(L) → 栅格化(Z) → 文字(T) 命令，将文本栅格化，然后对栅格化的文本图层添加图层样式效果，设置其对话框参数如图 11.3.30 所示。

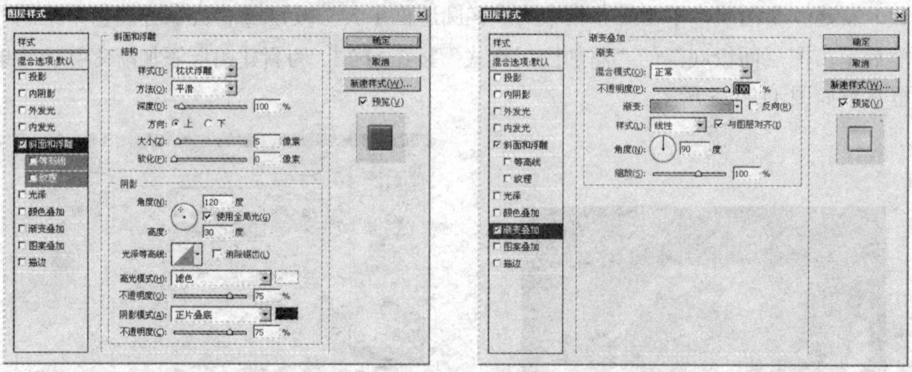

图 11.3.30　设置“斜面和浮雕”和“渐变填充”选项

（30）单击 确定 按钮，效果如图 11.3.31 所示。

（31）重复步骤（28）～（30）的操作，在新建图像中输入其他文本信息，并对其添加图层样式效果，如图 11.3.32 所示。

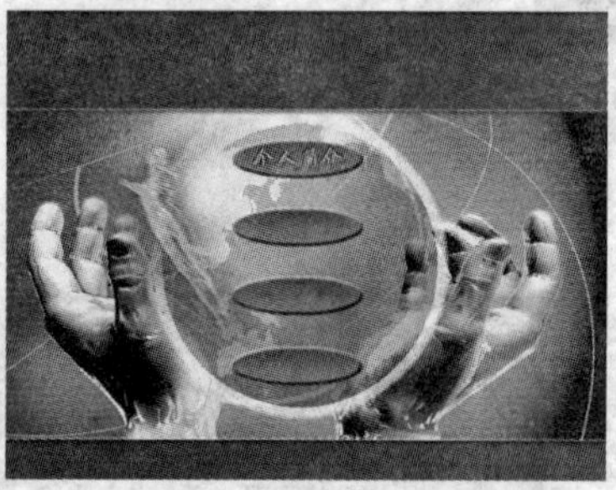

图 11.3.31　添加图层样式效果

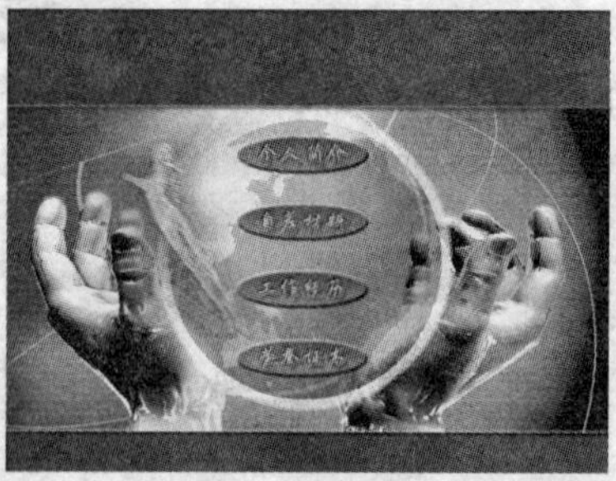

图 11.3.32　输入文本

（32）新建一个图层，单击工具箱中的“钢笔工具”按钮，在新建图像中绘制一个如图 11.3.33 所示的路径。

（33）按“Ctrl+Enter”键，将路径转化为选区，然后对选区进行描边并添加斜面和浮雕效果，如图 11.3.34 所示。

（34）按住“Ctrl”键的同时单击绘制的路径图层，将图层载入选区，然后新建一个图层，按“Ctrl+Delete”键将选区填充为白色，如图 11.3.35 所示。

（35）新建一个图层，打开一幅如图 11.3.36 所示的风景图像，使用移动工具将其拖曳到新建图像中，然后选择菜单栏中的 图层(L) → 创建剪贴蒙版(C) 命令，得到的效果如图 11.3.37 所示。

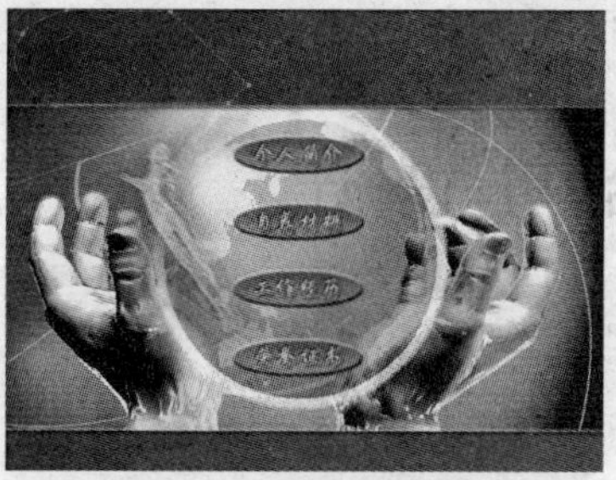

图 11.3.33 绘制路径

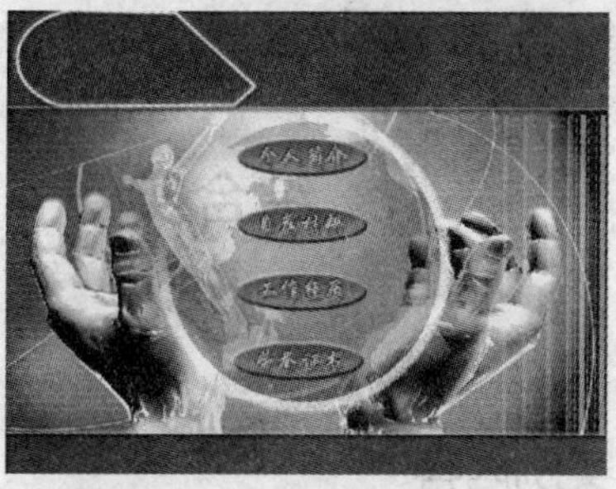

图 11.3.34 描边并添加图层样式效果

图 11.3.35 填充选区效果

图 11.3.36 打开的图像文件

（36）新建一个图层，设置前景色为白色，单击工具箱中的“画笔工具”按钮，在新建图像中绘制一个如图 11.3.38 所示的图像，然后再复制 5 个副本图层，使用移动工具将其移至合适的位置。

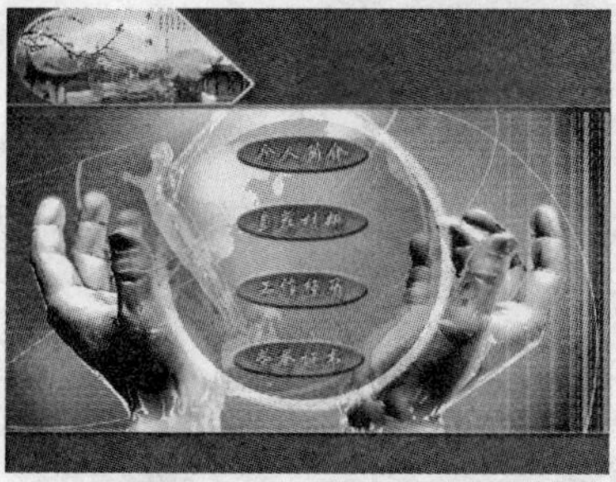

图 11.3.37 填充选区效果

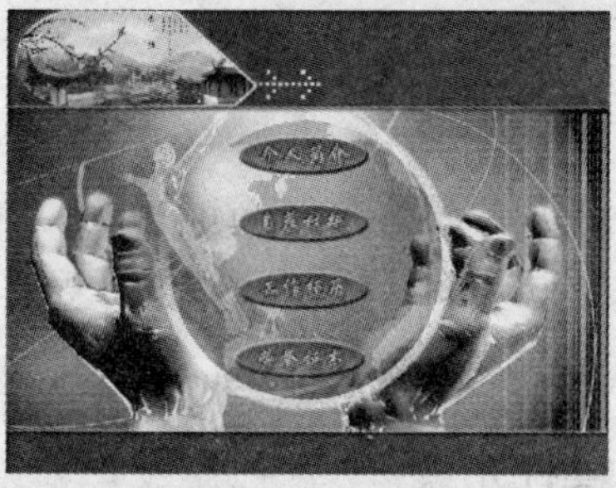

图 11.3.38 绘制图像

（37）按“Ctrl+O”键打开两幅图像文件，使用移动工具将其拖曳到新建图像中，按“Ctrl+T”键调整其大小及位置，效果如图 11.3.39 所示。

（38）使用文本工具在新建图像中输入文本“求职简历”，单击其属性栏中的“创建文字变形”按钮，弹出“变形文字”对话框，设置参数如图 11.3.40 所示。

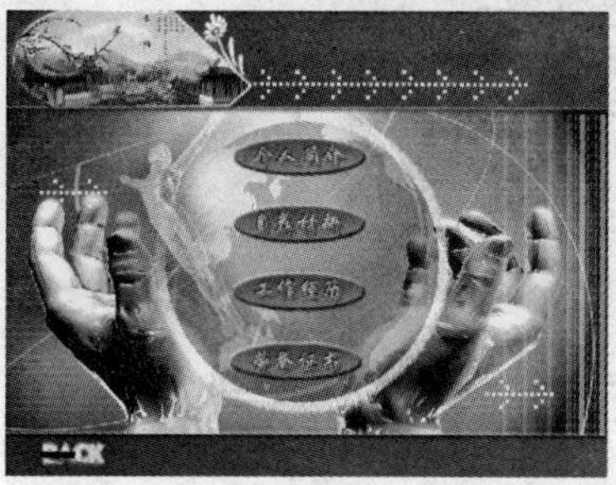

图 11.3.39 复制并移动图像效果

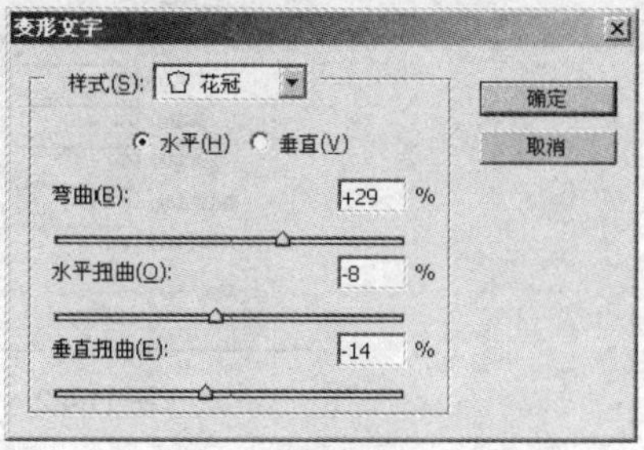

图 11.3.40 “变形文字”对话框

（39）单击确定按钮，最终效果如图 11.3.1 所示。

综合实例4　台 历 设 计

实例内容

本例主要进行台历设计，最终效果如图 11.4.1 所示。

图 11.4.1　最终效果图

设计思想

在制作过程中，主要用到圆角矩形工具、椭圆选框工具、文本工具、钢笔工具、渐变工具、变换命令、图层样式命令以及盖印图层命令等。

操作步骤

（1）启动 Photoshop CS4 应用程序，选择菜单栏中的文件(E)→新建(N)...命令，弹出“新建”对话框，设置参数如图 11.4.2 所示。设置完成后，单击确定按钮，即可新建一个图像文件。

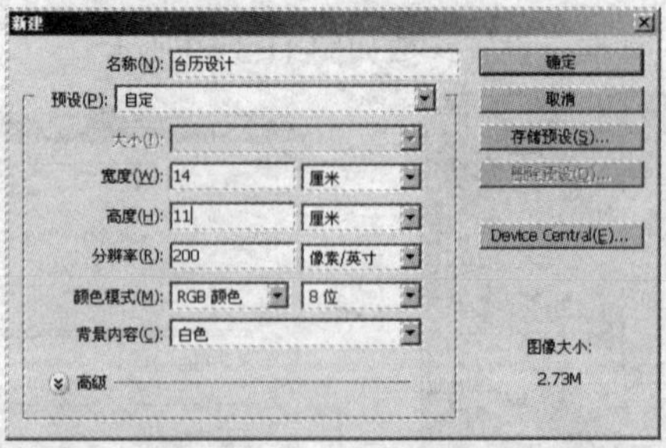

图 11.4.2　“新建”对话框

（2）单击工具箱中的“圆角矩形工具”按钮，设置其属性栏参数如图 11.4.3 所示。

（3）在新建图像中绘制一个圆角矩形路径，如图 11.4.4 所示。

图 11.4.3　“圆角矩形工具”属性栏

（4）新建图层 1，按“Ctrl+Enter”键将路径转换为选区，然后单击工具箱中的“渐变工具”按钮，双击其属性栏中的渐变条选项，在弹出的“渐变编辑器”对话框中设置渐变色为深紫色到淡紫色的线性渐变，然后从右上角向左下角拖曳鼠标填充渐变，效果如图 11.4.5 所示。

图 11.4.4　绘制圆角矩形路径

图 11.4.5　填充选区效果

（5）按“Ctrl+D”键，取消选区。在图层面板中复制图层 1 为图层 1 副本，然后将图层 1 副本拖曳至图层 1 的下方，并使用移动工具将图层 1 副本向右上角移动一定的距离，效果如图 11.4.6 所示。

（6）按住“Ctrl”键，在图层面板中单击图层 1 副本，将其载入选区，效果如图 11.4.7 所示。

图 11.4.6　复制并移动图层效果

图 11.4.7　将图层 1 副本载入选区

（7）单击工具箱中的“渐变工具”按钮，设置其渐变色为灰色到白色的线性渐变，然后在复制的圆角矩形上方从右上角向左下角拖曳鼠标填充渐变，效果如图 11.4.8 所示。

（8）单击工具箱中的“多边形套索工具”按钮，在圆角矩形的右下方绘制一个如图 11.4.9 所示的角形选区，然后按“Delete”键删除选区内的对象，效果如图 11.4.10 所示。

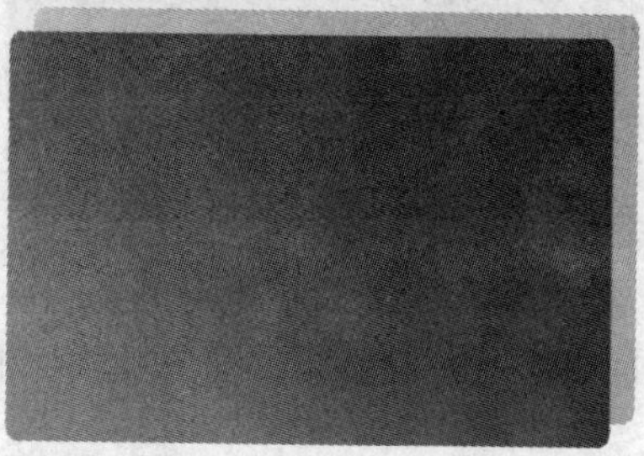

图 11.4.8　填充复制的圆角矩形效果

图 11.4.9　将图层 1 副本载入选区

（9）复制图层 1 生成图层 1 副本 2，将图层 1 副本 2 拖至背景层的上方，使用移动工具将其向右上方移动一定的距离，效果如图 11.4.11 所示。

图 11.4.10　删除选区内的对象

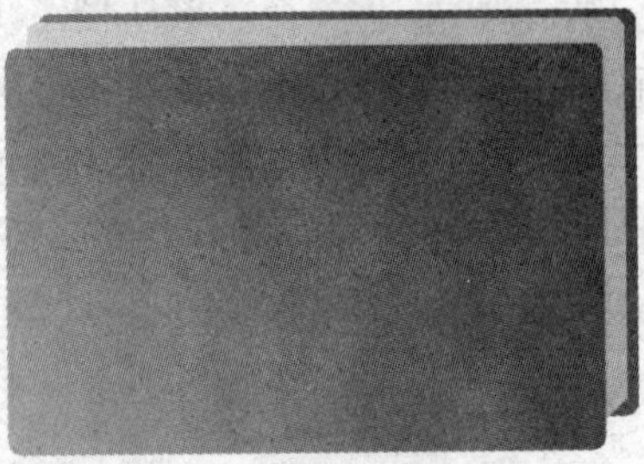

图 11.4.11　复制并移动图层 1 副本 2

（10）在图层面板中再复制图层 1 生成图层 1 副本 3，将其拖曳至图层 1 的下方，然后选择菜单栏中的 滤镜(T) → 模糊 → 高斯模糊... 命令，弹出“高斯模糊”对话框，设置参数如图 11.4.12 所示。

（11）单击 确定 按钮，效果如图 11.4.13 所示。

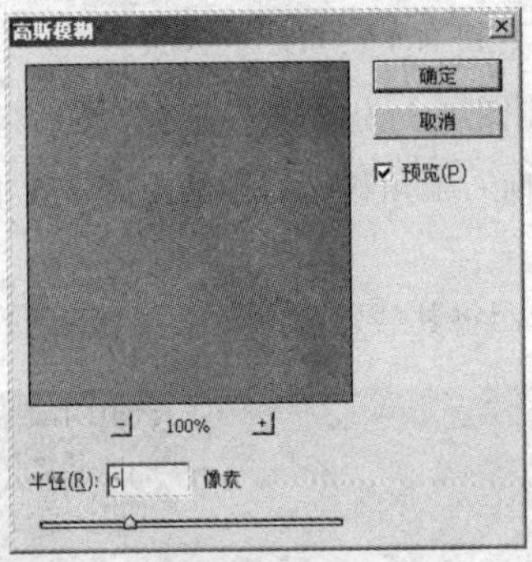

图 11.4.12　“高斯模糊”对话框

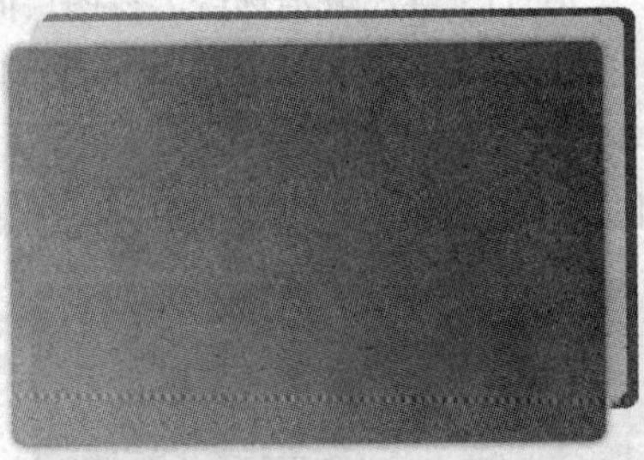

图 11.4.13　应用高斯模糊滤镜效果

（12）按住“Ctrl”键，单击图层 1 副本将其载入选区，如图 11.4.14 所示。

（13）选择菜单栏中的 选择(S) → 反向(I) 命令反选选区，然后按“Delete”键删除当前选区中的图形。

（14）按“Ctrl+D”键取消选区。选择菜单栏中的 图像(I) → 调整(A) → 去色(D) 命令，去除图层 1 副本的颜色，然后使用移动工具调整图层间的位置，效果如图 11.4.15 所示。

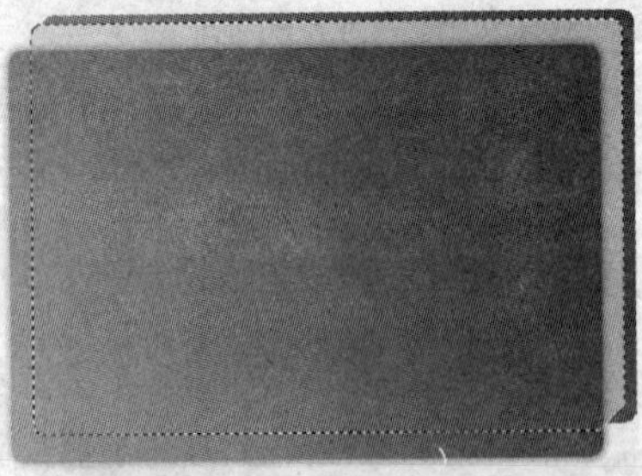

图 11.4.14　载入选区效果

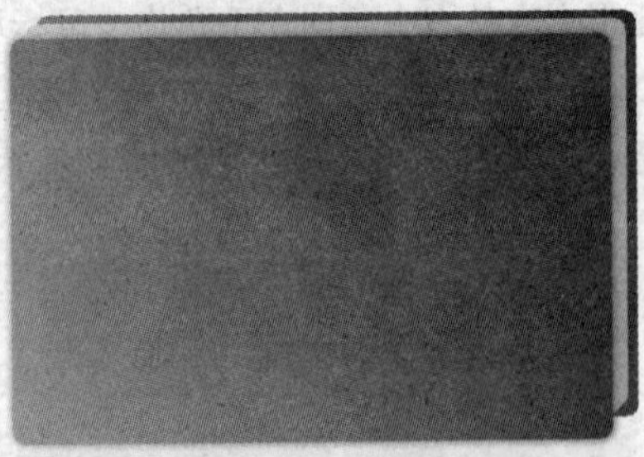

图 11.4.15　调整图像颜色和位置

（15）在图层面板中隐藏背景图层，然后按“Ctrl+Shift+Alt+E”键，盖印图层面板中所有显示的图层为“图层 2”。

（16）在图层面板中将除背景图层和图层 2 以外的所有图层进行隐藏，此时的图层面板如图 11.4.16 所示。

（17）新建图层 3，单击工具箱中的“椭圆选框工具”按钮，按住“Shift”键在新建图像中绘制一个圆形选区，并将其填充为黑色，效果如图 11.4.17 所示。

图 11.4.16 图层面板

图 11.4.17 绘制并填充选区

（18）按住“Shift+Alt”键，使用移动工具水平拖曳出 9 个圆形副本，如图 11.4.18 所示。

（19）按住“Shift”键，在图层面板中依次选中左侧 5 个圆形所在的图层，然后选择菜单栏中的 图层(L) → 分布(T) → 左边(L) 命令，平均分布 5 个圆形间隔。

（20）依次选中右侧的 5 个圆形，然后选择菜单栏中的 图层(L) → 分布(T) → 右边(R) 命令，效果如图 11.4.19 所示。

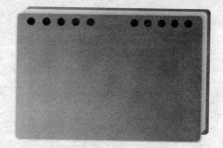

图 11.4.18 水平复制圆形对象

图 11.4.19 平均分布圆形间隔效果

（21）按“Ctrl+E”键，在图层面板中向下合并圆形所在的所有图层为“图层 3”。

（22）新建图层 4，单击工具箱中的“钢笔工具”按钮，在新建图像中绘制一个如图 11.4.20 所示的路径。

（23）设置前景色为黑色，单击工具箱中的“画笔工具”按钮，在其属性栏中设置画笔大小为“3”，然后单击路径面板中的“画笔描边路经”按钮，对绘制的路径进行画笔描边，效果如图 11.4.21 所示。

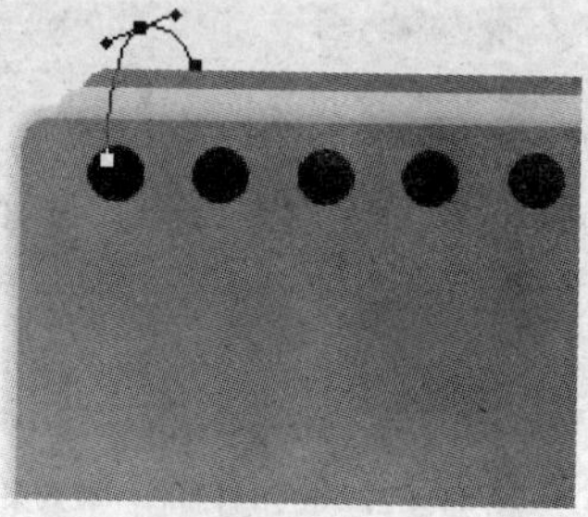

图 11.4.20 绘制路径

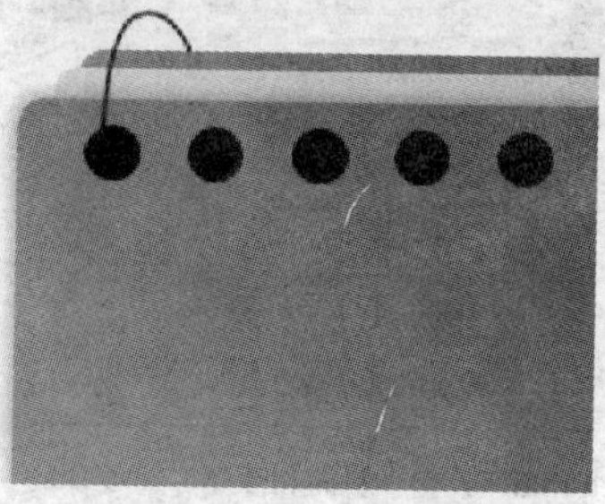

图 11.4.21 画笔描边路径效果

（24）重复步骤（18）的操作，使用移动工具水平拖曳出一个描边后的路径副本，效果如图 11.4.22 所示。

（25）新建图层 5，并将其拖曳至图层 3 的上方，单击工具箱中的“套索工具”按钮，在绘制的铁丝内的空白区域选取一个如图 11.4.23 所示的选区。

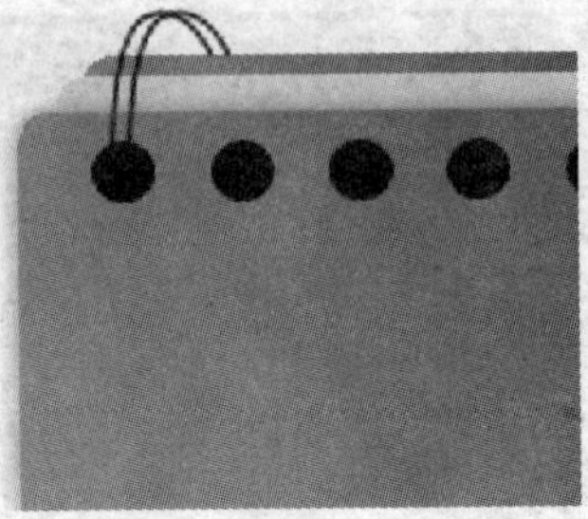

图 11.4.22　复制并移动描边后的路径

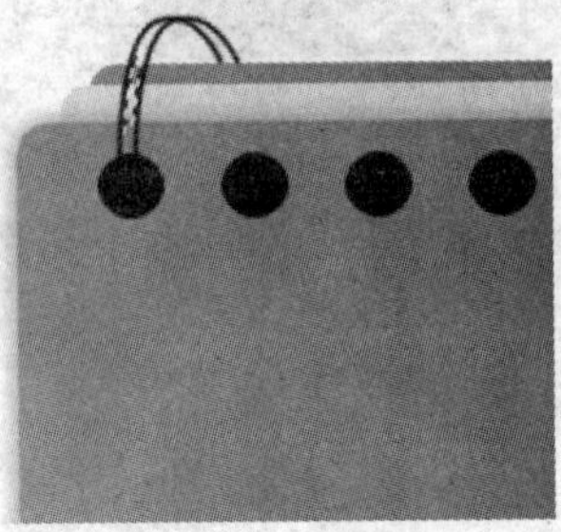

图 11.4.23　绘制选区

（26）设置前景色为白色，单击工具箱中的“渐变工具”按钮，在其属性栏中设置渐变色为前景到透明渐变、渐变类型为对称渐变，然后从选区中心向外侧拖曳鼠标填充渐变，效果如图 11.4.24 所示。

（27）将铁丝扣所在的所有图层链接合并为图层 4，然后重复步骤（18）的操作，水平复制 9 个铁丝扣，效果如图 11.4.25 所示。

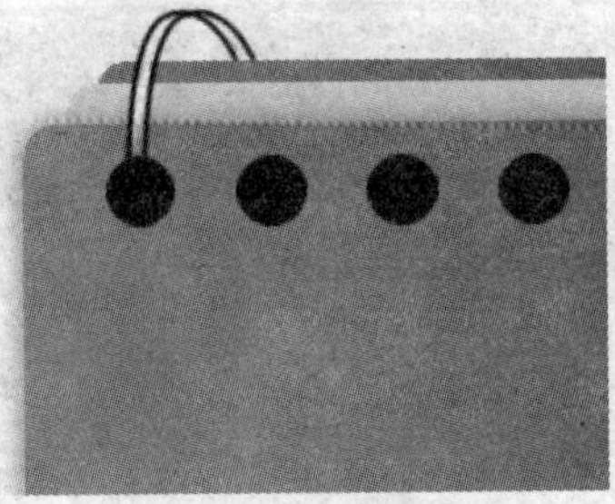

图 11.4.24　绘制铁丝扣效果

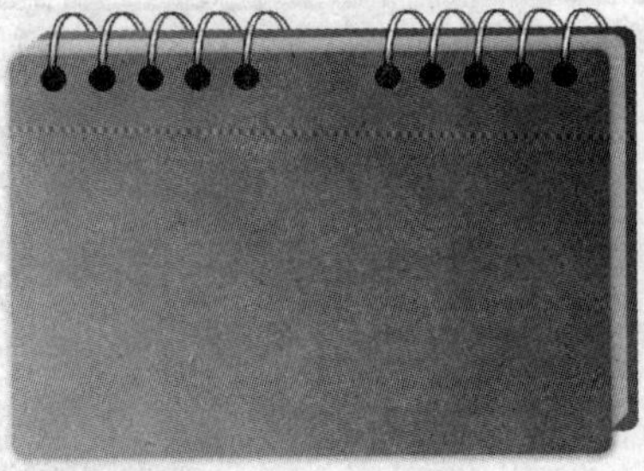

图 11.4.25　复制并移动铁丝扣

（28）按“Ctrl+E”键，在图层面板中向下合并铁丝扣所在的所有图层为“图层 4”。

（29）双击图层 3，弹出“图层样式”对话框，选中 ☑斜面和浮雕 复选框，设置参数如图 11.4.26 所示。单击 确定 按钮，效果如图 11.4.27 所示。

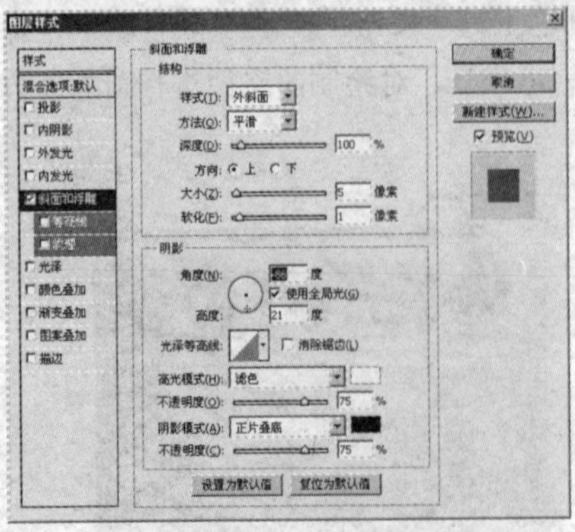

图 11.4.26　设置“斜面和浮雕”选项参数

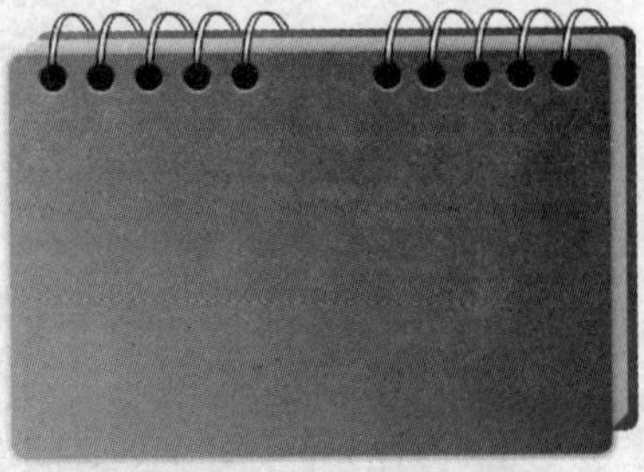

图 11.4.27　应用斜面和浮雕效果

（30）新建图层 5，单击工具箱中的“钢笔工具”按钮，在新建图像中绘制如图 11.4.28 所示的路径。

（31）按“Ctrl+Enter”键将路径转换为选区，然后设置前景色为金黄色，按“Alt+Delete”键填充选区，效果如图 11.4.29 所示。

图 11.4.28　绘制路径

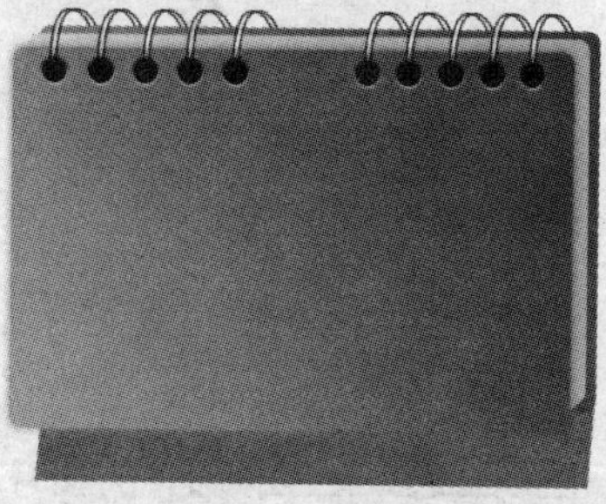

图 11.4.29　填充选区效果

（32）新建图层 6，并将其拖曳至图层 5 的下方，然后使用钢笔工具在新建图像中绘制如图 11.4.30 所示的路径，并按“Ctrl+Enter”键将其转换为选区，再将选区填充为白色。

（33）选择菜单栏中的 编辑(E) → 描边(S)... 命令，弹出“描边”对话框，设置参数如图 11.4.31 所示。

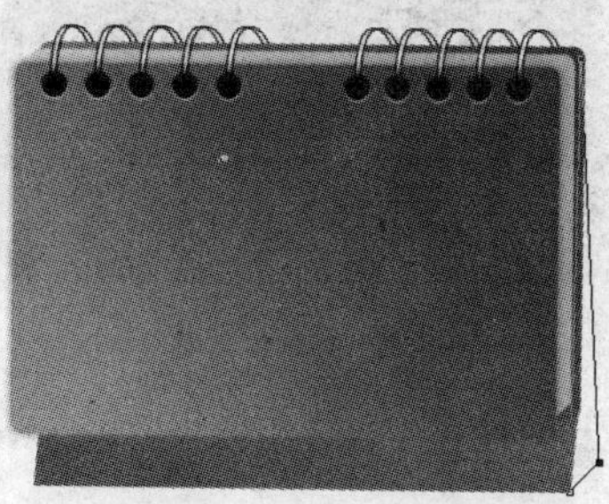

图 11.4.30　绘制底座侧面形状

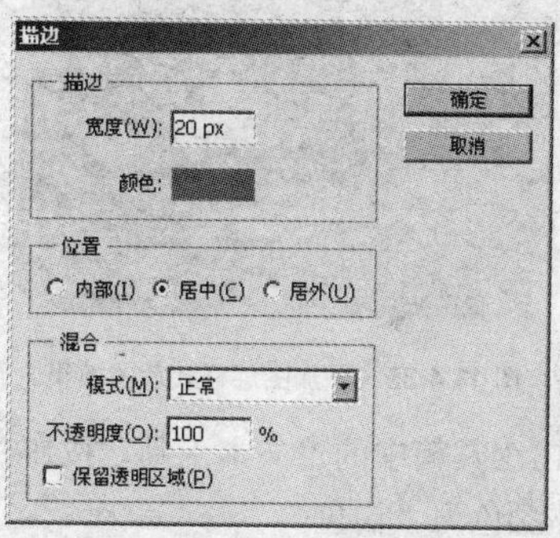

图 11.4.31　“描边”对话框

（34）单击 确定 按钮，描边后的效果如图 11.4.32 所示。

（35）按“Ctrl+O”键打开一幅卡通龙图片，使用移动工具将其拖曳至新建图像中，然后选择菜单栏中的 编辑(E) → 自由变换(F) 命令，调整图片的大小及位置，效果如图 11.4.33 所示。

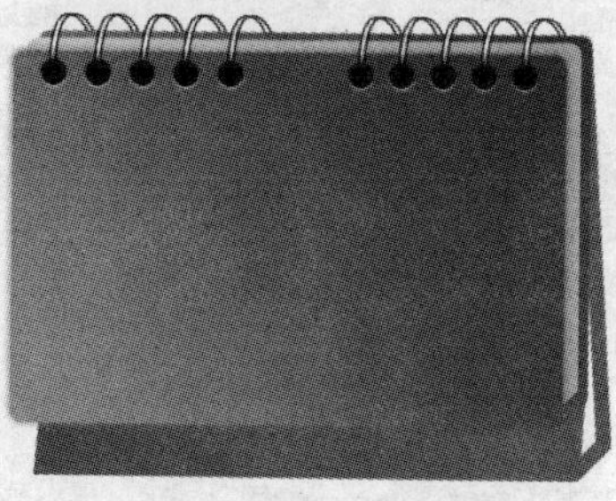

图 11.4.32　描边效果

图 11.4.33　添加卡通龙图片

（36）双击卡通龙图像所在的图层，弹出“图层样式”对话框，设置其对话框参数如图 11.4.34 所示。

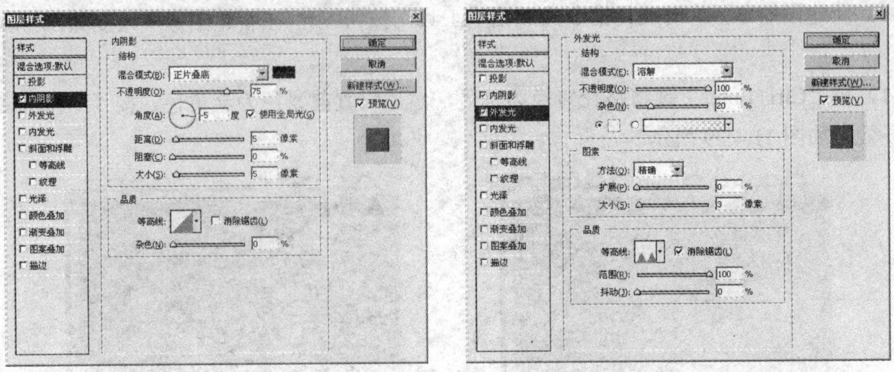

图 11.4.34　设置“内阴影”和“外发光”选项参数

（37）单击 确定 按钮，为图片添加内阴影和外发光图层样式后的效果如图 11.4.35 所示。

（38）重复步骤（34）的操作，打开一幅文字图片，并将其拖曳到新建图像中，然后调整其大小及位置，效果如图 11.4.36 所示。

图 11.4.35　添加图层样式后的效果

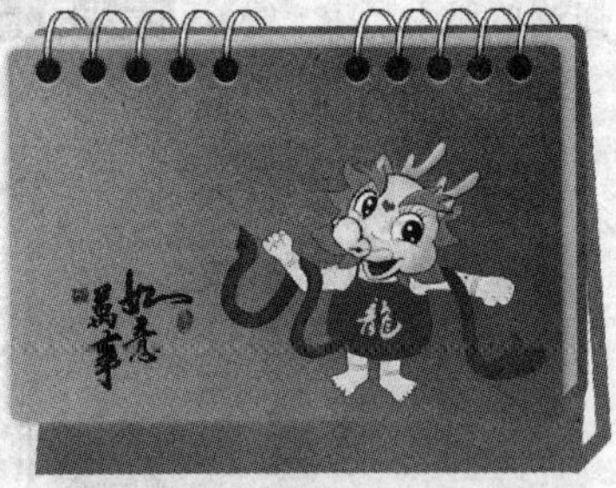

图 11.4.36　复制并调整文字图像

（39）单击工具箱中的“文本工具”按钮 T，在其属性栏中设置字体为“Rosewood Std”，字号为“32”，字体颜色为“白色”。

（40）在新建图像中输入文本“2012”，效果如图 11.4.37 所示。

（41）双击文本图层，弹出“图层样式”对话框，选中 ☑斜面和浮雕 复选框，设置参数如图 11.4.38 所示。

图 11.4.37　输入年份

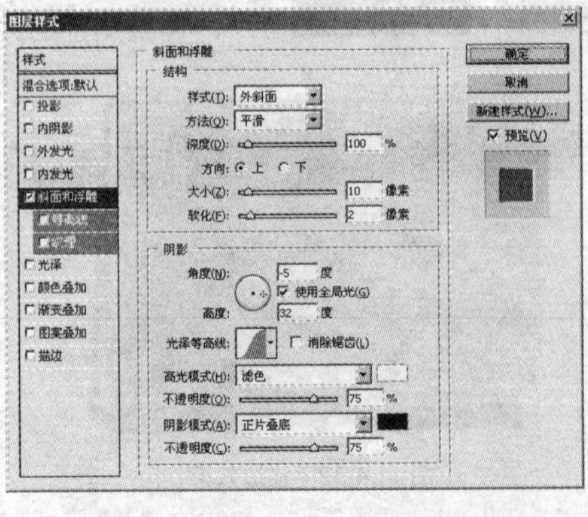

图 11.4.38　设置“斜面和浮雕”参数

（42）单击 确定 按钮，为文本添加斜面和浮雕后的效果如图 11.4.39 所示。

（43）使用文本工具在新建图像中输入文本“农历壬辰年”，效果如图 11.4.40 所示。

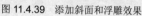

图 11.4.39　添加斜面和浮雕效果

图 11.4.40　输入文本

（44）隐藏背景图层，按“Ctrl+Shift+Alt+E”键，盖印图层面板中所有显示的图层为“台历”图层，并按“Ctrl+T”键，调整其大小及位置。

（45）按“Ctrl+O”键打开一幅窗台图片，使用移动工具将其拖曳至新建图像中，并在图层面板中将该图层移至背景图层的上方，最终效果如图 11.4.1 所示。

第12章 上 机 实 训

本章通过上机实训培养读者的实际操作能力，以便巩固并检验所学知识。

知识要点

- Photoshop CS4 的基本操作
- 创建与编辑选区
- 绘图与修图工具的使用
- 图像色彩与色调的调整
- 创建与编辑图层
- 使用路径与形状
- 使用通道与蒙版
- 使用文本工具
- 使用滤镜特效

实训 1 Photoshop CS4 的基本操作

1. 实训内容

在制作过程中，主要用到打开和存储文档命令，最终效果如图 12.1.1 所示。

图 12.1.1 最终效果图

2. 实训目的

了解 Photoshop CS4 的工作界面，并能熟练掌握 Photoshop CS4 文档的基本操作技巧。

3. 操作步骤

（1）按“Ctrl+O”键，打开一个图像文件，如图 12.1.2 所示。

（2）选择菜单栏中的 滤镜(T) → 风格化 → 查找边缘 命令，此时的图像效果如图 12.1.3 所示。

（3）选择菜单栏中的 图像(I) → 模式(M) → 灰度(G) 命令，将图像的模式转换为灰度模式。

（4）选择菜单栏中的 文件(F) → 存储为(A)... 命令，弹出“存储为”对话框，设置参数如图 12.1.4

所示，单击 保存(S) 按钮保存图像。

图 12.1.2 打开的图像

图 12.1.3 应用查找边缘滤镜效果

（5）单击图像窗口右上角的“关闭”按钮 ×，将保存后的灰度图像关闭。

（6）再按“Ctrl+O”键，打开一幅木纹图像，如图 12.1.5 所示。

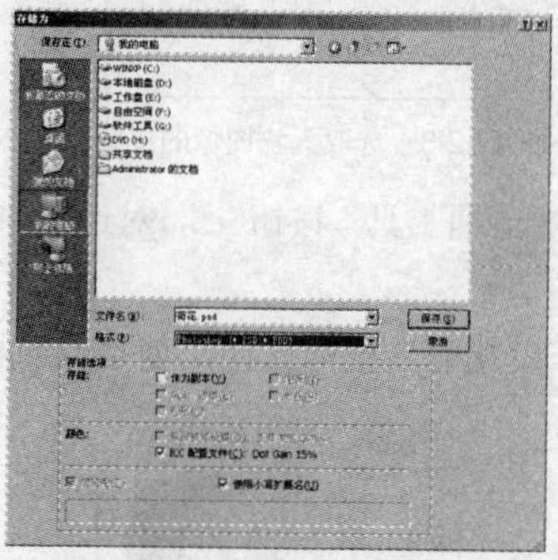

图 12.1.4 “存储为”对话框

图 12.1.5 打开的图像文件

（7）选择菜单栏中的 滤镜(T) → 纹理 → 纹理化… 命令，弹出“纹理化”对话框，在 纹理(T): 下拉列表右侧单击 按钮，从弹出的下拉列表中选择 载入纹理… 选项，再从弹出的“载入纹理”对话框中选择保存过的灰度图像。

（8）设置好参数后，单击 确定 按钮，最终效果如图 12.1.1 所示。

实训 2 创建与编辑选区

1. 实训内容

在制作过程中，主要用到快速选择工具、魔棒工具以及钢笔工具等，最终效果如图 12.2.1 所示。

图 12.2.1 最终效果图

2. 实训目的

掌握选区的创建方法与技巧，并能熟练地对创建的选区进行各种编辑操作。

3. 操作步骤

（1）按“Ctrl+O”键，打开一幅黑白图片，如图 12.2.2 所示。

（2）单击工具箱中的“快速选择工具”按钮，选取人物图像的皮肤部分，如图 12.2.3 所示。

图 12.2.2　打开的黑白图片

图 12.2.3　选取人物图像的皮肤部分

（3）设置前景色为淡黄色，单击工具箱中的“油漆桶工具”按钮，对选区中的图像进行填充，效果如图 12.2.4 所示。

（4）使用快速选择工具选取人物的衣服图像，设置前景色为红色，使用颜料桶工具填充选区，效果如图 12.2.5 所示。

图 12.2.4　为皮肤上色

图 12.2.5　为衣服上色

（5）单击工具箱中的“钢笔工具”按钮，创建如图 12.2.6 所示的选区。

（6）单击工具箱中的“渐变工具”按钮，对绘制的选区进行渐变填充，效果如图 12.2.7 所示。

图 12.2.6　创建选区

图 12.2.7　填充选区

（7）使用魔棒工具选取人物的嘴部和发夹，分别将其填充为红色和黄色，效果如图 12.2.8 所示。

（8）单击工具箱中的“快速选择工具”按钮，在图像中创建如图 12.2.9 所示的选区。

（9）单击工具箱中的“油漆桶工具”按钮，对选区进行图案填充，最终效果如图 12.2.1 所示。

图 12.2.8　为嘴部和头发饰品上色

图 12.2.9　选取背景

实训 3　绘图与修图工具的使用

1. 实训内容

在制作过程中，主要用到铅笔工具、画笔工具、椭圆选框工具以及仿制图章工具等，最终效果如图 12.3.1 所示。

图 12.3.1　最终效果图

2. 实训目的

掌握各种绘图工具与修饰工具的使用方法与技巧。

3. 操作步骤

（1）按“Ctrl+N”键，新建一个图像文件。

（2）新建图层 1，设置前景色为绿色，单击工具箱中的“铅笔工具”按钮，在新建图像中绘制一个如图 12.3.2 所示的海豚轮廓。

（3）设置前景色为蓝色，单击工具箱中的“画笔工具”按钮，将轮廓内部描绘为蓝色，效果如图 12.3.3 所示。

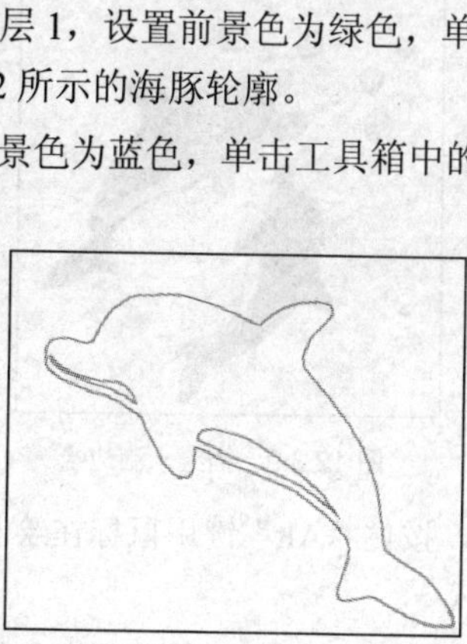

图 12.3.2　绘制海豚轮廓

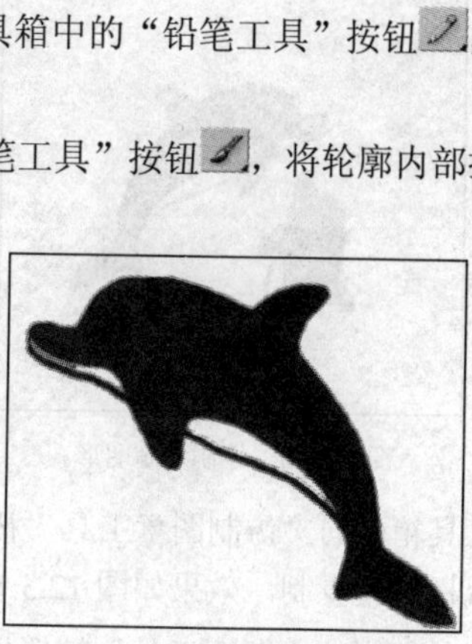

图 12.3.3　描绘轮廓内部色彩

（4）单击工具箱中的“椭圆选框工具”按钮，在新建图像中绘制一个圆，作为海豚的眼睛，并将其填充为黑色，效果如图 12.3.4 所示。

（5）再使用椭圆工具在绘制的圆上绘制一个白色的小圆，效果如图 12.3.5 所示。

图 12.3.4　绘制并填充圆形

图 12.3.5　绘制小圆形

（6）选中图层 1，选择菜单栏中的 选择(S) → 载入选区(O)... 命令，弹出“载入选区”对话框，设置参数如图 12.3.6 所示，单击 确定 按钮，将图层 1 载入选区。

（7）按“Ctrl+C”键复制选区内的图像，然后按“Ctrl+V”键将其粘贴到适当的位置。

（8）选择菜单栏中的 编辑(E) → 变换 → 水平翻转(H) 命令，对复制后的图像进行水平翻转，然后按“Ctrl+T”键，对其进行旋转和缩放操作，效果如图 12.3.7 所示。

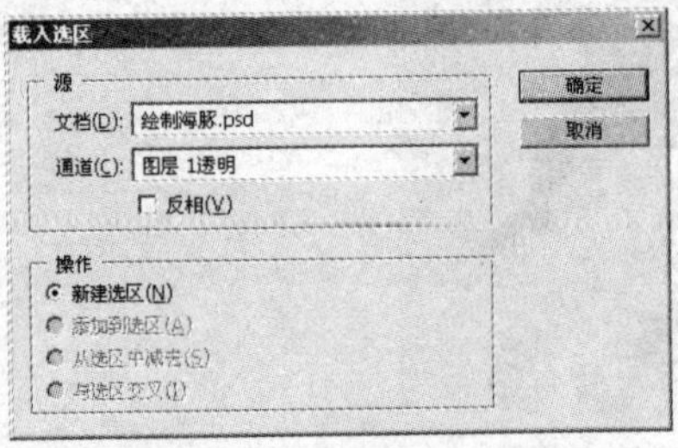

图 12.3.6　“载入选区”对话框

图 12.3.7　旋转并缩小图像效果

（9）设置前景色为天蓝色，单击工具箱中的“画笔工具”按钮，在新建图像中绘制如图 12.3.8 所示的水滴图形。

（10）单击工具箱中的“铅笔工具”按钮，将绘制的水滴图形边缘描绘成蓝色，效果如图 12.3.9 所示。

图 12.3.8　绘制水滴图形

图 12.3.9　描绘水滴边缘

（11）单击工具箱中的“仿制图章工具”按钮，按住“Alt”键用鼠标在绘制的图形中单击，然后单击并拖动鼠标进行复制，效果如图 12.3.10 所示。

（12）单击工具箱中的“渐变工具”按钮，对背景图层进行天蓝色到白色的径向渐变填充，效果如图 12.3.11 所示。

图 12.3.10　复制水滴效果

图 12.3.11　渐变填充效果

（13）选择菜单栏中的 滤镜(T) → 扭曲 → 水波... 命令，为背景图层添加水波滤镜效果，最终效果如图 12.3.1 所示。

实训 4　图像色彩与色调的调整

1．实训内容

在制作过程中，主要用到矩形选框工具和色阶命令，最终效果如图 12.4.1 所示。

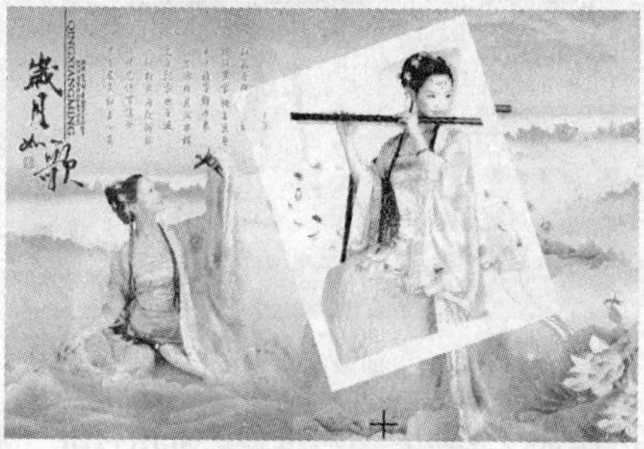

图 12.4.1　最终效果图

2．实训目的

掌握校正图像颜色与色调的方法与技巧。

3．操作步骤

（1）按“Ctrl+O”键，打开一个图像文件，如图 12.4.2 所示。

（2）单击工具箱中的“矩形选框工具”按钮，在图像中拖曳鼠标创建一个矩形选区，效果如图 12.4.3 所示。

图 12.4.2　打开的图像

图 12.4.3　创建选区

（3）选择菜单栏中的 选择(S) → 变换选区(T) 命令，可为选区添加变换框，拖动变换框旋转选区，按回车键确认变换操作，如图 12.4.4 所示。

（4）选择菜单栏中的 图像(I) → 调整(A) → 色阶(L)... 命令，弹出“色阶”对话框，设置参数如图 12.4.5 所示。

图 12.4.4 变换选区

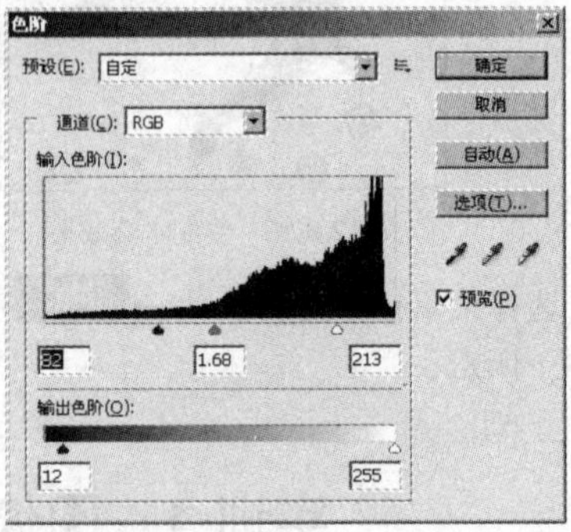

图 12.4.5 “色阶”对话框

（5）单击 确定 按钮，图像效果如图 12.4.6 所示。

图 12.4.6 调整图像颜色后的效果

（6）按“Ctrl+T”键为选区添加变形框，然后按住“Shift+Alt”键的同时拖动变形框，缩小选区内图像至适当位置，按回车键确认变形操作。

（7）按“Ctrl+D”键取消选区，最终效果如图 12.4.1 所示。

实训 5 创建与编辑图层

1. 实训内容

在制作过程中，主要用到图层样式命令和图层混合模式等，最终效果如图 12.5.1 所示。

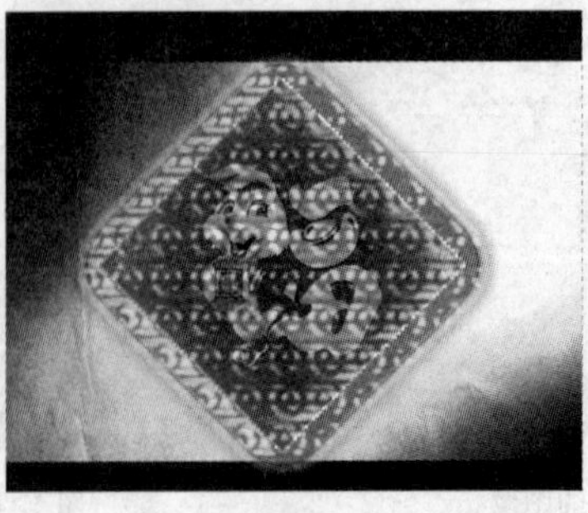

图 12.5.1 最终效果图

2．实训目的

掌握图层的创建与编辑技巧。

3．操作步骤

（1）按“Ctrl+O”键，打开一个图像文件，如图 12.5.2 所示。

（2）选择菜单栏中的 图层(L) → 图层样式(Y) → 外发光(O)... 命令，弹出“图层样式”对话框，设置参数如图 12.5.3 所示。

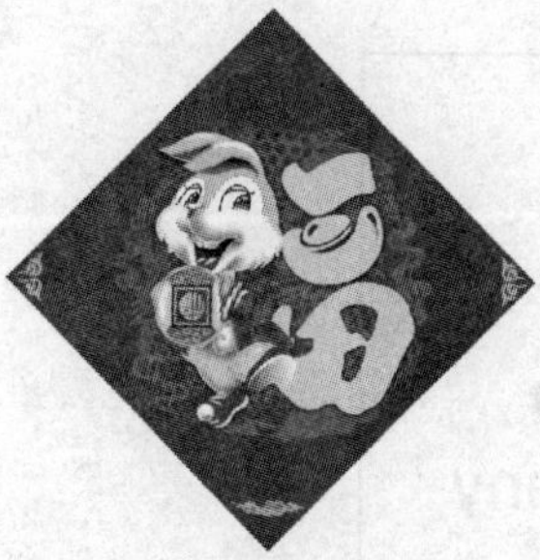

图 12.5.2　打开的图像

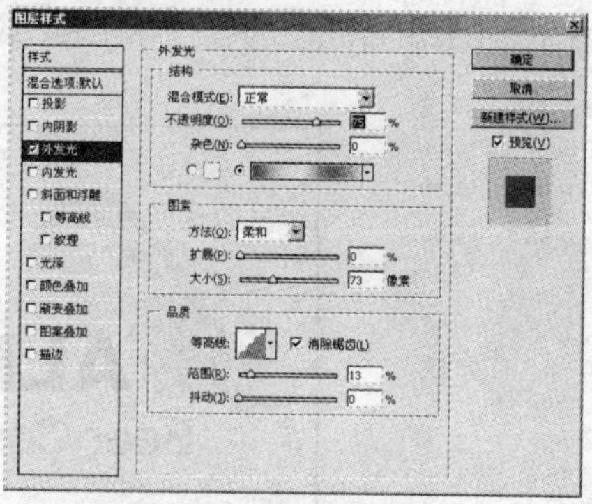

图 12.5.3　“图层样式”对话框

（3）分别选中“图层样式”对话框左侧的 ☑内发光 和 ☑斜面和浮雕 复选框，设置其对话框参数如图 12.5.4 所示。

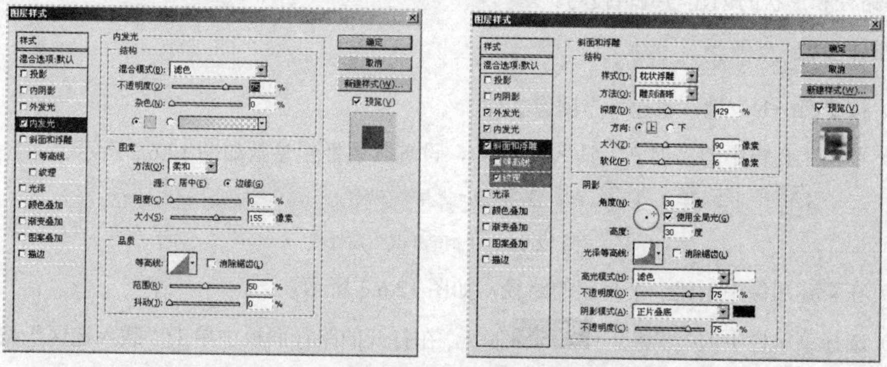

图 12.5.4　设置“内发光”与“斜面和浮雕”选项参数

（4）单击 确定 按钮，为图片添加图层样式后的效果如图 12.5.5 所示。

（5）打开一幅图像文件，将其拖曳到新建图像中，作为金匾图像的背景，效果如图 12.5.6 所示。

图 12.5.5　制作金匾效果

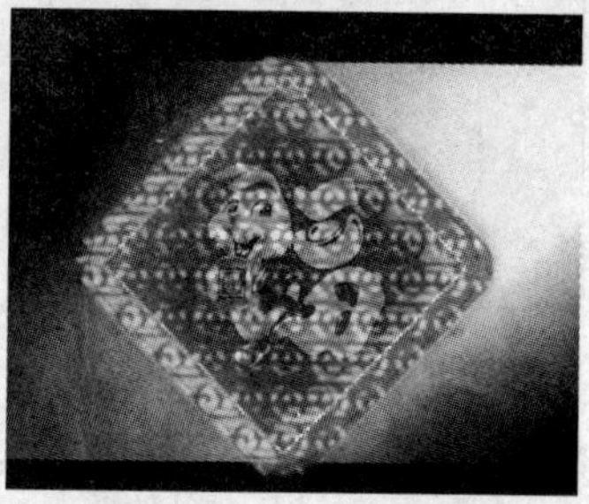

图 12.5.6　添加背景效果

（6）确认背景图层为当前图层，然后在图层面板中的 正常 下拉列表中选择 点光 选项，最终效果如图 12.5.1 所示。

实训 6　使用路径与形状

1．实训内容

在制作过程中，主要用到钢笔工具、文本工具、载入选区命令以及描边路径命令等，最终效果如图 12.6.1 所示。

图 12.6.1　最终效果图

2．实训目的

掌握路径和形状的创建与编辑技巧。

3．操作步骤

（1）按“Ctrl+N”键，新建一个图像文件。

（2）单击工具箱中的“钢笔工具”按钮，设置其属性栏参数如图 12.6.2 所示。

图 12.6.2　“钢笔工具”属性栏

（3）在新建图像中创建一个封闭的路径，如图 12.6.3 所示。

（4）选择菜单栏中的 窗口(W) → 路径 命令，在打开的路径面板中单击“载入选区”按钮，将路径转换为选区，效果如图 12.6.4 所示。

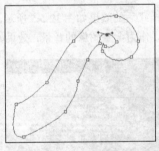

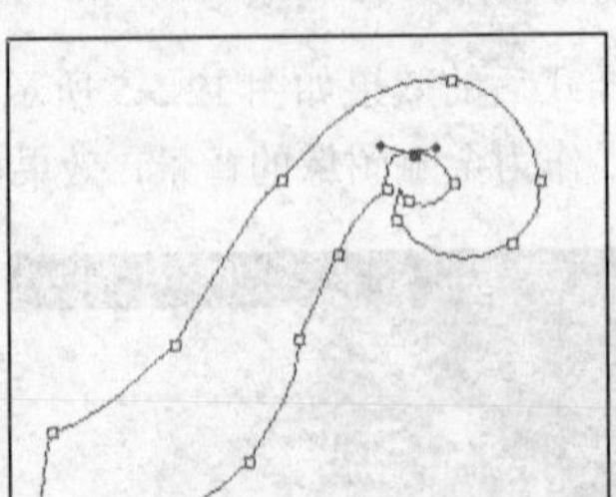

图 12.6.3　创建的路径

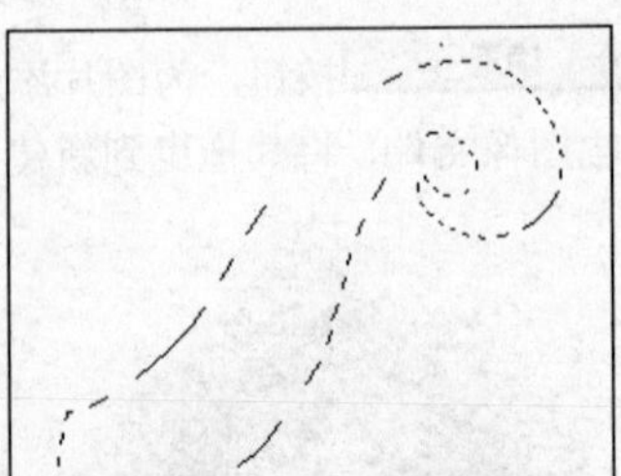

图 12.6.4　将路径转换为选区

（5）设置前景色为蓝色（R: 126，G: 160，B: 237），按“Alt+Delete”键填充选区，然后按“Ctrl+D”键取消选区，效果如图 12.6.5 所示。

（6）单击工具箱中的“钢笔工具”按钮，沿填充图像的形状创建一个路径，效果如图 12.6.6 所示。

图 12.6.5　填充图像效果

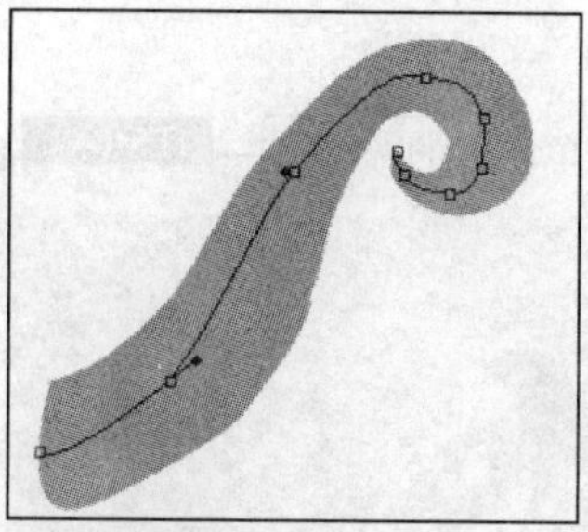

图 12.6.6　创建的路径

（7）单击工具箱中的“橡皮擦工具”按钮，在其属性栏中设置好参数后，在路径面板中的路径缩览图上单击鼠标右键，从弹出的下拉菜单中选择 描边路径... 命令，然后在弹出的对话框中选择 橡皮擦 选项，描边路径后的效果如图 12.6.7 所示。

（8）使用同样的方法在绘制的蓝色浪花图形下方绘制一个绿色的浪花，效果如图 12.6.8 所示。

图 12.6.7　描边路径效果

图 12.6.8　绘制的绿色浪花

（9）单击工具箱中的“横排文字工具”按钮 T，在新建图像中输入英文“ALPS Beer Company”，最终效果如图 12.6.1 所示。

实训 7　使用通道与蒙版

1．实训内容

在制作过程中，主要用到移动工具、渐变工具、图层蒙版以及色相/饱和度命令等，最终效果如图 12.7.1 所示。

图 12.7.1　最终效果图

2．实训目的

掌握通道与蒙版的创建方法与技巧，并能灵活使用通道编辑图像效果。

3．操作步骤

（1）选择菜单栏中的 文件(F) → 打开(O)... 命令，打开如图 12.7.2 和图 12.7.3 所示的两幅图片。

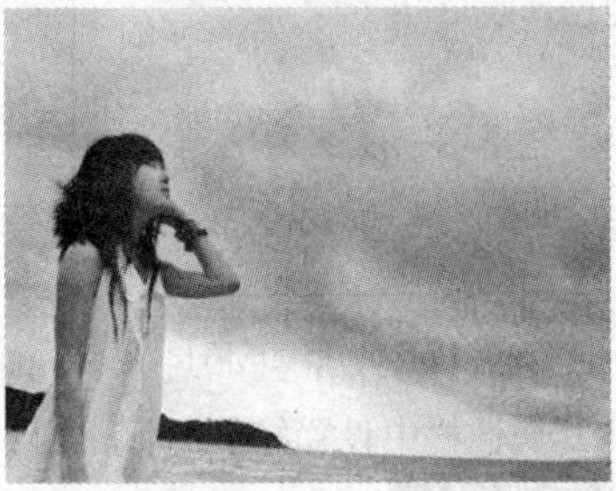

图 12.7.2　图片 1

图 12.7.3　图片 2

（2）单击工具箱中的“移动工具”按钮，将图片 1 拖曳到图片 2 中，此时的图层面板如图 12.7.4 所示。

（3）将图片 2 作为背景图层，选择菜单栏中的 图层(L) → 图层蒙版(M) → 隐藏全部(H) 命令，给该图层添加一个图层蒙版，如图 12.7.5 所示。

图 12.7.4　图层面板

图 12.7.5　添加图层蒙版

（4）单击工具箱中的“渐变工具”按钮，设置其属性栏参数如图 12.7.6 所示。

图 12.7.6　“渐变工具”属性栏

（5）在图像中从左向右拖曳鼠标填充渐变，效果如图 12.7.7 所示。

（6）在图层面板中选中图层 1 的缩览图，选择菜单栏中的 图像(I) → 调整(A) → 色相/饱和度(H)... 命令，弹出“色相/饱和度”对话框，设置参数如图 12.7.8 所示。

图 12.7.7　渐变填充效果

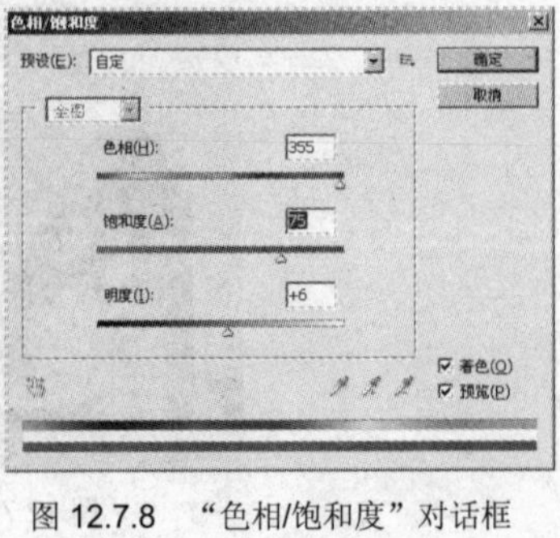

图 12.7.8　“色相/饱和度”对话框

（7）单击 确定 按钮，最终效果如图 12.7.1 所示。

实训 8 使用文本工具

1．实训内容

在制作过程中，主要用到直排文字工具、外发光以及斜面和浮雕命令等，最终效果如图 12.8.1 所示。

图 12.8.1 最终效果图

2．实训目的

掌握文本的创建与编辑技巧。

3．操作步骤

（1）按“Ctrl+O”键，打开一个石头图像文件。

（2）单击工具箱中的“横排文字工具”按钮 T，在其属性栏中设置字体为“文鼎 CS 魏碑”、字号为“36”、字体颜色为“红色”，如图 12.8.2 所示。

图 12.8.2 “横排文字工具”属性栏

（3）在图像中输入文本“雕刻”，效果如图 12.8.3 所示。

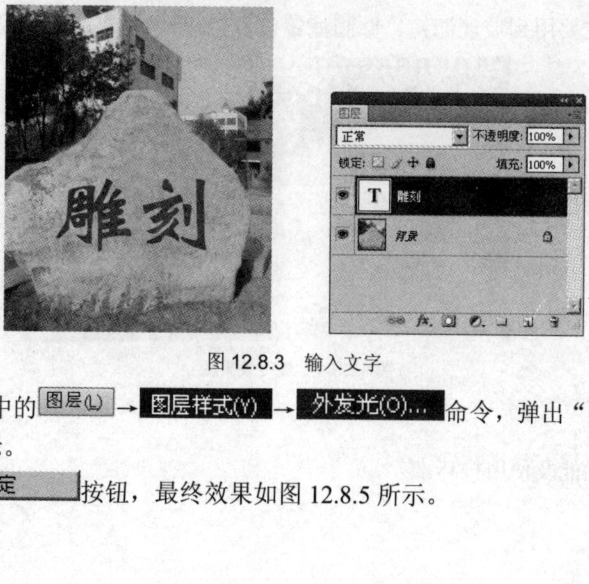

图 12.8.3 输入文字

（4）选择菜单栏中的 图层(L) → 图层样式(Y) → 外发光(O)... 命令，弹出“图层样式”对话框，设置参数如图 12.8.4 所示。

（5）单击 确定 按钮，最终效果如图 12.8.5 所示。

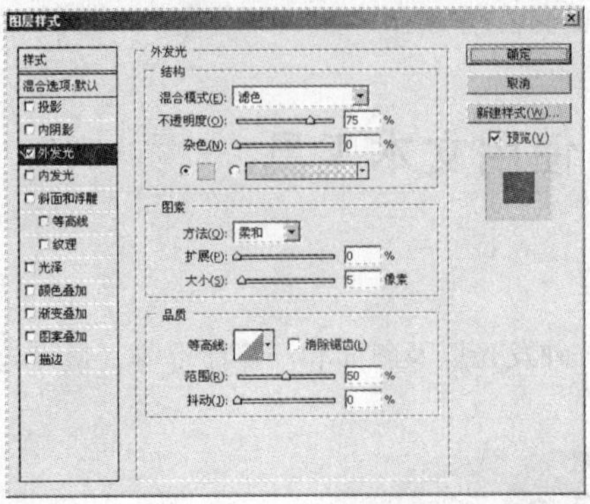

图 12.8.4　设置“外发光”选项参数　　　图 12.8.5　添加外发光效果

（6）重复步骤（4）和（5）的操作，为文字添加斜面和浮雕效果，设置其对话框参数如图 12.8.6 所示，最终效果如图 12.8.1 所示。

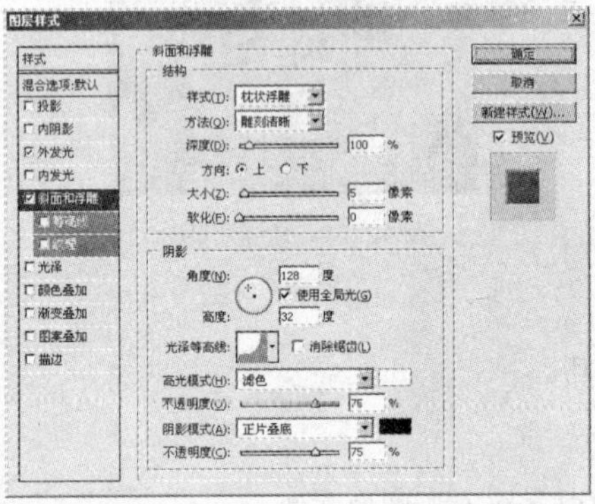

图 12.8.6　设置“斜面和浮雕”选项参数

实训 9　使用滤镜特效

1．实训内容

在制作过程中，主要用到玻璃滤镜、壁画滤镜以及锐化滤镜等，最终效果如图 12.9.1 所示。

图 12.9.1　最终效果图

2．实训目的

掌握各种滤镜的功能及使用技巧。

3．操作步骤

（1）按“Ctrl+O”键，打开一幅图片，效果如图 12.9.2 所示。

（2）单击工具箱中的“矩形选框工具”按钮，在图像中绘制一个如图 12.9.3 所示的选区。

图 12.9.2 打开的图片

图 12.9.3 绘制矩形选区

（3）按“Ctrl+Shift+I”键反选选区，然后按“Q”键进入快速蒙版编辑模式，如图 12.9.4 所示。

（4）选择菜单栏中的 滤镜(T) → 扭曲 → 玻璃... 命令，弹出“玻璃”对话框，设置参数如图 12.9.5 所示。

图 12.9.4 添加快速蒙版

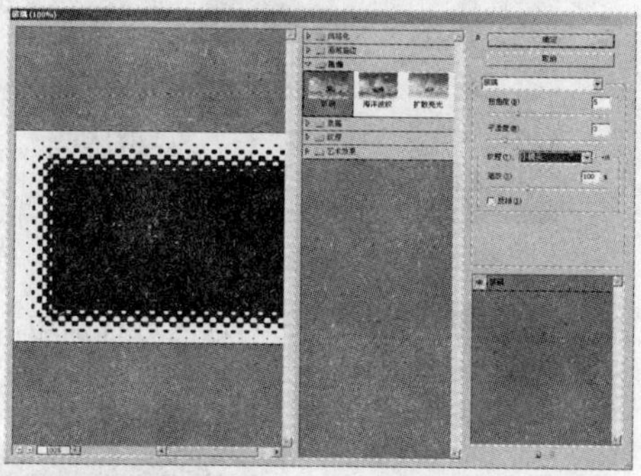

图 12.9.5 “玻璃”对话框

（5）单击 确定 按钮，添加玻璃滤镜后的效果如图 12.9.6 所示。

（6）选择菜单栏中的 滤镜(T) → 艺术效果 → 壁画... 命令，弹出“壁画”对话框，设置参数如图 12.9.7 所示。

图 12.9.6 应用玻璃滤镜效果

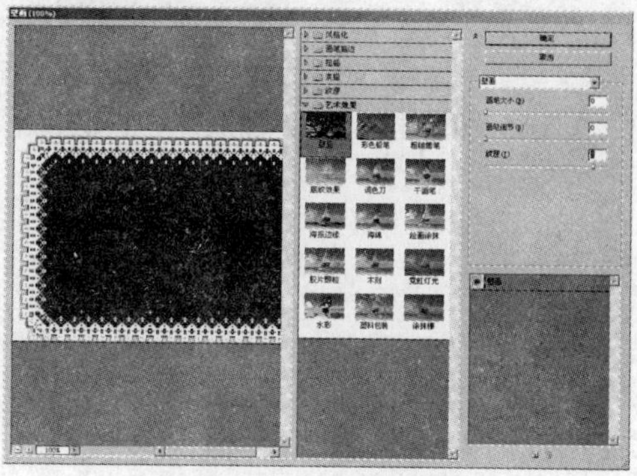

图 12.9.7 “壁画”对话框

（7）单击 确定 按钮，添加壁画滤镜后的效果如图 12.9.8 所示。

（8）选择菜单栏中的 滤镜(T) → 锐化 → 锐化 命令，再按“Ctrl+F”键 5 次，对图像应用锐化滤镜，效果如图 12.9.9 所示。

图 12.9.8 应用壁画滤镜效果

图 12.9.9 锐化图像效果

（9）单击工具箱中的按钮，退出快速蒙版的编辑模式，效果如图 12.9.10 所示。

（10）新建图层 1，然后选择菜单栏中的编辑(E)→描边(S)...命令，弹出“描边”对话框，设置参数如图 12.9.11 所示。

图 12.9.10 创建的蕾丝形状选区

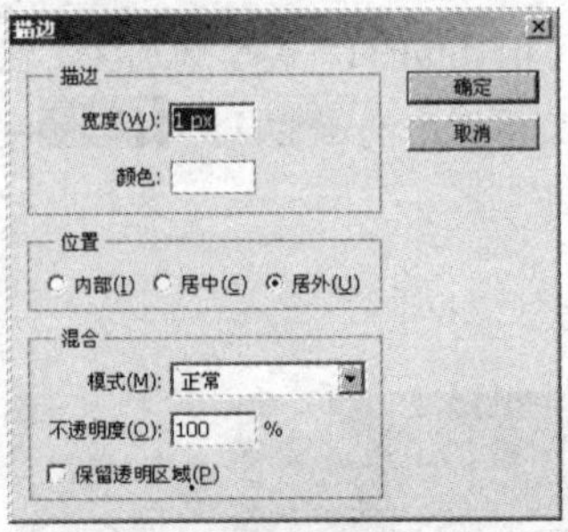

图 12.9.11 “画笔”对话框

（11）单击确定按钮，对选区进行描边，然后按“Ctrl+D”键取消选区，效果如图 12.9.12 所示。

图 12.9.12 描边效果

（12）复制 5 个图层 1 副本，加深蕾丝的显示效果，最终效果如图 12.9.1 所示。